工业和信息化高等教育“十三五”规划建设教材

计算机与信息技术基础上机指导

主　编　杨青雷　王奉民
副主编　魏钦冰　李　静

Windows 7 & Office 2010

電子工業出版社
Publishing House of Electronics Industry
北京・BEIJING

图书在版编目(CIP)数据

计算机与信息技术基础上机指导 / 杨青雷，王奉民主编. —北京：电子工业出版社，2018.8
ISBN 978-7-121-34667-5

Ⅰ. ①计… Ⅱ. ①杨… ②王… Ⅲ. ①电子计算机－高等职业教育－教学参考资料 Ⅳ. ①TP3

中国版本图书馆 CIP 数据核字(2018)第 149829 号

策划编辑：张琳岚
责任编辑：郝国栋
印　　刷：北京七彩京通数码快印有限公司
装　　订：北京七彩京通数码快印有限公司
出版发行：电子工业出版社
北京市海淀区万寿路 173 信箱　　邮编 100036
开　　本：787×1092　1/16　　印张：15　　字数：360 千字
版　　次：2018 年 8 月第 1 版
印　　次：2020 年 9 月第 5 次印刷
定　　价：31.10 元

凡所购买电子工业出版社图书有缺损问题，请向购买书店调换。若书店售缺，请与本社发行部联系，联系及邮购电话：（010）88254888，88258888。

质量投诉请发邮件至 zlts@phei.com.cn，盗版侵权举报请发邮件至 dbqq@phei.com.cn。

本书咨询联系方式：（0532）67772605，邮箱：majie@phei.com.cn。

目录

第1章 计算机科学与计算思维

习题精选

一、单项选择题

1. 下列关于世界上第一台电子计算机 ENIAC 的叙述中，错误的是(　　)。

A. 它是 1946 年在美国诞生的　　B. 它主要采用电子管和继电器

C. 它每秒可以做 5000 次乘法　　D. 它主要用于弹道计算

2. 电子计算机发展经历了四代，下面叙述中，错误的是(　　)。

A. 第一代是继电器计算机　　B. 第二代晶体管计算器

C. 第三代是集成电路计算机　　D. 第四代是大规模集成电路计算机

3. 一般情况下，划分计算机四个发展阶段的主要依据是(　　)。

A. 计算机所跨越的年限长短　　B. 计算机所采用的基本元器件

C. 计算机的处理速度　　D. 计算机用途的变化

4. 电子计算机最早的应用领域是(　　)。

A. 数据处理　　B. 数值计算　　C. 工业控制　　D. 文字处理

5. 按使用范围区分，计算机可以分为①数字计算机②模拟计算机③通用计算机④专用计算机，上述分类叙述中，正确的是(　　)。

A. ①②　　B. ②③　　C. ③④　　D. ④①

6. 计算机可以对各种信息进行处理，这里所说的信息是指(　　)。

A. 文字、图像、新闻、电影　　B. 文字、图像、声音、影像

C. 新闻、文章、演讲、网络　　D. 数据、表格、图表、图像

7. 下面叙述中正确的是(　　)。

A. 计算机文化以计算机为核心　　B. 计算机文化与计算机密不可分

C. 计算机和其他人类发明的工具一样，它的使用没有改变人类传统的习惯思维

D. 计算机文化只对计算机工作者有作用

8. 用下面叙述中正确的是(　　)。

A. 计算机科学专门研究计算机

B. 计算机科学家主要关注计算机的硬件

C. 计算机科学分为理论计算机科学和实验计算机科学

D. 计算机科学主要研究计算机能干什么

9. 下面叙述中，错误的是(　　)。

A. 计算思维是计算机的思维　　B. 计算思维是人的思维

C. 计算思维是人在解决问题中所反映的思想和方法

D. 计算思维是计算机科学家的思维，对其他学科没有什么影响

10. 以下各项中，哪一项不是算法的特征？(　　)

A. 确定性　　B. 准确性　　C. 可行性　　D. 有穷性

11. 下列关于算法的叙述中，正确的是(　　)。

A. 算法就是程序　　B. 设计算法时，只需要考虑数据结构的设计

C. 设计算法时，只需要考虑结果的可靠性

D. 以上三种说法都不对

12. 算法的有穷性是指(　　)。

A. 根据算法编写的程序运行时间是有限的

B. 算法编写的程序处理的数据是有限的

C. 根据算法编写的程序长度是有限的

D. 这个算法只能被有限的用户使用

13. 第四代计算机的标志是微处理器的出现，微处理器的组成是(　　)。

A. 运算器和存储器　　B. 存储器和控制器

C. 运算器和控制器　　D. 运算器、控制器和存储器

14. 在长度为 m 的顺序表中查找一个元素，假设需要查找的元素一定在表中，并且元素出现在表中每个位置上的可能性是相同的，则在平均情况下需要比较的次数为(　　)。

A. (n+1)/2　　B. n/2　　C. 3n/4　　D. n/4

15. 对长度为 10 的线性表进行冒泡排序，最坏情况下需要比较的次数为(　　)。

A. 9　　B. 10　　C. 45　　D. 90

16. 计算机最早的应用领域是(　　)。

A. 数值计算　　B. 辅助工程　　C. 过程控制　　D. 数据处理

17. 下列叙述中正确的是(　　)。

A. 算法就是程序

B. 设计算法时只需要考虑数据结构的设计

C. 设计算法时只需要考虑结果的可靠性

D. 设计算法时要考虑时间复杂度和空间复杂度

18. 结构化程序的三种基本结构是(　　)。

A. 递归、迭代和回溯　　B. 过程、函数和子程序

C. 顺序、选择和循环　　D. 调用、返回和选择

19. 程序流程图是(　　)。

A. 总体设计阶段使用的表达工具　　B. 详细设计阶段使用的表达工具

C. 编码阶段使用的表达工具　　D. 测试阶段使用的表达工具

20. 属于结构化程序设计原则的是(　　)。

A. 模块化　　B. 可继承性　　C. 可封装性　　D. 多态性

21. 几位同学对物理竞赛的名次进行猜测。

小钟说:“小华第三，小任第五。”

小华说:“小闽第五，小宫第四。”

小任说:“小钟第一，小闽第四”。

小闽说:“小任第一，小华第二。”

小宫说:“小钟第三，小闽第四。”

已知本次竞赛没有并列名次，并且每个名次都有人猜对。那么，具体名次应该是(　　)。

A. 小华第一、小钟第二、小任第三、小闽第四、小宫第五

B. 小闽第一、小任第二、小华第三、小宫第四、小钟第五

C. 小任第一、小华第二、小钟第三、小宫第四、小闽第五

D. 小任第一、小闽第二、小钟第三、小宫第四、小华第五

22. 下面哪个应用不会用到云计算技术(　　)。

A. Web 搜索　　B. 照片共享　　C. 社交网络　　D. 文档编辑

23. 下列技术不属于物联网应用的关键技术是。(　　)

A.传感器技术　　B. RFID 标签　　C. 嵌入式系统技术　　D. 多媒体技术

二、判断题

1. 四代计算机的硬件有很大区别，软件没有什么区别。(　　)
2. 第三代计算机中才出现操作系统。(　　)
3. 世界上第一台电子计算机是为了军事需要而研制的。(　　)
4. 计算机除了运算速度快之外，计算精度也很高。(　　)
5. 计算机辅助系统包括辅助设计、辅助制造、辅助教育。(　　)
6. 计算机文化的内涵是要人们善于使用计算机处理问题。(　　)
7. 计算机科学主要研究目标是：研究计算机、研究计算机能干什么和应该怎样干。(　　)
8. 计算思维是人类除了理论思维、实验思维以外，应具备的第三种思维方式，它应该成为每一个人的技能。(　　)
9. 大数据有高价值密度的特点。(　　)
10. 区块链要求将每一笔交易都记录在服务器上，每当交易发生之后，信息会通知到所有的“点”，各个“点”(即人)按照预设的规则独立地对交易进行确认。(　　)

三、填空题

1. 世界上第一台电子计算机的主要逻辑元件是________。

2. 计算思维解决问题的过程，包括________、__________、抽象表示、__________、评估方案、概括迁移等六个环节。

3. 计算思维着重于解决人类与机器各自的__________以及问题的___________。

4. 算法的5个特征是____________、____________、____________、____________、____________。

5. 计算机程序的三种基本结构是____________、____________、____________。

6. 用逐一试验的方法，判断一个钥匙串中哪一把钥匙能打开一个锁，这种方法是算法中的________法。

7. 图 1.1 是用辗转相除法求两个 a、b 两个输的最大公约数和最小公倍数的流程图，请在图中标有下划线的地方填空。(图中的 mod 符号表示取余运算。)

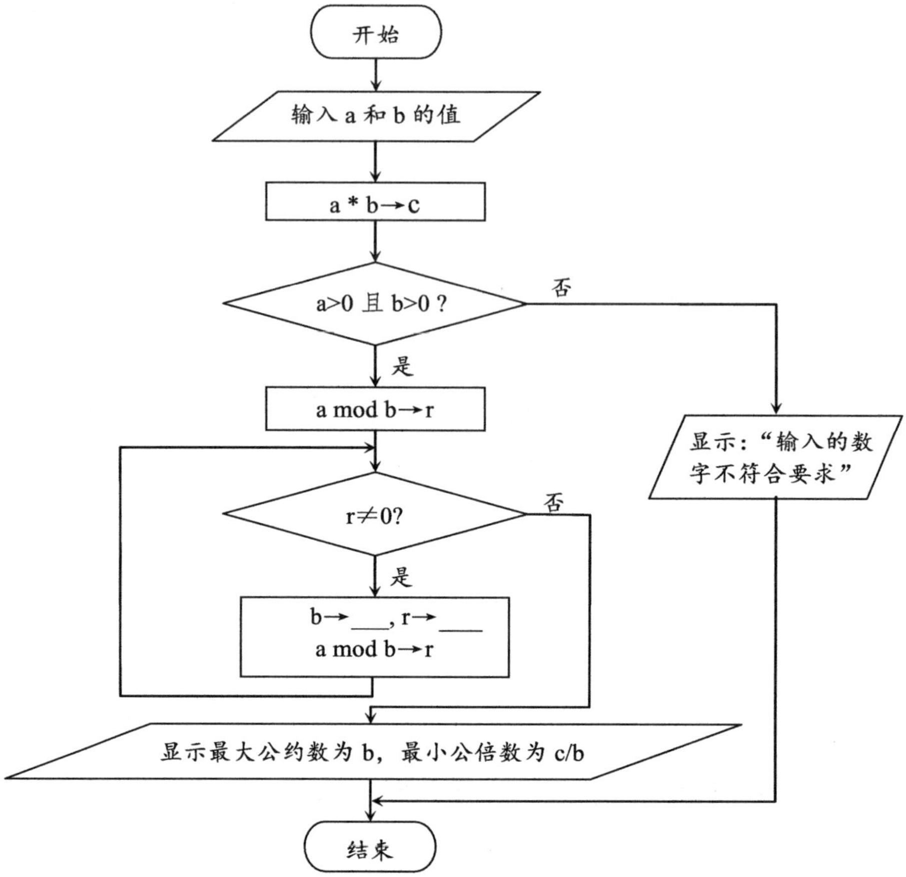

图 1.1　求两个数最大公约数和最小公倍数的流程图

8. 已知在数组 A(1)，A(2)，…，A(n) 中已经按升序排列了 n 个数，图 1.2 是在其中查找关键数 Key 在数组中序号的 N-S 图，在图中标有下划线的地方填空。

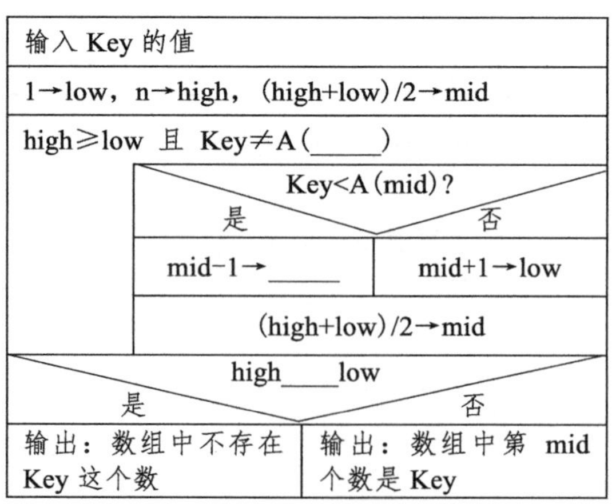

图 1.2　折半查找关键数的 N-S 图

9. 大数据的特点是____________、____________、____________、____________、____________。

四、解答题

1. 甲、乙、丙、丁四位同学中有一位同学为灾区捐款 1000 元，当老师询问时，他们分别这样回答：

甲："这 1000 元不是我捐的"。

乙："这 1000 元是丁捐的"。

丙："这 1000 元是乙捐的"。

丁："这 1000 元不是我捐的"。

这四人中只有一个人说了真话，请判断这 1000 元是谁捐的?

2. n 个灯放成一排，第 1 个人将灯全打开，第 2 个人将凡是 2 的倍数的灯进行相反处理，打开的关掉，关掉的打开，第 3 个人再将凡是 3 的倍数的灯进行相反处理，直到第 n 个人位置，求出哪些灯是亮的。画出解决这个问题的流程图。

3. 一部楼梯共有 n 级台阶，上楼时每一步可以迈 1 级或 2 级，不许后退，计算共有多少种上完楼梯的方法。画出流程图表示解决此问题的算法。

【提示】首先应建立本问题的数学模型。假设有 f(n) 种上完楼梯的方法。当 n=1 时，显然有 f(1)=1。当 n=2 时，可以一步迈 1 级、迈 2 步上完楼梯；也可以一步迈 2 级、迈 1 步上完楼梯，因此 f(2)=2。当 n=3 时，如果第一步迈 2 级、则还剩下 1 级；如果第一步迈 1 级、则还剩下 2 级；因此 f(3)=f(1)+f(2)。当 n=4 时……

4. 你觉得未来 10 年哪些工作会因为人工智能的应用而消失?

第2章 0与1——语义符号化与符号计算化

习题精选

一、单项选择题

1. 计算机之所以能按人们的意图工作，最直接的原因是因为采用了(　　)。

A. 二进制　　B. 高速电子元件
C. 程序设计语言　　D. 存储程序控制

2. 根据汉字国标 GB2312-80 的规定，二级次常用汉字个数是(　　)。

A. 3000 个　　B. 7445 个　　C. 3008 个　　D. 3755 个

3. 已知汉字“家”的区位码是 2850，则其国标码是(　　)。

A. 4870D　　B. 3C52H　　C. 9CB2H　　D. A8D0H

4. 若已知一汉字的国标码是 5E38，则其内码是(　　)。

A. DEB8　　B. DE38　　C. 5EB8　　D. 7E58

5. 一个汉字的国标码用 2 字节存储，其每个字节最高二进制位的值分别为(　　)。

A. 0，0　　B. 1，0　　C. 0，1　　D. 1，1

6. 下列编码中，属于正确的汉字内码的是(　　)。

A. 5EF6H　　B. FB67H　　C. A383H　　D. C97DH

7. 根据汉字国标码 GB2312-80 的规定，将汉字分为常用汉字和次常用汉字两级。次常用汉字的排列次序是按(　　)。

A. 偏旁部首　　B. 汉语拼音字母　　C. 笔画多少　　D. 使用频率多少

8. 汉字输入码可分为有重码和无重码两类，下列属于无重码类的是(　　)。

A. 全拼码　　B. 自然码　　C. 区位码　　D. 简拼码

9. 汉字区位码用十进制的区号和位号表示。其区号和位号的范围分别是(　　)。

A. 0～94，0～94　　B. 1～95，1～95　　C. 1～94，1～94　　D. 0～95，0～95

10. 王码五笔字型输入法属于(　　)。
A. 音码输入法　　B. 形码输入法　　C. 音形结合的输入法　D. 联想输入法

11. 在ASCII码表中，根据码值由小到大的排列顺序是(　　)。
A. 空格字符、数字符、大写英文字母、小写英文字母
B. 数字符、空格字符、大写英文字母、小写英文字母
C. 空格字符、数字符、小写英文字母、大写英文字母
D. 数字符、大写英文字母、小写英文字母、空格字符

12. 下列叙述中，正确的是(　)。
A. 一个字符的标准ASCII码占一个字节的存储量，其二进制最高位总为0
B. 大写英文字母的ASCII码值大于小写英文字母的ASCII码值
C. 同一个英文字母(如A)的ASCII码和它在汉字系统下的全角内码是相同的
D. 一个字符的ASCII码与它的内码是不同的

13. 一个字符的标准ASCII码码长是(　　)。
A. 8bits　　B. 7bits　　C. 16bits　　D. 6bits

14. 一个字长为5位的无符号二进制数能表示的十进制数值的范围是(　　)。
A. 1～32　　B. 0～31　　C. 1～31　　D. 0～32

15. 一个字长为8位的无符号二进制整数能表示的十进制数值范围是(　　)。
A. 0～256　　B. 0～255　　C. 1～256　　D. 1～255

16. 已知三个用不同数制表示的整数A=00111101B，B=3CH，C=64D，则能成立的比较关系是(　　)。
A. A<B<C　　B. B<C<A　　C. B<A<C　　D. C<B<A

17. 十进制数60转换成二进制数是(　　)。
A. 0111010　　B. 0111110　　C. 0111100　　D. 0111101

18. 在下列字符中，ASCII码值最小的一个是(　　)。
A. 空格字符　　B. 0　　C. A　　D. a

19. 已知三个字符为：a、X和5，按它们的ASCII码值升序排序，结果是(　　)。
A. 5，a，X　　B. a，5，X　　C. X，a，5　　D. 5，X，a

20. 在数制的转换中，正确的叙述是(　　)。
A. 对于相同的十进制整数(>1)，其转换结果的位数变化趋势随着基数R的增大而减少
B. 对于相同的十进制整数(>1)，其转换结果的位数变化趋势随着基数R的增大而增加
C. 不同数制的数字符是各不相同的，没有一个数字符是一样的
D. 对于同一个整数值，用二进制数表示的位数一定大于用十进制数表示的位数

21. 在计算机中，信息的最小单位是(　　)。
A. bit　　B. Byte　　C. Word　　D. DoubleWord

22. 存储24×24点阵的一个汉字信息，重要的字节数是(　　)。
A. 48　　B.72　　C.144　　D.192

二、判断题

1. 信息技术就是计算机技术。　(　　)
2. 信息不能独立存在，必须借助某种符号才能表现出来。　(　　)
3. 世界上第一台电子计算机是为了军事需要而研制的。　(　　)
4. 字节常用来衡量计算机存储容量的大小，常用的单位有KB、MB、GB、TB。(　　)

5. 逻辑异或运算能实现按位加的功能，只有当两个逻辑值不同时，结果才为 1。（　）

6. 计算机只能处理数字。（　）

7. 多媒体技术中的“媒体”是指磁盘、磁带、光盘和半导体存储器等。（　）

8. 在声音的数字化过程中，采样和量化的过程称为模/数(A/D)转换。（　）

9. 所有计算机的字长都是固定不变的，都是 8 位。（　）

10. 矢量码记录的字体称为矢量字体或轮廓字体。这种字体占用的存储空间较小，可以任意缩放而不产生失真。（　）

三、填空题

1. 8 个二进制位为一个________，简记为________，是存储信息的基本单位。计算机处理数据时，通过数据总线一次存取、加工和传送的数据称为________。计算机的运算部件能同时处理的二进制数据的位数称为计算机的________。

2. 每个英文字母用__________个字节来表示，每个汉字的机内码需要__________个字节来表示。

3. 二进制数 1001001111 转换成八进制是_______，转换为十六进制是_______。

4. 可以在数字后面加上不同的字母来区分不同数制的数，其中 B 表示_______，D 表示_______，H 表示_______，O 表示_______。

5. 一个 24×24 点阵的汉字占用_______字节。

6. 计算机中的所有信息在计算机内部都是以_______编码表示的。

7. 记录汉字字形通常有点阵法和____________两种方法，分别对应的两种字形编码是__________和___________。___________表示的字体占用的存储空间较小，可以任意缩放而不会产生失真。

8. “N”的 ASCII 码为 4EH，则“M”的 ASCII 码是__________，“n”的 ASCII 码是__________。

9. 在计算机科学中，__________是国际通用的信息交换代码。

10. 在计算机中，表示 7 种状态至少需要__________位二进制码。

11. 在计算机内部，对汉字进行传输、处理和存储时使用的是汉字的___________。

12. 多媒体信息包括________、________、__________、___________、___________、__________几种。

13. 多媒体技术的主要特性有________、_________、____________、___________、___________。

14. 多媒体处理的关键技术包括____________、___________、___________、___________。

15. 数据压缩分为____________和___________两类。

第3章 冯·诺依曼计算机

上机实习 3.1 计算机的选购与安装

实习目的

1. 了解微型机的硬件组成、基本配置及性能指标。
2. 掌握组装一台计算机的方法。

实习内容及步骤

一、微型计算机硬件的选购

1. 确定选购品牌计算机还是组装计算机

① 目前，品牌计算机的价位比相同配置的组装计算机高不了多少，如果对计算机的组装与维护技术不是很熟悉，可以选择购买联想、惠普、海尔等品牌计算机，能享受一定时期的质保、维修、维护及技术支持。

② 组装计算机是指用户根据自己的需求，指定配件由商家负责安装的计算机。用户也可以购买配件，自己动手安装，即常说的 DIY(Do It Yourself)。

③ 组装计算机需要遵循开放式标准体系，即只有符合部件生产标准、具有相同接口标准的配件才能被组装成一台计算机。

2. 选购组装计算机所需配件

(1) 微处理器 CPU(见图 3.1)

Intel 酷睿 i7 3770K(盒)

- ❖ 适用机型：台式机
- ❖ CPU 系列：酷睿 i7 3770
- ❖ CPU 主频：3.5GHz
- ❖ 三级缓存：8MB
- ❖ 核心数量：四核心
- ❖ 插槽类型：LGA 1155

图 3.1 微处理器 CPU

❖ 内存控制器：DDR3 1333MHz，DDR3 1600MHz
❖ 价格：1920 元

（2）**存储器**

① 内存储器。

金士顿 HyperX PnP 8GB DDR3 1600（见图 3.2）

❖ 内存类型：DDR3
❖ 适用机型：台式机
❖ 内存容量：8GB
❖ 内存主频：1600MHz
❖ 传输标准：PC3-12800
❖ 价格：330 元

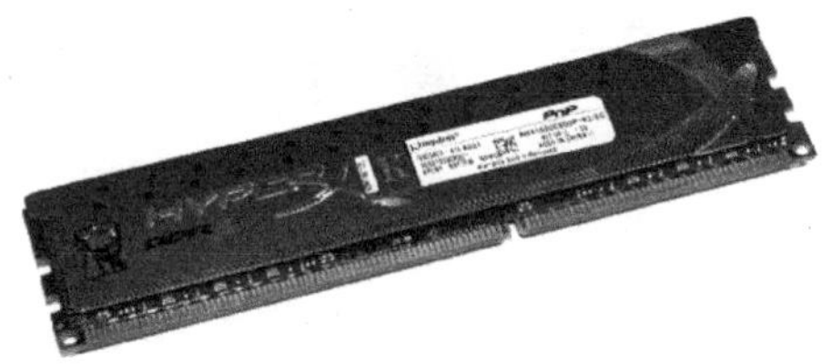

图 3.2　内存条

② 外存储器。

硬盘：希捷 1TB 7200 转 64MB SATA3（ST1000DM001）（见图 3.3）

❖ 适用机型：台式机
❖ 硬盘容量：1000GB/1TB
❖ 接口类型：SATA3.0
❖ 缓存：64MB
❖ 接口速率：6Gb/秒
❖ 转速/分：7200rpm
❖ 价格：269 元

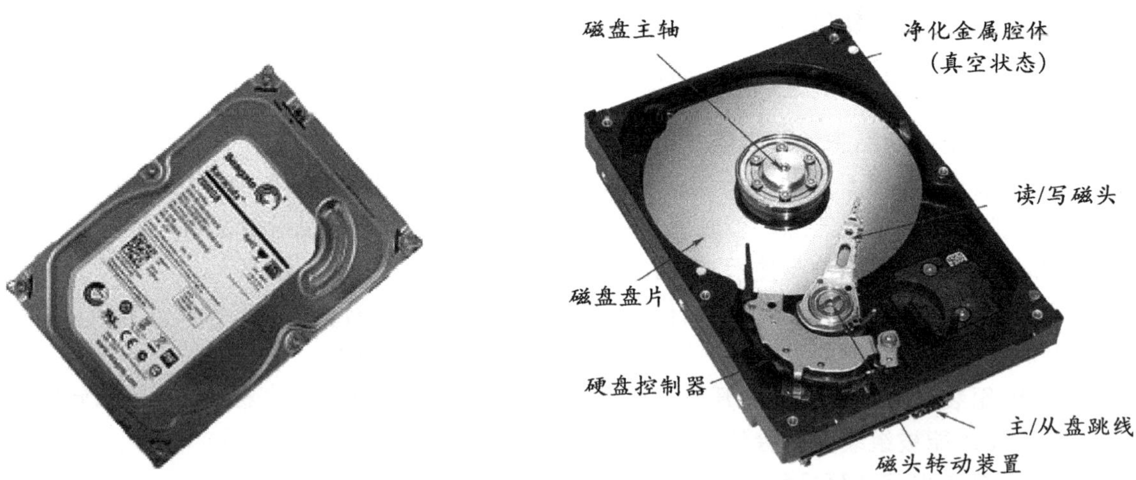

图 3.3　硬盘

（3）**主板（见图 3.4）**

华硕 P8H77-V

❖ 主板芯片组：Intel Z77
❖ CPU 支持类型：Core i7/Core i5/Core i3/Pentium/Celeron
❖ CPU 插槽：LGA 1155

图 3.4　主板

- 内存类型：DDR3
- 集成芯片：声卡/网卡
- 主板板型：ATX
- USB 接口：10×USB2.0 接口(6 内置+4 背板)；4×USB3.0 接口
- SATA 接口：4×SATA II 接口；2×SATA III 接口
- PCI-E 插槽：1×PCI-E X16 显卡插槽；2×PCI-E X1 插槽
- 网卡芯片：板载 Realtek RTL8111F 千兆网卡
- 音频芯片：集成 Realtek ALC887 8 声道音效芯片
- 价格：899 元

(4) 输入设备

图 3.5　键鼠套装

罗技 MK100 二代键鼠套装(见图 3.5)

- 键盘类别：有线
- 键盘按键数：104 键
- 鼠标类型：有线光电
- 价格：86 元

(5) 输出设备

图 3.6　显卡

① 显卡。

丽台 GT630 4G D3 ATX(见图 3.6)

- 显卡芯片：GeForce GT630
- 显存类型：SDDR3
- 显存容量：4096MB
- 接口类型：PCI Express 2.0 16X
- I/O 接口：HDMI 接口/DVI 接口/VGA 接口
- 最高分辨率：2560×1600
- 价格：549 元

图 3.7　显示器

② 液晶显示器。

三星 S22D300NY (见图 3.7)

- 显示屏尺寸：22 英寸
- 最佳分辨率：1920x1080
- 视频接口：D-Sub(VGA)
- 价格：759 元

(6) 机箱(见图 3.8 左)

图 3.8　台式机机箱与电源

金河田升华 零辐射版

- 机箱类型：台式机类机箱
- 适用主板：ATX 板型，MATX 板型
- 样式：立式
- 价格：109 元

(7) 电源(见图 3.8 右)

长城双卡王智控 0 分贝

❖ 电源类型：台式机类

❖ 额定功率：400W

❖ 适用范围：支持 Intel 与 AMD 全系 CPU

❖ 价格：299 元

二、装机配件清单

经过市场调研，确定计算机的配件类型后，需要将配件的型号与价格列在一张表上，做到心中有数。装机配件清单表，如表 3.1 所示。

表 3.1 装机配件清单

项 目	品 牌 型 号	价 格
CPU	Intel 酷睿 i7 3770K(盒)	1920
主 板	华硕 P8H77-V	899
硬 盘	希捷 1TB 7200 转 64MB SATA3(ST1000DM001)	260
内 存	金士顿 HyperX PnP 8GB DDR3 1600	330
光 驱	先锋 DVR-220CHV	145
显 卡	丽台 GT630 4G D3 ATX	549
显示器	三星 S22D300NY	759
声 卡	主板集成	——
网 卡	主板集成	——
机 箱	金河田升华 零辐射版	109
电 源	长城双卡王智控 0 分贝(BTX-500SE(A))	299
键鼠套装	罗技 MK100 二代键鼠套装	86
合 计		5356

三、组装一台微型计算机

【操作要求】

按装机配件清单组装一台工作用计算机。

【操作步骤】

(1) 准备工作

① 组装计算机的工具：一把螺丝刀。

② 用手摸一摸自来水管等接地设备，消除身上的静电，防止人体所带静电对电子器件造成损伤。

> **注意**
>
> ① 如果有条件，可佩戴防静电环消除身上的静电。
>
> ② 对各个部件要轻拿轻放，不要碰撞，尤其是硬盘。
>
> ③ 安装主板要稳固，同时要防止主板变形，不然会对主板的电子线路造成损伤。

(2) 安装 CPU

① 从主板包装盒中取出主板，将其放在一块绝缘泡沫或海绵垫上。

② 在主板上找到 CPU 插槽，可以看到，为了保护插座上的针脚，在没安装 CPU 之前，这种插槽上面都有一块插槽保护盖，如图 3.9 所示。

③ 将拉杆向下推，以解扣拉杆，然后提起拉杆，打开承载板，取下插槽保护盖，会看到带有许多针脚的插槽。

④ 用拇指和食指捏住 CPU 处理器。确保插槽的凹口与处理器的缺口对齐。将处理器垂直放入插槽，或者将处理器滑入插槽。轻轻地放开处理器，确保其在插槽中正确就位。如图 3.10 所示。

⑤ 关闭承载板时不需要用力。按下承载板，合上并扣住插槽拉杆，如图 3.11 所示。

图 3.9 CPU 插槽

图 3.10 拉开锁杆并插好 CPU

图 3.11 盖上承载板

(3) 安装 CPU 散热器

① 在 CPU 表面均匀地涂上薄薄一层硅脂。

说明

硅脂的主要作用是填充缝隙帮助导热，而本身导热能力不强，所以涂抹均匀刚好盖住 CPU 表面即可，不用太多。很多散热器在购买时已经在底部与 CPU 接触的部分涂上了导热硅脂，这时就没有必要再在处理器上涂一层了，注意拿的时候不要损坏了这些热传递材料。

② 将风扇轻轻放在 CPU 上面，放下的时候要注意四角对准主板相应的位置，按住风扇散热器，并以间隔(对角)的方式按下每个扣件的顶部。在按下每个扣件的时候您会听到“咔嗒”一声。轻轻地向上拉每个扣件，确保所有四个扣件均已牢固地连接。如果有一个扣具未能牢固连接，就会影响风扇散热器和处理器之间的封接质量，并可能会导致处理器操作不稳定。然后用力压下四角扣具，如图 3.12 所示。

③ 把风扇的电源线插到 CPU 插槽附近的四针电源接口上，如图 3.13 所示。

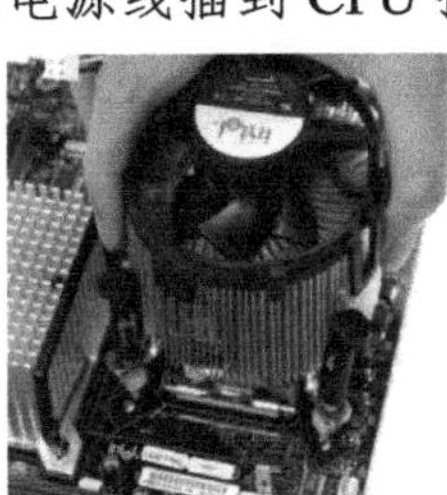

图 3.12 安装 CPU 风扇

图 3.13 插上 CPU 风扇电源

(4) 将内存条插入主板

① 拔开内存插槽两边的卡槽。

② 内存条接口设计的是不对称的，只要对齐缺口就可以顺利插入，安装时可以对应一下内存与插槽上的缺口。

③ 用两拇指按住内存两端轻微向下压，听到“啪”的一声响后，即说明内存安装到位，主板上内存插槽的扣就会自动卡紧内存条，如图 3.14 所示。

图 3.14 插入内存条

(5) 把主板安装到机箱内

① 机箱水平放置，观察主板上的螺丝固定孔，在机箱底板上找到对应位置处的预留孔，将机箱附带的铜柱安装到这些预留孔上。这些铜柱不但有固定主板的作用，而且还有接地的功能。如图 3.15 所示。

② 拆掉机箱背面的处于 PCI-E 插槽位置的挡板和处于串行通讯口、音频接口位置的挡板，把主板放入机箱，确定安放到位，可以通过机箱背部的主板挡板来定位。拧好螺丝(一般要拧 6 个以上)，如图 3.16 所示。

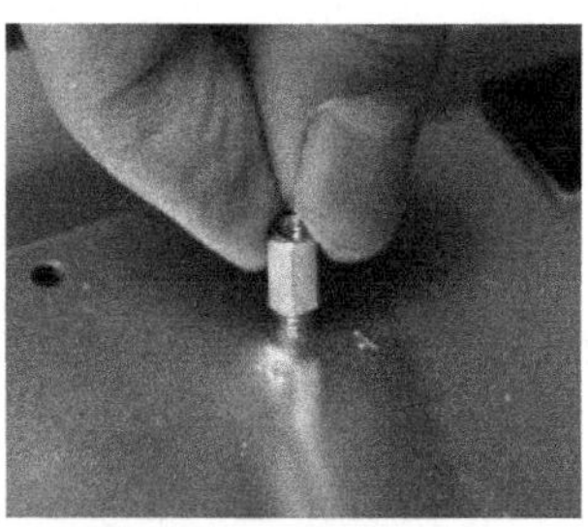

图 3.15 安装铜柱

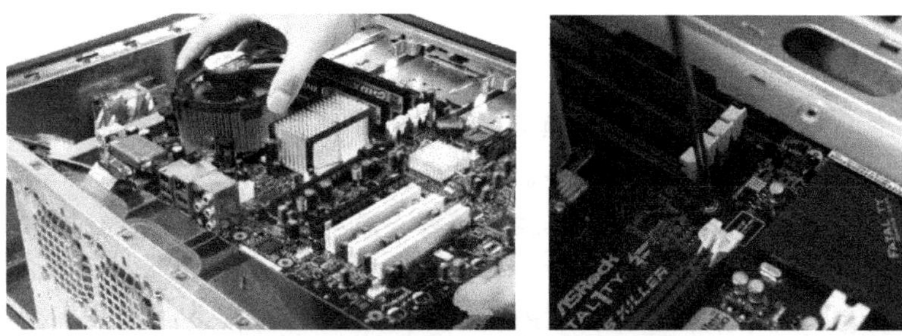

图 3.16 将主板装入机箱并拧好螺丝

> **小技巧**
>
> 在装螺丝时，注意每颗螺丝不要一次性拧紧，等全部螺丝安装到位后，再将每颗螺丝拧紧，这样做的好处是随时可以对主板的位置进行调整。

(6) 安装显卡

① 在主板上找到 PCI Express 2.0 16X(PCI-E)插槽。

② 均匀用力将显卡插入此插槽，以保证显卡金手指与插槽接触良好。

③ 要让显卡接口端对准机箱挡片口。

④ 用螺丝刀将接口卡固定到机箱上，如图 3.17 所示。

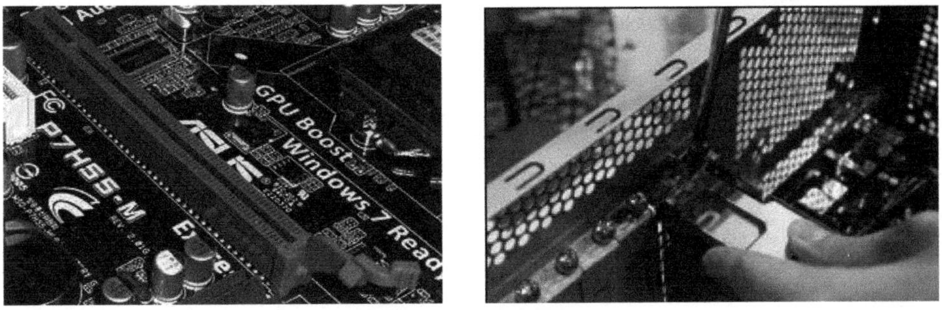

图 3.17 安装显卡

> **说明**
>
> 独立声卡和网卡安装在 PCI 插槽。本主板集成了声卡和网卡，所以不用安装。

(7) 安装硬盘

① 把硬盘放入机箱的 3.5 英寸架，露出硬盘上的螺丝孔。

② 拧好两侧的四个螺丝，如图 3.18 所示。

图 3.18 安装硬盘

> **说明**
>
> 硬盘在工作时其内部的磁头会高速旋转，因此必须保证硬盘安装到位，确保固定。硬盘的两边各有两个螺丝孔，因此最好能上 4 个螺丝，并且在上螺丝时，四个螺丝的进度要均衡，切勿一次性拧好一边的两个螺丝，然后再去拧另一边的两个。

(8) 安装电源

① 先确定好电源放入机箱的位置及方向。

② 把电源按照确定好的方向装入机箱。

③ 用螺丝刀将配套的螺丝分别拧紧，如图 3.19 所示。

> **小技巧**
>
> 机箱上的螺孔与电源的螺孔是一一对应的，如果放入的方向不正确，就没有办法上螺丝。

(9) 安装电源线

① 在主板上找到长方形的为主板供电的插槽。

② 将电源上专为主板供电的接口插入插槽，如图 3.20 所示。

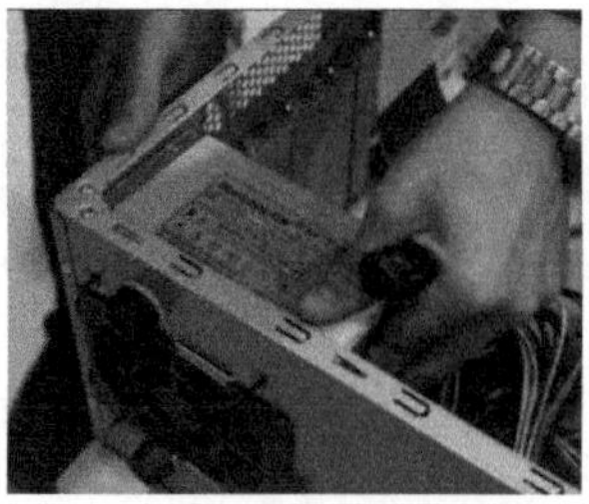

图 3.19　安装电源

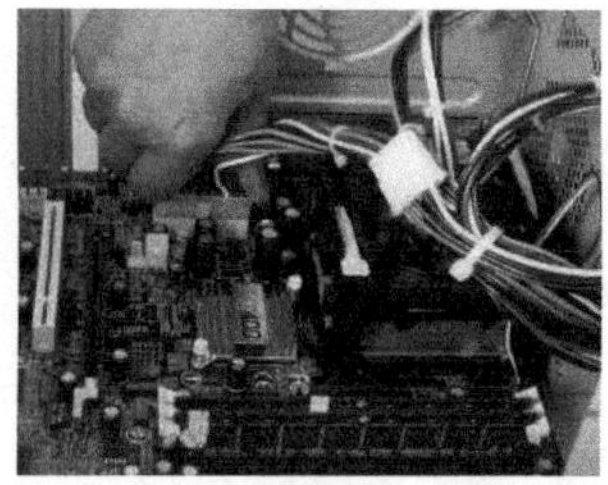

图 3.20　将电源与主板连接

（10）安装硬盘的数据线

① 在主板上找到 SATA 接口(本例硬盘的接口为 SATA)，如图 3.21 所示。

② 把数据线插到 SATA1 接口上。

③ 数据线另一端连接硬盘上的数据线接口。

④ 黑黄红交叉的是电源线连接硬盘的电源接口，如图 3.22 所示。

图 3.21　SATA 接口图

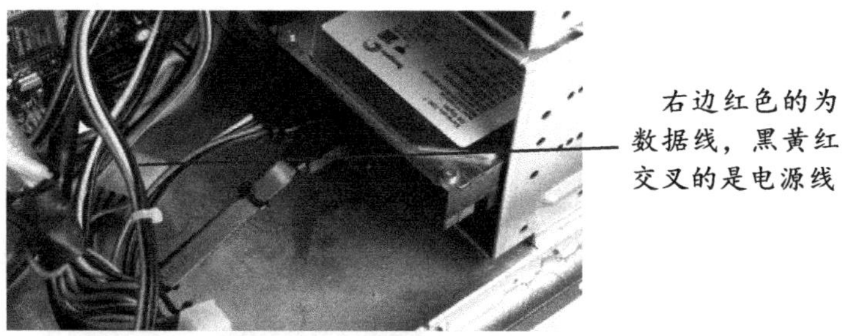

图 3.22　将硬盘接上电源线

（11）机箱与主板间的连线

机箱面板引出线是由机箱前面板引出的开关和指示灯的连接线，如图 3.23 所示，包括电源开关、复位开关、电源开关指示灯、硬盘指示灯、扬声器等连接线。计算机主板上提供有专门的插座(一般为 2 排 10 行)，用于连接机箱面板引出线，根据主板说明书上的说明将机箱面板引出线插入到主板上相应的插座中。对机箱内的各种线缆进行简单的整理，以提供良好的散热空间。

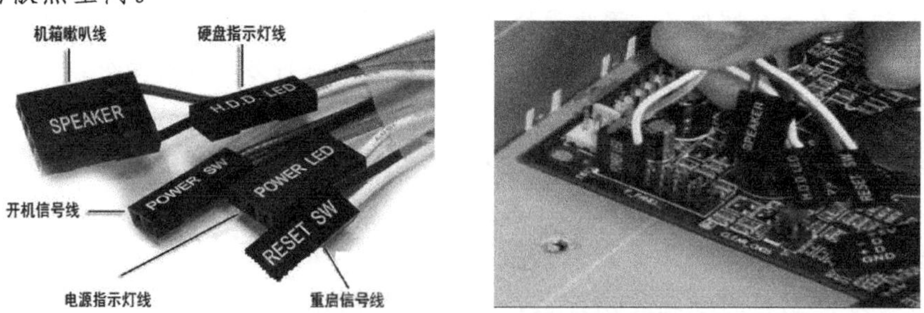

图 3.23　将机箱面板引出线与主板连接

（12）连接键盘和鼠标

将键盘与鼠标的 USB 插头直接插到主机的 USB 接口上。

（13）安装显示器

① 在显示器背后找到显示器数据信号线，如图 3.24 所示。

② 将它插到计算机的显卡输出接口，并拧紧两边的紧固螺钉，避免出现接触不好导致

画面不稳定的现象，如图 3.25 所示。

③ 将显示器电源线接入外接电源，这样显示器就连接好了。

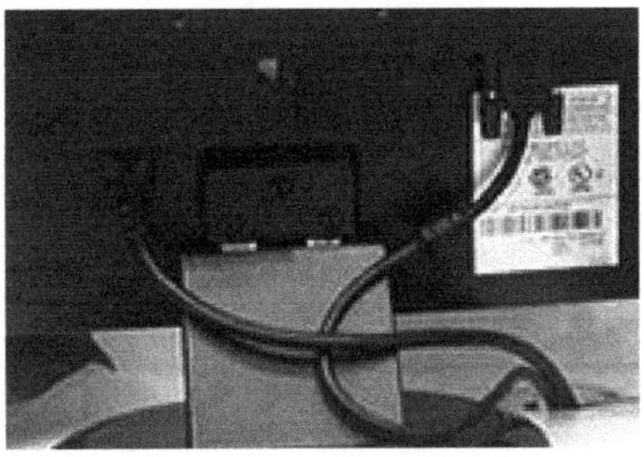

图 3.24 显示器的数据信号线与电源线

图 3.25 将显示器的数据信号线与显卡连接

(14) 主机电源连接，开机

① 将机箱电源线的一端与主机电源的接口连接，另一端直接与外部电源相连。

② 打开显示器电源开关。

③ 按下电源键开机，如果系统能正常启动，用户能从机箱喇叭中听到一声清脆的“嘀”声，并会看到电源灯(绿灯)常亮，而硬盘灯(红灯)不停地闪烁。

④ 系统启动后，可以看到屏幕上出现如图 3.26 所示的画面，至此，计算机硬件安装过程完成。

图 3.26 开机画面

小技巧

当系统正常启动时，用户能从机箱喇叭中听到 BIOS 一声清脆的“嘀”声。如果硬件发生故障，机箱喇叭会发出不同的响声，通过 BIOS 的自检响铃可以判断一些基础的硬件故障。

上机实习 3.2 熟悉微型计算机系统

实习目的

1. 了解微型机的硬件组成及系统配置。
2. 了解微型机部件的接线方式。
3. 熟练掌握微型机开机、关机的操作步骤。
4. 掌握微型机复位键的使用方法。

实习内容及步骤

一、熟悉计算机硬件系统的构成与外观

在计算机的各部件中，主机箱(如图 3.27 所示)是最重要的一个部件，中央处理器、内存储器、显示卡、声卡和硬盘等都安装在主机箱内，在主机箱的背面有许多专用接口，主机通过它们与显示器、键盘、鼠标、打印机等输入、输出设备连接在一起。

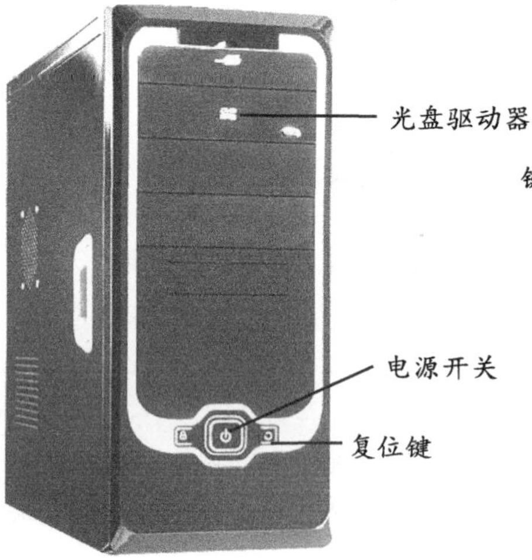

主机箱正面

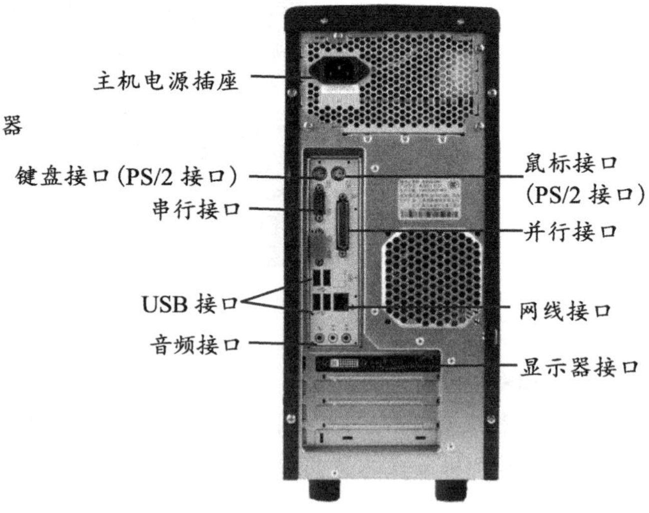

主机箱背面

图 3.27 主机箱

请观察所使用计算机硬件系统的构成与外观，分别指出构成计算机硬件系统的各个部件：主机箱、显示器、鼠标、键盘、光驱、音箱和打印机。

① 辨别所用的显示器是多少英寸的，是显像管显示器还是液晶显示器？

② 辨别所用的音箱是有源音箱还是无源音箱?

③ 辨别所用的打印机是喷墨打印机还是激光打印机?

④ 指出光驱前面板上的光盘托盘、光驱读写指示灯、光盘进出按键的位置。

⑤ 指出机箱前面板上的电源开关(Power)和复位键(Reset)的位置。

⑥ 指出机箱前面板上的电源指示灯、硬盘读写指示灯。

二、辨认微机的主要部件和连线

① 打开主机箱，辨认主板、CPU、内存、显示卡、声卡、网卡、硬盘、光驱、数据线和音频线。

② 辨认硬盘、光驱通过数据线与哪一个 IDE 接口连接?

③ 辨认显示卡、声卡、网卡分别插在哪一个(ISA、PCI、AGP)插槽内?

④ 鼠标连接线使用 PS/2 圆形插头还是 USB 插头?接在什么地方?

⑤ 键盘接口是 PS/2 式还是 USB 式?

⑥ 显示器的电源线是接在主机箱上还是直接接在电源插座上? 显示器的信号线是否连接在显示卡上?

⑦ 注意打印机使用独立的电源线,辨认打印机的数据电缆线接在主机箱后的并行接口上还是接在 USB 口上。

⑧ 注意有源音箱的信号线接在声卡的 Speaker 接口或 Line-out 接口上,无源音箱的信号线接在声卡的 Speaker 接口上。

⑨ 注意话筒信号线接在声卡的 Micin 接口上。

三、开机和关机

① 接通电源后，依次开启显示器、主机的电源开关(如果显示器电源接在主机上，会自动开启)。开机后观察显示器和主机箱上各个指示灯的变化，直至屏幕上出现 Windows 7 桌面。

【说明】进入 Windows 7 登录界面时可能会要求输入用户名和密码，检查用户是否有权限使用本计算机，如果不能正确输入用户名和密码，将无法登录到计算机。另外还需要注意的是密码区分大小写。

② 启动 Windows 7 后，从“开始”菜单中选择关闭计算机命令，关闭计算机。观察显示器和主机箱上各个指示灯的变化。

③ 重新开机，当出现 Windows 7 桌面后，按下主机箱上的 Reset 键，认真观察计算机复位启动的过程。

【说明】如果需要修复系统错误，可使系统启动后进入安全模式，操作步骤如下:

① 如果尚未启动计算机，直接按主机箱上的电源开关，如果已经启动计算机，需要重新启动计算机。

② 在计算机进行自检时，按住键盘上的 F8 键不放，稍后将进入启动模式选择菜单。

③ 利用键盘上的 ↑、↓ 键使光标移动亮条移到“安全模式”后再按 Enter 键，系统启动后即进入安全模式，桌面四个角上会出现“安全模式”字样。

上机实习 3.3 熟悉键盘

实习目的

1. 了解键盘的键位分布，通过实际操作掌握数字键、字母键、符号键、空格键、移动光标键和主要功能键的功能及使用方法。

2. 掌握正确的击键姿势和指法。

3. 熟练掌握英文输入法。

实习内容及步骤

一、键盘键位及其功能

键盘是微型机必备的输入设备。键盘上键位的排列按用途可分为：主键盘区、功能键区、编辑键区、小键盘区。

（1）主键盘区

主键盘区包括 26 个英文字母键、0～9 数字键、运算符号键、标点符号键、控制键等。

① 字母键：共 26 个，按英文打字机字母顺序排列，位于主键盘区的中央区域。计算机开机后，默认情况下输入小写英文字母。如需输入大写英文字母，可按住Shift键的同时击打字母键；也可以按一下Caps Lock键(此时，小键盘区对应的指示灯亮，表明键盘处于大写字母锁定状态)，然后再击打字母键。再按一下Caps Lock键(小键盘区对应的指示灯灭)，将重新转入小写输入状态。

② 上档键Shift：在主键盘区左右两边各有一个。按住该键再按字符键，可输入字符键上面标识的符号。

③ 大写字母锁定键Caps Lock：在主键盘区的左侧。按一次该键，小键盘上方对应的指示灯亮，字母键锁定在大写状态；再按一次该键，对应的指示灯灭，恢复为小写字母输入状态。

④ 数字键：共 10 个，在主键盘区的上方。每个数字键上都有两个符号，直接按数字键可输入数字；按住Shift键后按数字键，则可输入数字键中数字上方的符号。例如要输入“@”，应在按住Shift键后，按@ 2键。

⑤ 空格键 Space：在主键盘区的下方。在插入状态下，按一次空格键可在当前位置插入一个空格。如在改写状态，则可替换光标后的一个字符。

⑥ 退格键Back Space：在主键盘区的右上角。按一次退格键，可删除光标前的一个字符，后面的字符自动前移。

⑦ 回车键Enter：在主键盘区的右侧，小键盘区也有一个。按一下该键一般表示执行某个命令。在编辑文字时，按下该键则表示回车换行。

⑧ 控制键Ctrl：Ctrl键有两个，分别位于空格键的两侧，它们和其他键组合使用可产生各种特殊的功能。例如Ctrl + P键一般用于接通打印机。

⑨ 转换键Alt：一对Alt键分别位于空格键的两侧，它们和其他键组合使用可产生转换等功能。例如Alt + 字母键常用于激活菜单。

(2) 功能键区

① 功能键F1 ~ F12：功能键位于键盘上方，一般将常用的操作命令定义于功能键上，在不同的软件中功能键有不同的定义。通常情况下，按F1键后会显示帮助内容。

② Esc键通常定义成“取消”或“退出”。

③ Print Screen键：屏幕拷贝键。在 DOS 系统下，按Print Screen键将屏幕内容送打印机输出。在 Windows 系统中，按Print Screen键将整个屏幕内容复制到剪贴板上；按Alt + Print Screen键，将当前活动窗口内容复制到剪贴板上。

④ Pause Break键：通常用于暂停执行程序或命令。按任意字符键后再继续执行。

⑤ Scroll Lock键：滚动锁定键，在显示长文件时用于暂停屏幕滚动。按下该键后，键盘右上角的“Scroll Lock”指示灯亮，再按一次该键，指示灯灭。

(3) 编辑键区

编辑键区位于主键盘区与小键盘区之间，主要用于编辑操作。

① Insert键：插入与改写状态的切换键。

② Delete键：删除当前光标处的一个字符，并使光标后的字符向前移。

③ Home键：将光标移到当前行行首。

④ End键：将光标移到当前行行尾。

⑤ Page Up键：上翻页键，显示屏幕前一页的内容。

⑥ Page Down键：下翻页键，显示屏幕后一页的内容。

⑦ ←、↑、→、↓ 键：方向键，用于使光标向箭头方向移动一行或一列。

(4) 小键盘区

小键盘区位于键盘的右侧，如图 3.28 所示，各键具有双重功能，既可当数字键，又可当编辑键，两种状态的转换由数字键盘区左上角的Num Lock键控制，它是重复触发键。该区状态由Num Lock指示灯指示。当Num Lock指示灯亮时，该区处于数字键状态，此时按键可输入数字和运算符号，其作用与主键盘区数字键的功能一样。可用右手单独完成大批量的数字输入，财会与银行人员使用得特别多。当Num Lock指示灯灭时，该区处于编辑状态，小键盘成为编辑键盘，此时按键可用于移动光标、翻页、插入与改写状态切换等操作。

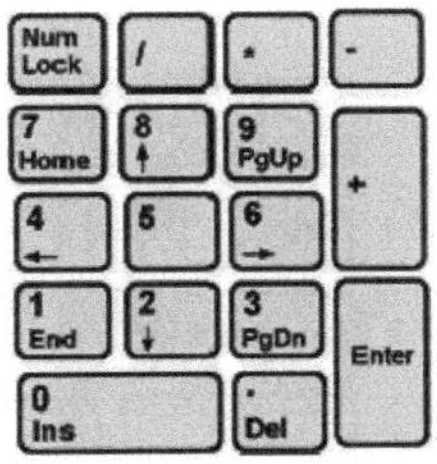

图 3. 28 小键盘区

(5) 键盘指示灯

在键盘的右上角、小键盘区上方有 3 个指示灯，分别是 Num Lock(数字键盘锁定)、Caps Lock(大写锁定)和 Scroll Lock(滚动锁定)指示灯。

二、键盘操作

(1) 正确的操作姿势

用正确的姿势操作电脑，不仅可以提高工作效率，而且不容易疲劳，避免对眼睛和身体造成伤害。操作电脑时应注意以下几点：

① 挺胸坐正，身体正对键盘，与键盘的距离约为20厘米，双脚自然分开平踏在地面上。

② 双肩放松，两臂自然下垂贴在身体两侧。肘部和键盘平行，手腕放平不要靠在桌子上，手指弯曲轻轻放在键上。

③ 座位高低要适当，屏幕中心略低于水平视线，眼睛距离屏幕约45厘米。

④ 每隔10分钟左右将视线从屏幕上移开一下，休息一会儿。

⑤ 手指略微弯曲，左右手食指、中指、无名指、小指指尖依次轻放在A S D F和J K L ;八个基准键位上，并以F与J键上的凸出横条为识别记号，大拇指则轻放于空格键上，如图3.29所示。眼睛看着文稿或屏幕。

图3.29　录入操作姿势

⑥ 按键时，伸出手指弹击按键，按键后手指迅速回归基准键位，做好下次按键准备。如需按空格键，则用大拇指向下轻击。如需按Enter键，则用右手小指向右侧轻击。

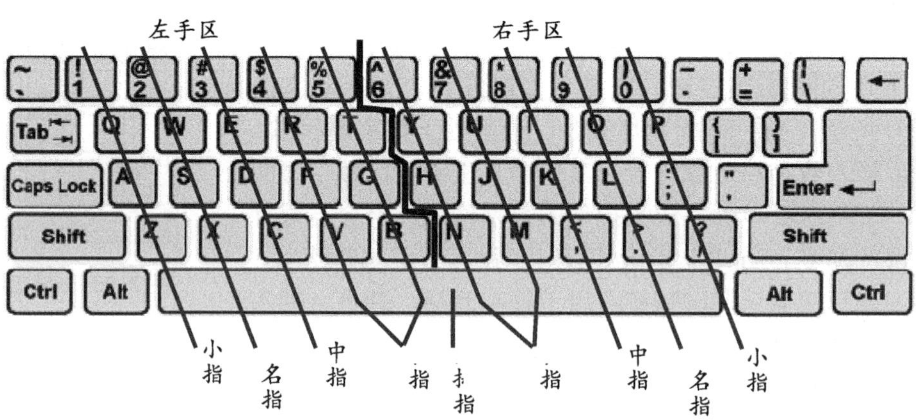

图3.30　手指分工

(2) 正确的指法

左手食指：定位F键，击打T、R、G、F、B、V键和%5、$4数字键。

左手中指：定位D键，击打E、D、C键和#3数字键。

左手无名指：定位S键，击打W、S、X键和@2数字键。

左手小指：定位[A]键，击打[Q]、[A]、[Z]键和[!/1]、[~/`]、[Esc]、[Tab]、[Caps Lock]、左[Shift]键。
右手食指：定位[J]键，击打[Y]、[U]、[H]、[J]、[N]、[M]键和[^/6]、[&/7]数字键。
右手中指：定位[K]键，击打[I]、[K]、[</,]键和[*/8]数字键。
右手无名指：定位[L]键，击打[O]、[L]、[>/.]键和[(/9]数字键。
右手小指：定位[:/;]键，击打[P]、[:/;]、[?//]键和[)/0]、[_/-]、[+/=]、[|/\]、["/']、[Back Space]、[{/[]、[}/]]、[Enter]、右[Shift]键。

进行盲打练习应先记键盘的键位分布，将26个字母键从左边记到右边，再从右边记到左边。刚开始练习时，手指操作应各归其位，不要胡乱代替，以养成良好的击键习惯。

（3）击键方法

① 打字时，先将手指拱起，按各指分工轻轻地放在基准键上，只有击上行或下行的按键时，才伸直手指去击键，但击键后应及时回到基准键上。

② 用指端垂直击键，动作要轻快、果断，切不可用手指压键。击空格键时，用大拇指外侧垂直向下敲击，击键后迅速抬起。

③ 要用相同的节拍和均匀的力量击键。

④ 输入大写字母时，用一个小手指按下[Shift]键不放，用另一手的手指敲击相应的字母键。用小指击打[Caps Lock]、[Shift]、[Enter]等主键盘两侧的键。小指击键时食指不要翘起，食指击键时小指不要翘起。

【说明】使用“金山打字通”“记事本”“写字板”等软件进行强化指法和英文输入的练习。输入下列英语短文。

Whether sixty or sixteen, there is in every human being heart the lure of wonders, the unfailing childlike appetite of what’s next and the joy of the game of living. In the center of your heart and my heart there is a wireless station: so long as it receives messages of beauty, hope, cheer, courage and power from men and from the infinite, so long are you young.

An individual human existence should be like a river-small at first, narrowly contained within its banks, and rushing passionately past boulders and over waterfalls. Gradually the river grows wider, the banks recede, the waters flow more quietly, and in the end, without any visible break, they become merged in the sea, and painlessly lose their individual being.

Youth means a temperamental predominance of courage over timidity, of the appetite for adventure over the love of ease. This often exists in a man of sixty more than a boy of twenty. Nobody grows old merely by a number of years. We grow old by deserting our ideals.

Years may wrinkle the skin, but to give up enthusiasm wrinkles the soul. Worry, fear, self-distrust bows the heart and turns the spirit back to dust.

习题精选

一、单项选择题

1. 下列设备中，可以作为微机输入设备的是(　)。

A. 打印机　　B. 显示器　　C. 鼠标器　　D. 绘图仪

2. 构成 CPU 的主要部件是(　)。

A. 内存和控制器　　B. 内存、控制器和运算器

C. 高速缓存和运算器　　D. 控制器和运算器

3. 组成微型机主机的部件是(　)。

A. CPU、内存和硬盘　　B. CPU、内存、显示器和键盘

C. CPU 和内存　　D. CPU、内存、硬盘、显示器和键盘套

4. 下列叙述中，正确的是(　)。

A. 内存中存放的是当前正在执行的程序和所需的数据

B. 内存中存放的是当前暂时不用的程序和数据

C. 外存中存放的是当前正在执行的程序和所需的数据

D. 内存中只能存放指令

5. 下列设备组中，完全属于计算机输出设备的一组是(　)。

A. 喷墨打印机、显示器、键盘　　B. 激光打印机、键盘、鼠标器

C. 键盘、鼠标器、扫描仪　　D. 打印机、绘图仪、显示器

6. 把内存中数据传送到计算机的硬盘上去的操作称为(　)。

A. 显示　　B. 写盘　　C. 输入　　D. 读盘

7. 控制器的功能是(　)。

A. 指挥、协调计算机各部件工作　　B. 进行算术运算和逻辑运算

C. 存储数据和程序　　D. 控制数据的输入和输出

8. 计算机的技术性能指标主要是指(　)。

A. 计算机所配备的语言、操作系统、外部设备

B. 硬盘的容量和内存的容量

C. 显示器的分辨率、打印机的性能等配置

D. 字长、运算速度、内/外存容量和 CPU 的时钟频率

9. DVD-ROM 属于(　)。

A. 大容量可读可写外存储器　　B. 大容量只读外部存储器

C. CPU 可直接存取的存储器　　D. 只读内存储器

10. 组成一个计算机系统的两大部分是(　)。

A. 系统软件和应用软件　　B. 主机和外部设备

C. 硬件系统和软件系统　　D. 主机和输入 / 输出设备

11. 一个完整计算系统的组成部分应该是(　　)。
  A. 主机、键盘和显示器　　B. 系统软件和应用软件
  C. 主机和它的外部设备　　D. 硬件系统和软件系统
12. 运算器的主要功能是进行(　　)。
  A. 算术运算　　B. 逻辑运算　　C. 加法运算　　D. 算术和逻辑运算
13. 度量计算机运算速度常用的单位是(　　)。
  A. MIPS　　B. MHz　　C. MB　　D. Mbps
14. 在微机的配置中常看到“P42.4G”字样，其中数字“2.4G”表示(　　)。
  A. 处理器的时钟频率是2.4GHz　　B. 处理器的运算速度是2.4GIPS
  C. 处理器是Pentium4第2.4代　　D. 处理器与内存间的数据交换速率是2.4GB/s
15. 下列设备组中，完全属于外部设备的一组是(　　)。
  A. CD-ROM驱动器、CPU、键盘、显示器
  B. 激光打印机、键盘、CD-ROM驱动器、鼠标器
  C. 内存储器、CD-ROM、扫描仪、显示器
  D. 打印机、CPU、内存储器、硬盘
16. 用来控制、指挥和协调计算机各部件工作的是(　　)。
  A. 运算器　　B. 鼠标器　　C. 控制器　　D. 存储器
17. CPU主要技术性能指标有(　　)。
  A. 字长、运算速度和时钟主频　　B. 可靠性和精度
  C. 耗电量和效率　　D. 冷却效率
18. 字长是CPU的主要性能指标之一，它表示(　　)。
  A. CPU一次能处理二进制数据的位数　　B. 最长的十进制整数的位数
  C. 最大的有效数字位数　　D. 计算结果的有效数字长度
19. 下列叙述中，正确的是(　　)。
  A. CPU能直接读取硬盘上的数据　　B. CPU能直接存取内存储器
  C. CPU由存储器、运算器和控制器组成　D. CPU主要用来存储程序和数据
20. 组成CPU的主要部件是控制器和(　　)。
  A. 存储器　　B. 运算器　　C. 寄存器　　D. 编辑器
21. 显示器的主要技术指标之一是(　　)。
  A. 分辨率　　B. 亮度　　C. 彩色　　D. 对比度
22. 通常情况下，打印质量最好的打印机是(　　)。
  A. 针式打印机　　B. 点阵打印机　　C. 喷墨打印机　　D. 激光打印机
23. 下列叙述中，错误的是(　　)。
  A. 计算机硬件主要包括：主机、键盘、显示器、鼠标器和打印机五大部件
  B. 计算机软件分系统软件和应用软件两大类
  C. CPU主要由运算器和控制器组成
  D. 内存储器中存储当前正在执行的程序和处理的数据
24. 下列叙述中，错误的是(　　)。
  A. 硬盘在主机箱内，它不是主机的组成部分

B. 硬盘是外部存储器之一

C. 硬盘的技术指标之一是每分钟的转速 rpm

D. 硬盘与 CPU 之间不能直接交换数据

25. 现代微型计算机中所采用的电子器件是(　　)。

A. 电子管　　B. 晶体管　　C. 小规模集成电路

D. 大规模和超大规模集成电路

26. 组成计算机指令的两部分是(　　)。

A. 数据和字符　　B. 操作码和地址码

C. 运算符和运算数　　D. 运算符和运算结果

27. 在计算机指令中，规定其所执行操作功能的部分称为(　　)。

A. 地址码　　B. 源操作数　　C. 操作数　　D. 操作码

28. 在微机的硬件设备中，有一种设备在程序设计中既可以当作输出设备，又可以当作输入设备，这种设备是(　　)。

A. 绘图仪　　B. 扫描仪　　C. 手写笔　　D. 磁盘驱动器

29. ROM 中的信息是(　　)。

A. 由生产厂家预先写入的　　B. 在安装系统时写入的

C. 根据用户需求不同，由用户随时写入的

D. 由程序临时存入的

30. UPS 的中文译名是(　　)。

A. 稳压电源　　B. 不间断电源　　C. 高能电源　　D. 调压电源

31. 度量处理器 CPU 时钟频率的单位是(　　)。

A. MIPS　　B. MB　　C. MHz　　D. Mbps

32. 计算机的系统总线是计算机各部件间传递信息的公共通道，它分(　　)。

A. 数据总线和控制总线　　B. 地址总线和数据总线

C. 数据总线、控制总线和地址总线　　D. 地址总线和控制总线

二、判断题

1. 决定计算机计算精度的主要技术指标是计算机的存储容量。(　　)

2. 内存的存取速度比硬盘的存取速度快一些。(　　)

3. 内存被划分为许多个存储单元，这些存储单元称为字节，都被赋予一个唯一的编号，称为地址。(　　)

4. 计算机中的中央处理器主要由运算器和存储器组成。(　　)

5. 一台计算机中可以含有多个微处理器。(　　)

6. 能够直接运行在裸机上的最基本的系统软件是操作系统。(　　)

7. 运算器的主要功能是对二进制数码进行算术运算和逻辑运算。(　　)

8. 总线是连接计算机中 CPU、内存、辅存、各种输入和输出控制部件的一组物理信号线及其相关的控制电路。(　　)

9. 依靠多个处理器同时并行地运行程序是实现超高速计算的一个重要方向，称为“并行处理”。(　　)

10. 目前最常用的显示器是CRT显示器和液晶显示器。 (　)
11. 打印机分击打式和非击打式，激光打印机属于非击打式。 (　)
12. 应用于商品管理、图书管理、身份验证中的磁卡阅读器是计算机的输出设备。(　)
13. U盘兼有输入和输出功能。 (　)
14. 将计算和处理结果传送给使用者的设备统称为输出设备。 (　)
15. 各种光盘信息的存储和读出，都依赖于激光技术。 (　)
16. 字长是衡量计算机性能的一个重要指标，字长越长，精度越高。 (　)
17. 数据总线用来传输数据地址及控制信号。 (　)
18. 硬盘、软盘、磁带都属于磁表面存储器。 (　)
19. 主板的核心是芯片组，它决定了主板所支持技术的功能。 (　)
20.计算机发展过程的时代划分标准是根据其所采用的CPU来划分的。 (　)

三、填空题

1. 计算机系统中的硬件主要包括运算器、__________、__________、__________、输出设备五大部分。

2. 微型计算机的主机包括__________和__________。

3. CPU是计算机的核心部件，该部件主要由__________和__________组成。

4. 为了协调CPU和内存的速度差而增设的一级存储器是__________。

5. 衡量CPU性能的两个主要指标是________和时钟频率，其中时钟频率越高，计算机的运行速度越_____。

6. 运算器又称算术逻辑单元，是计算机中执行各种________和________的部件。

7. __________是计算机系统部件之间传送信息的公共通信干线，它是由导线组成的传输线束。

8. 计算机中的主存储器设在主机内，分为__________、__________和__________三类。

9. 目前的光盘分类包括只读光盘、__________和__________三种，其中DVD只读光盘的英文缩写是__________。

10. 显示器的1280×1024指标表示显示器的__________。

11. 在计算机中，主频是衡量计算机的主要技术指标，它的基本单位是______。常用MIPS描述计算机的________。

12. ________是显示器屏幕每行每列的像素数，其值越____，显示的图像越清晰。

13. 显示系统由显示器和__________两部分组成。显示系统的主要特性是__________和__________等。

14. 影响计算机运算速度的因素很多，主频越高，运算速度越____；字长越____，运算速度越快；内存容量越大，运算速度越____；存取周期越____，运算速度越快。

15. Cache、硬盘、RAM、软盘这四个存储器，按读写速度从高到低排列，其顺序是____________________________。

16. 在计算机内部，对汉字进行传输、处理和存储时使用的是汉字的________。

第4章 计算机操作系统

上机实习 4.1　Windows 7 的基本操作

实习目的

1. 掌握 Windows 7 的启动和退出。

2. 熟悉 Windows 7 桌面的组成。

3. 熟练掌握 Windows 7 的基本操作：鼠标操作、“开始”菜单的操作、“任务栏”操作、窗口和对话框操作。

实习内容及步骤

一、Windows 7 的启动

打开计算机主机电源，观察 Windows 7 启动过程中屏幕显示的有关信息。如果启动 Windows 7 时出现故障，可以在启动时按F8键，这时将出现高级启动菜单，用户可以根据实际情况选择需要的启动方式。

二、了解 Windows 7 桌面的构成

① 系统正常启动后，看看桌面上有哪些图标。

② 观察任务栏由哪些组件构成，说一说各组件的作用是什么。如图 4.1 所示。

图 4.1　Windows 7 桌面

三、练习鼠标的基本操作

① 将鼠标指针移到"计算机"图标上，观察"计算机"图标的变化。

② 单击选中"计算机"图标，按住鼠标左键移动"计算机"图标。

③ 右键单击"计算机"图标，查看弹出来的快捷菜单。

④ 双击"计算机"图标，打开"计算机"窗口，然后关闭该窗口。

⑤ 选中桌面任一图标，按住Ctrl的同时，拨动鼠标滚轮，放大或缩小桌面上的图标。

⑥ 在桌面空白处单击右键，查看弹出来的快捷菜单，与操作③中打开的快捷菜单进行比较，观察有什么不同。

四、"开始"菜单操作

① 打开"开始"菜单，观察"开始"菜单由哪 3 部分组成，说出它们的名称，如图 4.2 所示。

② 执行"开始"菜单中的"所有程序"→"附件"→"记事本"命令，打开"记事本"程序窗口。观察任务栏发生什么变化。

③ 用同样的方法打开"附件"中的"画图"程序。

④ 打开"开始"菜单，在菜单左下方的"搜索程序和文件"框中输入"OFFICE"，观察计算机上安装了多少 Office 办公软件。然后单击桌面上"开始"菜单外的任意位置，关闭开始菜单。

⑤ 执行"开始"菜单中的"所有程序"→"附件"命令，打开"附件"程序组，在"计算器"程序项上单击右键，打开快捷菜单，执行菜单中的"发送到"→"桌面快捷方式"命令，在桌面上创建"计算器"程序的快捷方式。单击"计算器"程序的快捷方式，按Delete键，删除它。

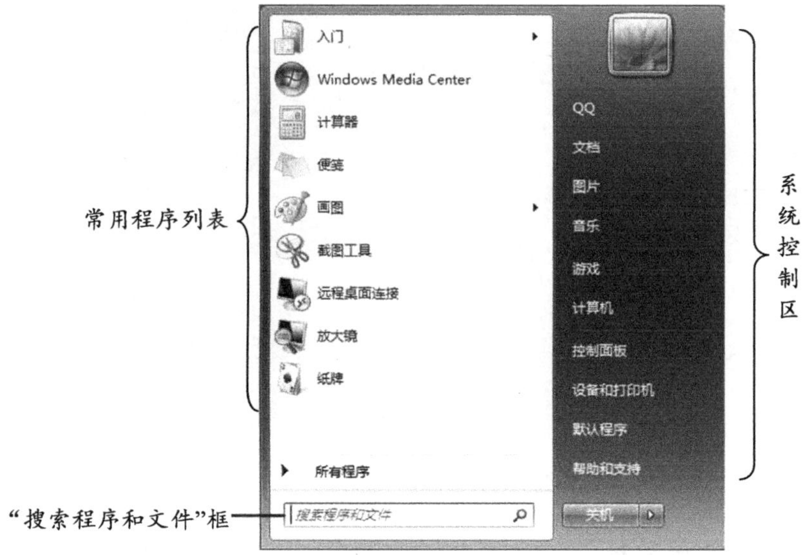

图 4.2 “开始”菜单

五、窗口操作

① 改变窗口大小：将鼠标指针指向“记事本”窗口的四个边框，改变窗口的高度与宽度；将鼠标指针指向“记事本”窗口的四个角，试着同时改变窗口的宽度和高度。

② 最小化、对大化、还原窗口：单击“记事本”程序窗口右上角的最小化按钮，最小化该程序窗口；双击“画图”窗口标题栏，使“画图”窗口在最大化与还原两种状态之间切换。

③ 移动窗口位置：将鼠标指针指向“画图”窗口标题栏，按住鼠标左键拖动鼠标，移动窗口的位置。

④ 关闭窗口：分别用四种不同的办法关闭“画图”窗口，每次关闭后，再利用“开始”菜单的程序显示区域，重新打开“画图”窗口。

- 单击窗口右上角的“关闭”按钮。
- 双击标题栏左端的“控制菜单”图标。
- 单击标题栏左端的“控制菜单”图标，打开下拉菜单，然后单击其中的“关闭”命令。
- 按Alt +F4快捷键。

⑤ 使用Alt+Tab键快速切换窗口：按Alt+Tab组合键，桌面上弹出“切换任务”框，框中显示当前打开的几个程序；这时按住Alt键，再连续按Tab键可以在“切换任务”框中选择程序窗口，然后松开这两个键，所选的窗口即成为当前活动窗口。

保持打开“记事本”窗口和“画图”窗口的状态不变，继续进行下述操作。

六、任务栏操作

任务栏是 Windows 7 系统中重要的对象，用户在使用 Windows 系统的整个过程中，任务栏一般显示在桌面的底部。

① 打开“记事本”程序和“画图”程序，将两个窗口最小化。

② 将鼠标指针分别指向任务栏中“记事本”程序按钮和“画图”程序按钮，观察弹出的窗口缩略图。

③ 分别单击任务栏上的“记事本”程序按钮和“画图”程序按钮，在桌面上显示这两个程序对应的窗口。

④ 在任务栏空白处单击右键，弹出快捷菜单，分别执行其中的“层叠窗口”“堆叠显示窗口”“并排显示窗口”命令，观察桌面上窗口变化情况。

⑤ 将鼠标指针指向任务栏右端的“显示桌面”按钮，观察桌面变化；将鼠标指针移开“显示桌面”按钮，观察桌面变化；单击“显示桌面”按钮，观察出现什么现象。

⑥ 将鼠标指针指向任务栏中“记事本”程序按钮，在弹出的窗口缩略图中单击关闭按钮，关闭“记事本”程序窗口。

⑦ 在任务栏空白处单击右键，打开快捷菜单，执行其中的“属性”命令，打开“任务栏和「开始」菜单属性”对话框，选中“使用小图标”复选框后关闭对话框，观察任务栏的变化。

⑧ 单击任务栏右侧的“扬声器”图标，打开“扬声器”对话框，调整扬声器的声音。

七、菜单操作

① 双击桌面上的“计算机”图标，打开“计算机”窗口，单击 组织▼ ，打开下拉菜单，如图 4.3 所示，执行“布局”→“菜单栏”命令，在窗口中显示菜单栏。

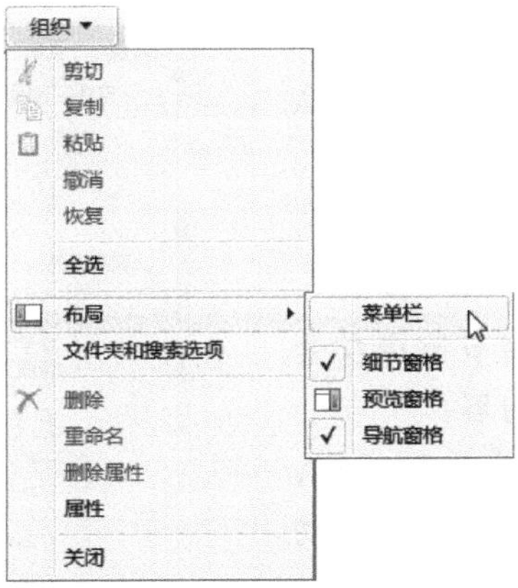

图 4.3 “组织”下拉菜单和“布局”子菜单

② 双击右侧窗格中的 D 盘图标，打开 D 盘，显示其中的内容。

③ 单击“编辑”菜单项，打开“编辑”下拉菜单，如图 4.4 所示。下拉菜单中深色显示的命令表示什么含义？灰色显示的命令表示什么含义？进行什么操作后，能使灰色显示的“剪切”或“复制”命令变成深色显示？

④ 打开“查看”下拉菜单，如图 4.5 所示。菜单中，右侧带省略号“…”的命令有什么含义？右侧带实心三角形“▶”的命令有什么含义？左侧带实心圆点“●”的命令有什么含义？单击“详细信息”命令，窗口中显示的内容发生什么变化？

⑤ 打开“查看”下拉菜单，将鼠标指针指向“排序”方式，打开“排序”子菜单，如图 4.6 所示，现在“名称”命令前有一个“●”，表示当前显示的内容以什么方式排序？单击“修改日期”，观察显示内容的变化情况。

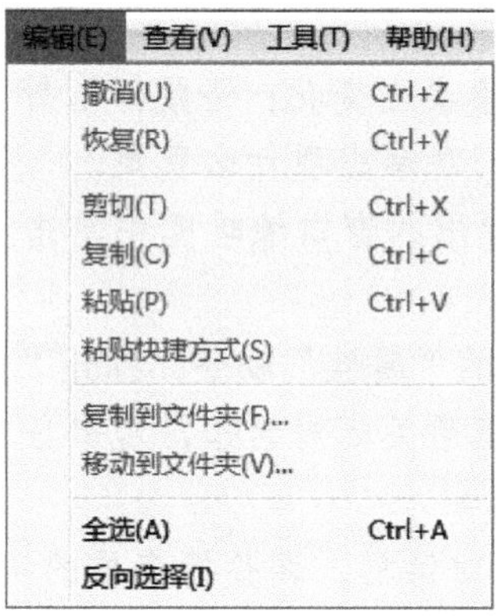

图 4.4 “编辑”下拉菜单

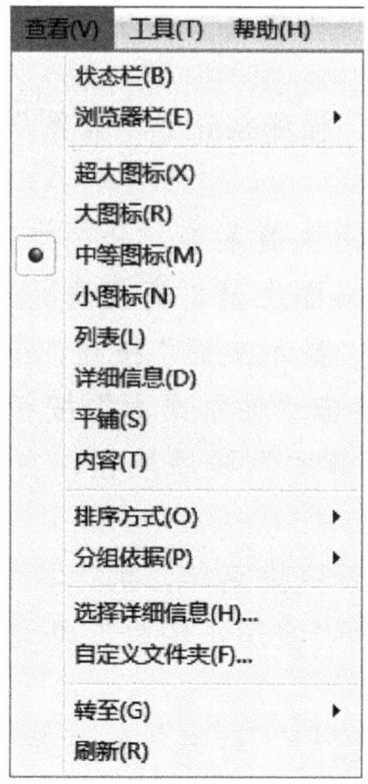

图 4.5 “查看”下拉菜单

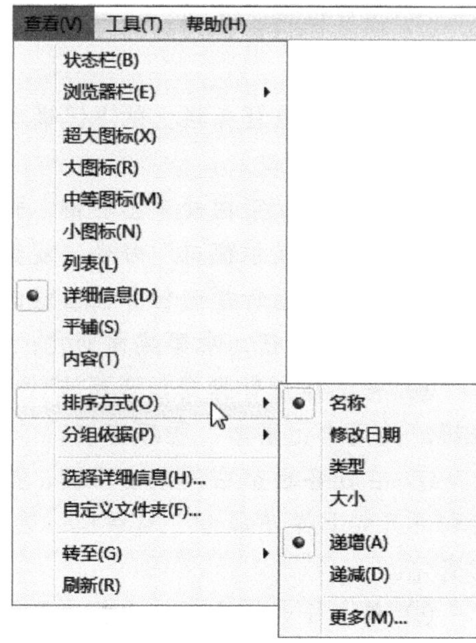

图 4.6 “排序方式”子菜单

八、对话框操作

执行“计算机”窗口中的“工具”→“文件夹选项”命令，打开“文件夹选项”对话框。

① 本对话框有几个选项卡，分别是什么名称？

② 进入“查看”选项卡，如图 4.7 所示，选项卡中有几个列表框？有几个命令按钮？

③ 拖动“高级设置”列表框右侧滚动条中的滚动块，显示列表框中的内容。

④ 在“隐藏文件和文件夹”选项组中，单击选中“显示隐藏的文件、文件夹和驱动器”单选按钮，再去掉“隐藏已知文件的扩展名”复选框的选中状态。

⑤ 单击 确定 按钮，保存设置，关闭对话框。

⑥ 说一说单选按钮与复选框的区别。

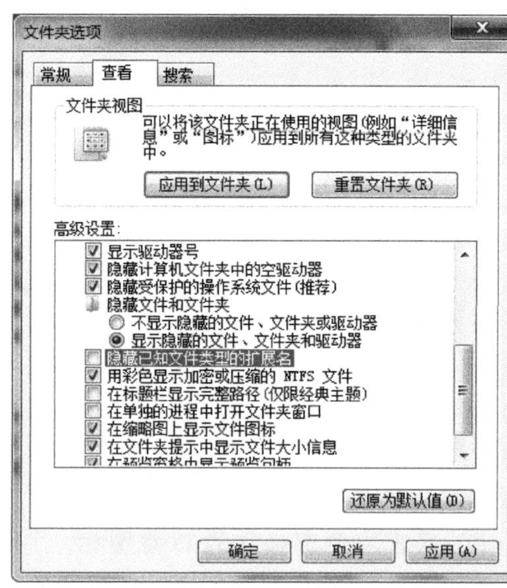

图 4.7 “文件夹选项”对话框的“查看”选项卡

九、退出 Windows 7

打开“开始”菜单，单击 关机 按钮，退出 Windows 7，关闭计算机。

重新启动计算机，打开“开始”菜单，将鼠标指针指向 关机 ▶ 按钮右侧的箭头图标，弹出一个菜单，分别单击其中的“切换用户”、“注销”、“重新启动”命令，试一试这三个命令各有什么作用。

上机实习 4.2 使用“资源管理器”

实习目的

本实习主要练习怎样使用资源管理器管理计算机的软件资源。

1. 掌握启动资源管理器的几种方法。
2. 熟悉“资源管理器”窗口的组成及其基本操作。
3. 熟练掌握文件和文件夹的基本操作(查看文件夹，设置文件和文件夹的显示方式、排列顺序，查找、选定、移动、复制、重新命名、删除文件或文件夹，创建文件夹)。
4. 熟练掌握库的操作。

实习内容及步骤

一、“资源管理器”的基本操作

1. 打开“资源管理器”窗口，掌握窗口的组成

启动“资源管理器”的几种方法：

① 执行“开始”→“所有程序”→“附件”→“Windows 资源管理器”命令。

② 右击按钮，在弹出的快捷菜单中执行“打开 Windows 资源管理器”命令。

③ 同时按下键盘上的 Windows 徽标键和E键。

④ 双击桌面上“计算机”图标。

用前两种方法打开“资源管理器”窗口后，当前对象是库，用后两种方法打开“资源管理器”窗口后，当前对象是计算机。

【例 4.1】 打开“资源管理器”窗口，熟悉窗口的组成。

① 用上述的第③种方法打开“资源管理器”窗口。

② 指出默认状态下“资源管理器”窗口由哪 5 部分组成，说出每一部分的名称，如图 4.8 所示。

③ 执行“组织”→“布局”→“菜单栏”命令，打开菜单栏。

④ 将鼠标指向导航窗格中的“计算机”，其左侧显示◢符号，该符号称为折叠符，它表示“计算机”中包含下级子文件夹(在这里指的是硬盘中包含的各个分区)，子文件夹已显示在导航窗格中，现在单击◢折叠符，把展开的下级子文件夹折叠起来；子文件夹折叠起来以后，◢符号变成▷符号，该符号称为展开符，它表示“计算机”中包含下级子文件夹，但是当前没有显示出来，单击它，将展开其下级子文件夹，现在单击▷展开符，展开显示“计算机”包含的下级文件夹。

⑤ 选中“计算机”下的“本地磁盘(D)”，显示窗格中显示出 D 盘下的文件夹，找到一个文件夹(这里以找到 D 盘下的“论文”文件夹中的“3D 打印技术”子文件夹为例)，双击打开它。

⑥ 执行“组织”→“布局”→“预览窗格”命令，在窗口中打开预览窗格。在显示窗格选中一个文件，预览窗格显示出该文件的内容。图 4.8 显示的是当前选中一个 Word 文档后的效果。关闭预览窗格。

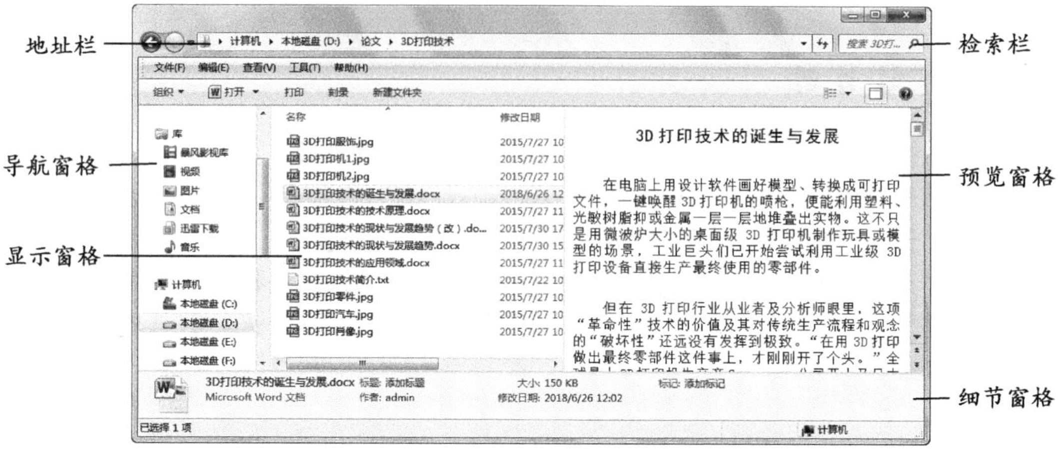

图 4.8　预览窗格显示了当前选中文件的内容

⑦ 图 4.6 地址栏显示 ▸ 计算机 ▸ 本地磁盘 (D:) ▸ 论文 ▸ 3D打印技术，表示现在显示窗格中显示的是“3D 打印技术”文件夹中的内容。如果地址栏中的文件夹名称后面有▸符号，表示该文件夹有下级子文件夹，单击某一个▸，▸符号变成▾符号，在其下方显示该文件夹包含的下级子文件夹，单击某个子文件夹的名称，可以打开该子文件夹。

⑧ 单击按钮，地址栏显示 ▸ 计算机 ▸ 本地磁盘 (D:) ▸ 论文 ▸，单击 计算机 使显示窗格显示计算机包含的内容。

2. 设置显示窗格中文件和文件夹的显示方式

【例 4.2】 在显示窗格中以不同方式显示内容。

① 在“资源管理器”窗口中打开 D 盘，显示窗格显示 D 盘内容。

② 在显示窗格空白处单击右键，执行快捷菜单中的“查看”→“中等图标”命令，显示窗格以中等图标方式显示包含的内容，如图 4.9 所示，在这种显示方式下，可以看到图形文件的缩略图。

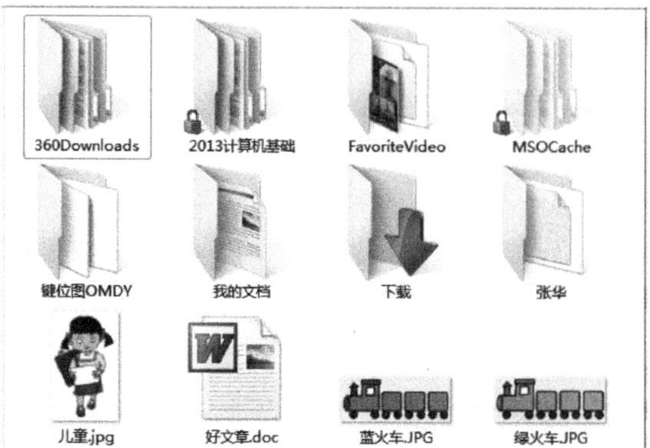

图 4.9　以中等图标方式显示内容

图 4.10　以详细信息方式显示内容

③ 在显示窗格空白处单击右键，执行快捷菜单中的“查看”→“详细信息”命令，显示窗格以详细信息方式显示包含的内容，如图 4.10 所示。请说明这种显示方式下可以看到哪些内容。

④ 图 4.8 的“名称”列中有一个向上的小箭头▲，它表示什么含义，单击该列，▲变成▼，它表示什么含义？要让内容按其大小显示，应该单击哪一列？

二、文件和文件夹操作

【例 4.3】 按以下叙述进行练习，掌握文件和文件夹的新建、复制、改名、删除等操作。

① 打开“资源管理器”窗口，在导航窗格选中 D 盘。

② 在显示窗格空白处单击右键，执行快捷菜单中的“新建”→“文件夹”命令，在 D 盘上新建一个文件夹，将文件夹名称改为“F1”。

③ 进入“F1”文件夹，在显示窗格空白处单击右键，执行快捷菜单中的“新建”→“文本文档”命令，新建一个纯文本文件，将文件名称改为“D1”(扩展名为 txt)。

④ 单击“D1”文件，选定它，然后在“D1”文件上单击右键，执行快捷菜单中的“属性”命令，给文件设置“隐藏”属性。执行“组织”→“文件夹和搜索选项”命令，打开“文件夹选项”对话框，进入“查看”选项卡，选中“不显示隐藏的文件、文件夹或驱动器”，现在显示窗格中将不再显示“D1”文件。再次打开“文件夹选项”对话框，进入“查看”选项卡，选中“显示隐藏的文件、文件夹或驱动器”，现在显示窗格中“D1”文件重新显示出来。

⑤ 使用地址栏，返回 D 盘。在显示窗格单击“F1”文件夹，选定它，然后在其上单击右键，执行快捷菜单中的“复制”命令。在显示窗格空白处单击右键，执行快捷菜单中的“粘贴”命令。显示窗格中出现“F1-副本”文件夹，将此文件夹名称修改为“F2”。

⑥ 进入“F2”文件夹，把“D1”文件的名称改为“D2”，再在该文件夹中两次复制“D2”文件，将复制得到的文件名称分别改为“D3”、“D4”。

⑦ 单击选定“D3”文件，按Delete键，删除“D3”文件。

⑧ 在桌面上双击“回收站”图标，打开“回收站”窗口，选定“D3”文件，在其上单击右键，执行快捷菜单中的“还原”命令。重新返回“资源管理器”窗口，观察“D3”文件的恢复情况。

【注意】① 新建一个文件或文件夹后，该文件或文件夹的名称被一个框围住，此时可以直接修改其名称。对此前已经建立好的文件或文件夹，可以单击选定它之后，按F2键，选定的文件或文件夹名称就被一个框围住，此时就可以修改其名称了。一般情况下不要修改文件的扩展名，以免系统在此后不能正确打开该文件。

② 假设“F1”“F2”文件夹都包含“D1.txt”文件，将“F1”文件夹中的“D1.txt”复制粘贴到“F2”文件夹时，将弹出“复制文件”对话框，如图 4.11 所示。这时，单击“复制和替换”，将用“F1”文件夹中的“D1.txt”文件替换“F2”文件夹中的“D1.txt”文件；单击“不要复制”，则“F2”文件夹中原来的“D1.txt”文件保持不动，同时也不进行复制操作；单击“复制，但保留这两个文件”，则“F2”文件夹中原来的“D1.txt”文件保持不动，仍然执行复制操作，不过复制得到的文件改名为“D1(2).txt”。

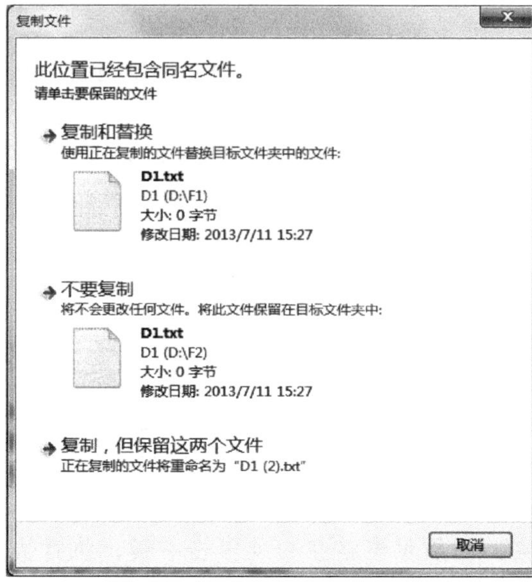

图 4.11 “复制文件”对话框

【例 4.4】按以下叙述进行练习，掌握文件和文件夹的选定操作。

① 在“资源管理器”窗口显示窗格中显示“F2”文件的内容。

② 单击“D2”文件，选定该文件，单击窗格空白处，然后放弃选定。

③ 单击“D2”文件，选定该文件，按住Shift键，单击“D4”文件，选定从“D2”文件到“D4”文件这连续的三个文件，然后放弃选定。

④ 单击“D2”文件，选定该文件，按住Ctrl键，单击“D4”文件，选定不连续的“D2”文件和“D4”文件，然后放弃选定。

⑤ 按Ctrl + A键，选定窗格中的所有文件，然后放弃选定。

⑥ 在显示窗格下部空白处按下鼠标左键向上拖动，画出一个矩形框，用矩形框包含进“D3”和“D4”文件，可以选定这两个文件。

⑦ 选定“D3”和“D4”文件后，按Delete键，删除这两个文件，然后从回收站窗口恢复这两个文件。

【例 4.5】在桌面上创建“D4”文件的快捷方式。

① 在“资源管理器”窗口的显示窗格单击选定“D4”文件。

② 在选定的“D4”文件上单击右键，执行快捷菜单中的“发送到”→“桌面快捷方式”命令，在桌面上创建“D4”文件的快捷方式，在桌面上双击“D4”文件的快捷方式图标，打开该文件。

③ 关闭“D4”文件窗口，删除桌面上的“D4”文件快捷方式图标。

【注意】从此例可知，不仅可以在桌面创建程序的快捷方式，也可以创建普通文档的快捷方式；另外还应该注意，删除了快捷方式后，并没有删除原来的实际文件。

三、检索文件或文件夹

【例 4.6】 按下面的叙述进行操作，在 D 盘上检索文件和文件夹。

① 在“资源管理器”窗口显示窗格中显示 D 盘的内容，窗格右上角的检索文本框中显示

，表示现在可以检索 D 盘中的内容。

② 在检索文本框中输入“F”，显示窗格中显示出所有名称中包含“F”的文件和文件夹，包括我们在前面例题中建立的“F1”和“F2”文件夹。

③ 在检索文本框中输入“D?.TXT”，显示窗格中显示出符合检索条件要求的文件，包括我们在前面例题中建立“D1.TXT”“D2.TXT”“D3.TXT”“D4.TXT”文件。

④ 单击检索文件框，其下方弹出“添加搜索筛选器”框，单击其中的“修改日期”，检索文件框中出现“修改日期:”，同时打开了一个列表，可以从列表中选择某一项，也可以直接输入日期。本例在“修改日期:”后输入“<2018/7/12 >2018/6/11”(在“<2018/7/12”和“>2018/6/11”间要留一个空格)表示检索创建或修改日期从 2018 年 6 月 12 日到 2018 年 7 月 11 日的文件或文件夹，与此同时，显示窗格将显示出所有符合日期要求的文件或文件夹。

⑤ 继续在检索文件框中“>2018/6/11”后单击，其下方再次弹出“添加搜索筛选器”框，单击其中的“大小”，文件搜索框中在原来输入的内容后面出现“大小:”，同时打开一个列表，单击列表中的“大(1-16MB)”，检索文件框中的“大小:”后面出现“大”，与此同时，显示窗格将显示出所有符合日期要求并同时符合文件大小要求的文件或文件夹。

四、库操作

【例 4.7】 按下面的叙述进行库操作，领会各种操作的作用。

① 在“资源管理器”窗口的导航窗格选中“库”对象。

② 在显示窗格空白处单击右键，执行快捷菜单中的“新建”→“库”命令，显示窗格中出现一个“新建库”图标。选定“新建库”，按F2键，把库名称改为“个人文档”。

③ 在导航窗格选中 D 盘，在显示窗格选中“F1”文件夹，在其上按鼠标右键，执行快捷菜单中的“包含到库”→“个人文档”命令，将“F1”文件夹包含到“个人文档”库中去；对“F2”文件夹执行同样的操作。

④ 在导航窗格选中“库”下的“个人文档”，查看显示窗格的内容，现在显示窗格中显示出“个人文档”库中包括了“F1”文件夹和“F2”文件夹，如图 4.12 所示。

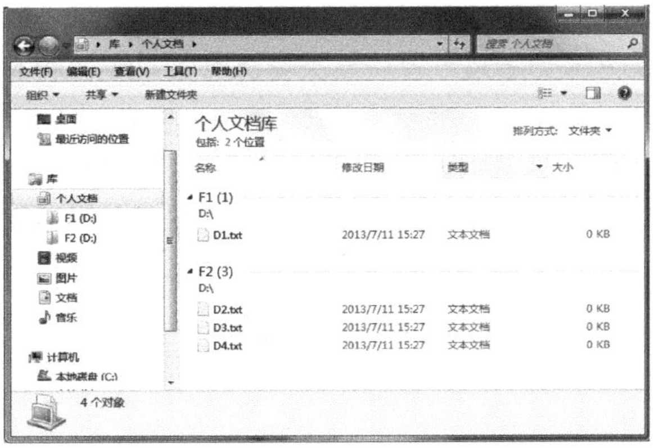

图 4.12 “个人文档”库中包含了“F1”文件夹和“F2”文件夹

⑤ 在显示窗格单击选定“F2”文件夹，屏幕上显示出这时也同时选定了它下面的“D2”“D3”“D4”文件，按Delete键，屏幕上出现提示“确实要将这3项移动到回收站吗？”单击“是”按钮，从磁盘上删除这3个文件(实际上是将它们送入“回收站”)，现在“F2”文件夹变成一个空文件夹，但该文件夹仍然包含在“个人文档”库中。

⑥ 在导航窗格展开“个人文档”库，选定它的下级的“F2”文件夹，在其上单击右键，执行快捷菜单中的“从库中删除位置”命令，“F2”文件夹从“个人文档”库中消失，现在“个人文档”库下只包含一个“F1”文件夹了。

⑦ 在导航窗格选中D盘，在显示窗格中仍然可以看到“F2”文件夹，说明执行了从库中删除“F2”文件夹的位置后，并没有从磁盘上删除“F2”文件夹。

⑧ 重新把“F2”文件夹包含到“个人文档”库中。在导航窗格选中D盘，在显示窗格选中“F2”文件夹并删除它。然后在导航窗格选中“个人文档”库，可以发现它仍然包含了“F2”文件夹，只是在其下方显示出此文件夹不可用，如图4.13所示。

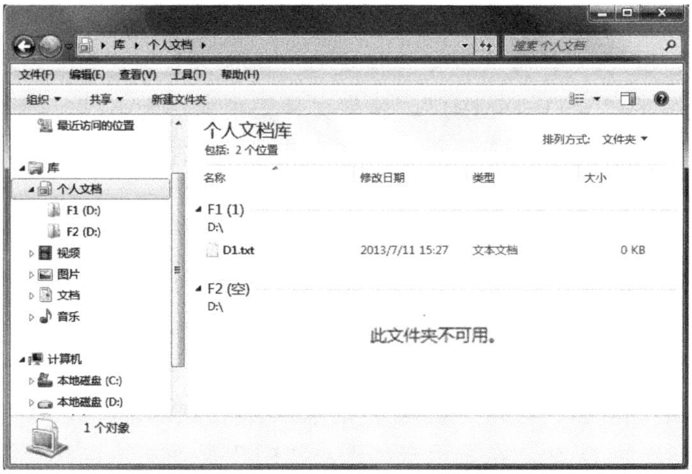

图4.13 “个人文档”中的“F2”文件夹不可用

⑨ 在导航窗格单击选中“F2”文件夹，屏幕上出现提示，说明引用了一个不可用的位置(因为“F2”文件夹已经从D盘上删除了)。

⑩ 为了不至于出现引用错误，在导航窗格“个人文档”库下“F2”文件夹上单击右键，执行快捷菜单中的“从库中删除位置”，从“个人文档”中删除“F2”文件夹。

⑪ 在导航窗格选中“个人文档”库，显示窗格显示出它只包含“F1”文件夹。在导航窗格保持“个人文档”库的选中状态，按Delete键，删除该库。

⑫ 在导航窗格选中D盘，可以在显示窗格中看到，D盘中仍然包含“F1”文件夹，这说明删除了“个人文档”库之后，该库包含的文件夹并没有从磁盘上被删除。

上机实习 4.3 使用“控制面板”

实习目的

1. 掌握“控制面板”窗口的显示方式。
2. 使用“控制面板”进行个性化设置、安装卸载程序、设置字体、安装打印机等。
3. 使用“控制面板”查看系统信息。

实习内容及步骤

一、认识“控制面板”窗口

① 执行“开始”→“控制面板”命令，打开“控制面板”窗口。

② 窗口右上角显示 类别 ▾，表示默认状态下，窗口以“类别”方式显示内容，如图 4.14 的所示，每个类别中又包含许多下级项目，单击某个类别或每个类别的下级项目，将进入相应的窗口。

图 4.14 以“类别”方式显示“控制面板”窗口

③ 单击 类别 ▾，打开下拉列表，列表中包含“类别”“大图标”“小图标”。

④ 依次单击列表中的“大图标”“小图标”，观察窗口显示内容的变化，如图 4.15 所示。最后依然用“类别”方式显示内容（下面的操作均以“类别”方式进行叙述）。

图 4.15 以“大图标”方式和“小图标”方式显示“控制面板”窗口中的内容

二、个性化设置

【例 4.8】 按下面的叙述对计算机进行个性化设置。

① 打开“控制面板”窗口，在窗口中单击“外观和个性化”，进入新窗口，再单击“个性化”，进入“个性化”窗口(在桌面空白处单击右键，执行快捷菜单中的“个性化”命令，也可以进入“个性化”窗口)。

② 单击列表框中 Aero 主题下的“建筑”图标，列表框下的“桌面背景”图标变成“建筑”形式，桌面背景也同时发生变化。

③ 单击“桌面背景”图标，进入“桌面背景”窗口，在列表框选中前 3 个建筑背景图片。

④ 单击“更改图片时间间隔”下的 30 分钟 ▾ 按钮，打开下拉列表，选中其中的“10 秒”，单击 保存修改 按钮。

⑤ 单击任务栏右端的“显示桌面”按钮，显示出桌面，观察桌面背景的变化。

⑥ 重新返回“控制面板”窗口的“个性化”窗口，选中“Windows 7”桌面主题。

⑦ 观察在“个性化”窗口中还可以进行哪些设置，试着单击窗口下方的“屏幕保护程序”图标，打开“屏幕保护程序设置”对话框，设置屏幕保护程序。

三、安装和删除程序

1. 安装与卸载程序

① 安装应用程序。通常应用程序的安装文件中都有一个名为“Setup.exe”的文件，双击这个文件就可以自动安装应用程序。请用这种方法安装一个应用程序(例如安装搜狗拼音输入法)。

② 在“控制面板”窗口中单击“卸载程序”，找到刚刚安装的程序，然后将它删除掉。

2. 打开或关闭 Windows 功能

【例 4.9】 关闭 Windows 系统自带的游戏程序中的“红心大战”程序，再重新打开。

① 打开“控制面板”窗口，在窗口中单击“程序”，进入新窗口，再单击“打开或关闭 Windows 功能”，打开“Windows 功能”窗口。

② 在窗口的列表框中，展开“游戏”程序组，去掉“红心大战”复选框的选中状态，单击 确定 按钮。

③ 打开“开始”菜单，展开“游戏”程序组，可以看到现在该程序组中已经没有“红心大战”游戏了。

④ 再次打开“Windows 功能”窗口，展开“游戏”程序组，选中“红心大战”复选框，单击 确定 按钮。

⑤ 打开“开始”菜单，展开“游戏”程序组，可以看到现在该程序组中又有“红心大战”游戏了。

四、设置字体

1. 查看系统已安装的字体

① 打开“控制面板”窗口，单击“外观和个性化”，进入一个新窗口，单击“字体”，再进入“字体”窗口，在这个窗口中可以预览、删除或者显示和隐藏计算机上安装的字体。

使用“资源管理器”，打开系统启动盘的 Windows 文件夹下的 Fonts 文件夹，也能打开上述窗口。

② 执行“查看”→“详细信息”命令，以详细信息方式显示字体信息，如图 4.16 所示。

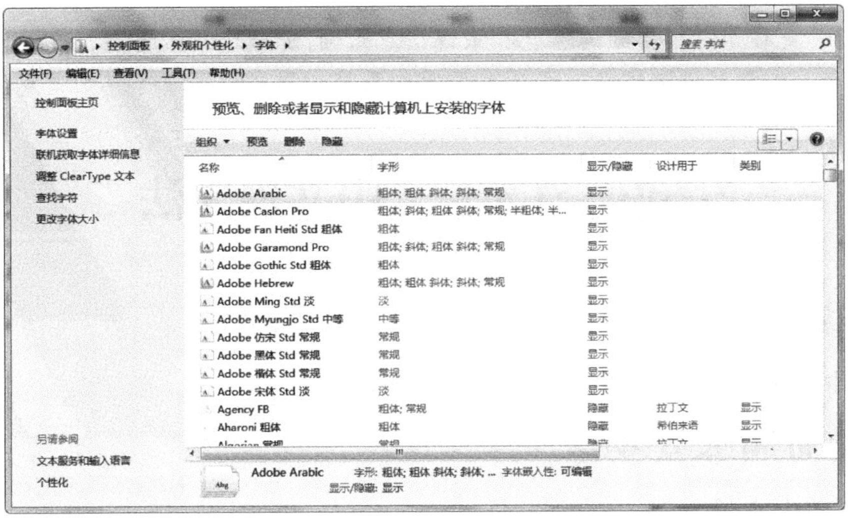

图 4.16 查看系统安装的字体

③ 单击选中任何一个字体文件，然后单击工具栏上的 预览（或者双击任何一个字体文件）可以打开字体查看器，查看字体具体形状；如果单击 删除，可以从系统中删除这种字体；如果单击 隐藏，则对程序隐藏这种字体。

2. 安装新字体

打开包含字体文件的文件夹(字体文件的扩展名一般为 TTF)，单击选中某个字体文件，在其上单击右键，打开快捷菜单，执行“安装”命令，即可将其安装到系统中。

在实际安装新字体前，可以双击字体文件，打开字体查看器，观察字体形状。

五、安装和设置打印机

下面以安装本地打印机为例，介绍怎样安装打印机和打印机驱动程序。

① 将打印机连接至主机，然后开启打印机电源。

② 打开“控制面板”窗口，单击“查看设备和打印机”，打开“设备和打印机”窗口，单击工具栏上的“添加打印机”按钮，显示“添加打印机”向导。

③ 选中“添加本地打印机”，然后选择使用的打印机端口，单击 下一步(N) 按钮；从对话框的列表中选择打印机对应的厂商和型号，单击 下一步(N) 按钮。(如果列表中没有所需的打印机厂商和型号，应该插入打印机附带的打印机驱动程序，单击 从磁盘安装(H)... 按钮。)

④ 在接下来的“键入打印机名称”对话框中输入打印机的名称，单击 下一步(N) 按钮。

⑤ 系统提示进行打印机共享设置，如果不希望共享这台打印机，应选择“不共享这台打印机”单选按钮，然后单击 下一步(N) 按钮，完成打印机的安装。

六、查看系统信息

① 打开“控制面板”窗口，单击“查看您的计算机状态”，打开“操作中心”窗口，单击“查看性能信息”，打开“性能信息和工具”窗口，在该窗口中能看到对本计算机系统各种组件性能的评价。

② 单击“查看和打印详细的性能和系统信息”，打开一个新的窗口，在该窗口中显示处理器、内存、硬盘等详细信息，还显示了操作系统、显卡、网卡等详细信息。

上机实习 4.4 中文输入法

实习目的

会安装中文输入法和使用中文输入法。

实习内容及步骤

一、安装中文输入法

【例 4.10】在系统中删除已安装的“微软拼音-新体验 2010”输入法，再添加搜狗拼音输入法(假设此前已经安装了搜狗拼音输入法程序)，然后对该输入法的属性进行设置。

① 打开“控制面板”窗口，单击“时钟、语言和区域”组中的“更改键盘或其他输入法”，打开“区域和语言”对话框，单击 更改键盘(C)... 按钮，打开“文本服务和输入语言”对话框。

② 单击选中“微软拼音-新体验 2010”，如图 4.17 所示，然后单击 删除(R) 按钮，删除该输入法。

③ 单击 添加(D)... 按钮，打开“添加输入语言”对话框，在列表中找到并选中“中文(简体)-搜狗拼音输入法”复选框，如图 4.18 所示。

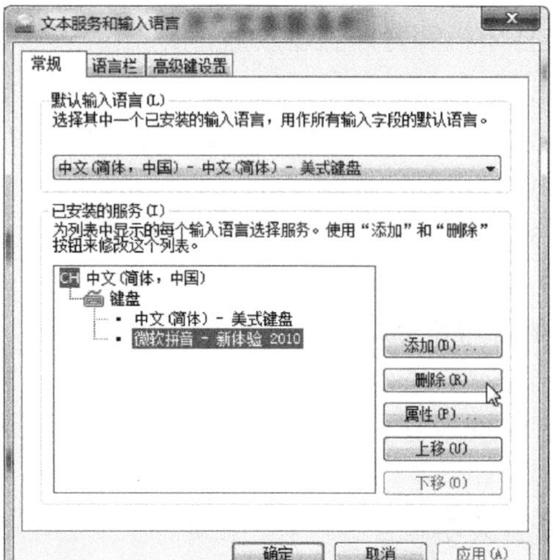

图 4.17 “文本服务和输入语言”对话框

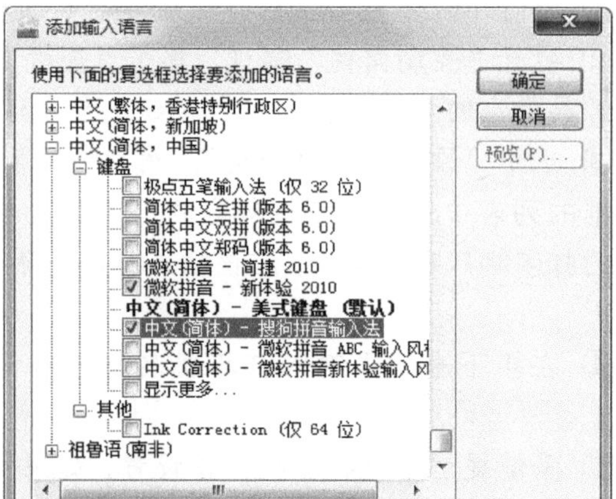

图 4.18 “添加输入语言”对话框

④ 单击【确定】按钮，将其添加到输入法当中，并返回“文本服务和输入语言”对话框，从对话框中可知，现在已经将搜狗拼音输入法添加到系统中了。

⑤ 单击选中刚添加的搜狗拼音输入法，如图 4.19 所示，然后单击【属性(P)...】按钮，打开“搜狗拼音输入法设置”对话框，选中“双拼”单选按钮，如图 4.20 所示，单击【确定】按钮，完成设置。

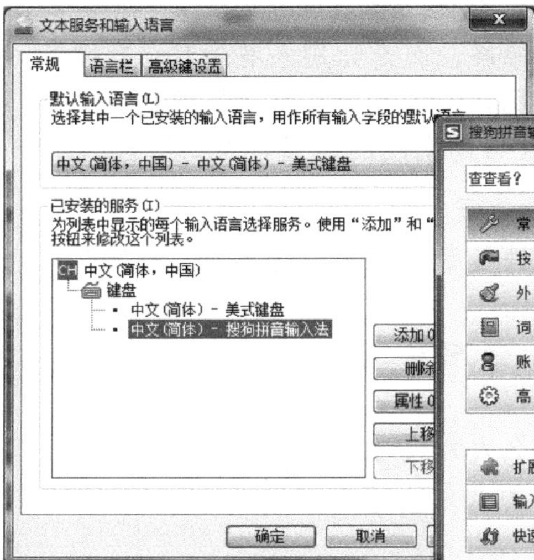

图 4.19　选中搜狗拼音输入法

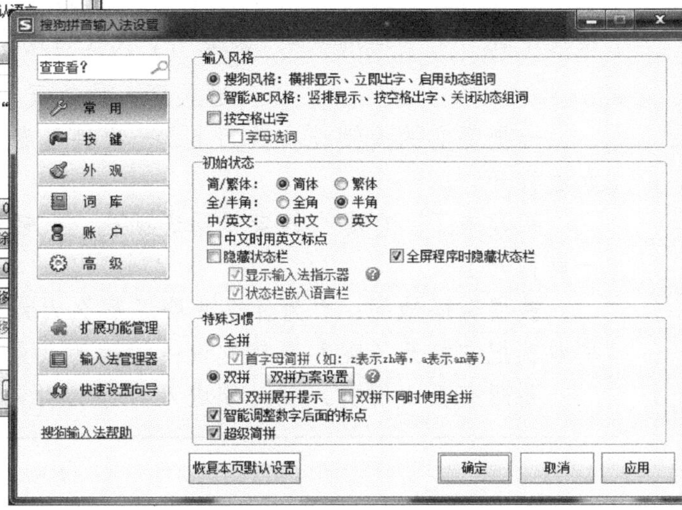

图 4.20　设置用双拼的方法输入汉字

使用双拼输入法，可以提高输入速度，输入每个汉字时，只要按两次键就行了。例如输入“张皇”这个单词，如果使用“全拼”输入方法，要输入“zhanghuang”，需要按 10 次键，而使用“双拼”输入方法，只需要输入“vhhd”，按 4 次键就行了。

单击图 2.18 中的【双拼方案设置】按钮，可以打开图 4.21 所示的双拼方案设置提示框，由该对话框可以得知键盘上每个键对应的双拼拼音字母。例如【D】键，当做声母用时，表示“d”；当作韵母用时，表示“iang”或“uang”，系统会根据操作者先后输入的字母，正确选择相应的拼音。双拼方案不复杂，只需稍加记忆，即可运用自如。

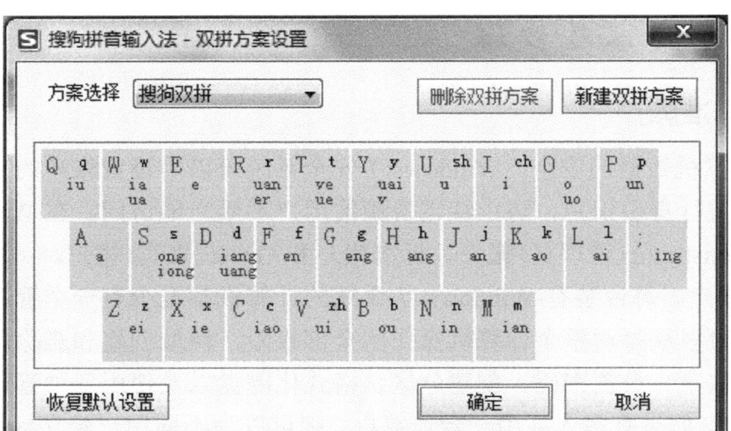

图 4.21　双拼方案

二、输入汉字练习

打开“记事本”程序窗口，用搜狗拼音输入法输入以下两篇小文章。

帮助别人就是帮助自己

有个盲人老爷爷晚上出门总是带上竹竿和灯笼。

有人问他：“拿竹竿是为了探路，拿灯笼干什么呢？”

老爷爷说：“我提灯笼不是为自己照路，而是让别人看到我，别撞着我。没想到由于我的灯笼给别人带了光明，人们也常常热情地搀扶我，引领我走过一个个沟沟坎坎。就这样，我在帮助别人的时候也帮助了自己。”

进入别人的心灵

一把坚实的大锁挂在铁门上，一根铁棍费了九牛二虎之力，还是没有办法打开它。

钥匙来了，它瘦小的身子钻进锁孔，只轻轻一转，那大锁就“啪”的一声打开了。

铁棍奇怪地问：“为什么我费了那么大力气也打不开，而你却轻而易举地就把它打开了呢？”钥匙说：“因为我最了解他的心。”

要想交真心朋友，就必须进入对方的心灵。

上机实习 4.5　管理帐户与系统维护

实习目的

1. 学会创建与管理新帐户。
2. 学会维护与优化 Windows 7 操作系统。

实习内容及步骤

一、创建标准帐户

为了保护计算机数据的安全，Windows 7 安全系统可以用设置帐户的方式对访问该计算机资源的人员进行身份识别，防止特定资源被用户不适当地访问。在 Windows 7 中包括三类帐户：Administrator(管理员)帐户、标准帐户和 Guest(来宾)帐户。

① 管理员帐户。每台装有 Windows 7 系统的计算机都至少有一个管理员帐户。以该帐户登录计算机可以获得对整个计算机操作的全部权限，例如创建和删除用户帐户、发布共享资源、停止共享、设置密码、创建分区、格式化磁盘以及使用各种管理工具等。

② 标准帐户。如果有多人共用一台计算机，则可以为不同用户建立标准帐户，它有帐户名与密码，有专用的文件夹保存自己的私人文件，其他人不能查看，如果执行影响其他

帐户的操作(如安装软件等)，系统将要求提供管理员帐户的密码。

③ 来宾帐户。来宾帐户是系统安装时自动创建的帐户，它没有密码，它给用户提供了较少的使用权限。为了安全，管理员可以禁用该帐户，但不能删除来宾帐户。

【例 4.11】以 NNN 为用户名创建一个标准帐户，密码为 123456。

① 执行“开始”→“控制面板”→“用户帐户和家庭安全”→“用户帐户”→“管理其他帐户”命令，打开如图 4.22 所示的窗口。

② 单击 创建一个新帐户 ,打开图 4.23 所示的界面,在文本框中输入新帐户名称“NNN”,选中“标准用户”单选项。

图 4.22 “管理帐户”窗口

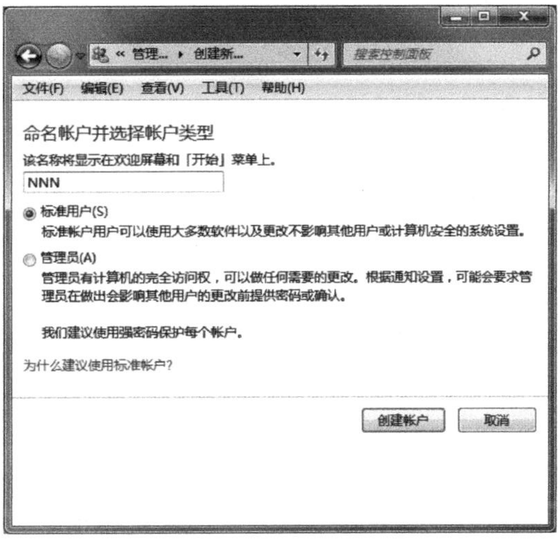

图 4.23 “创建新帐户”窗口

③ 单击 创建帐户 按钮，返回“管理帐户”窗口，如图 4.24 所示，从图中可知，现在已经为系统创建了一个名为“NNN”的新的标准用户帐户。从图 4.24 可知，来宾帐户没有启用，单击图中所示的 Guest 图标，将打开图 4.25 所示的窗口，在该窗口中单击 启用 按钮，可以启用来宾帐户。

图 4.24 创建了一个新的标准帐户

图 4.25 “启用来宾帐户”窗口

④ 执行“开始”→“控制面板”→“用户帐户和家庭安全”→“用户帐户”→“管理其他帐户”命令，打开如图 4.24 所示的窗口。

⑤ 单击“NNN”标准用户，打开“更改帐户”窗口，如图 4.26 所示，窗口中显示“NNN”帐户的图标。

⑥ 单击创建密码，打开“创建密码”窗口，如图 4.27 所示，在文本框中输入密码，然后重复输入一次进行确认。

图 4.26 “更改帐户”窗口

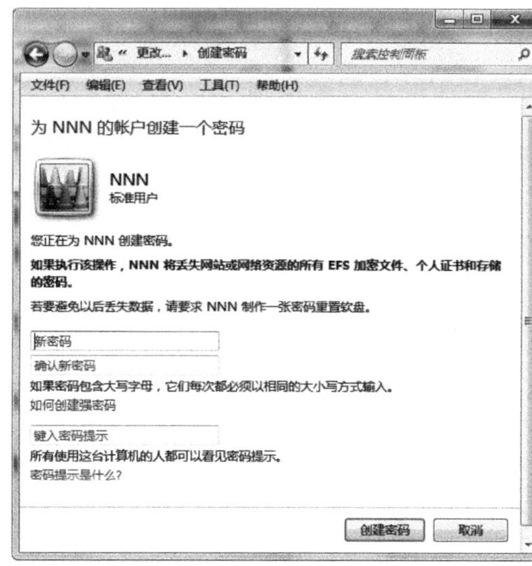

图 4.27 “创建密码”窗口

⑦ 单击创建密码按钮，完成创建密码的工作。

二、清理磁盘垃圾文件

Windows 7 在运行过程中生成的各种临时文件会占用大量的磁盘空间，这些垃圾文件广泛分布在磁盘的不同文件夹中，并且与其他文件之间的区别不十分明显，手工清除非常麻烦。使用系统自带的“磁盘清理”程序可轻易地解决这一问题。

【例 4.12】对 C 盘进行磁盘清理，释放硬盘空间。

① 单击“开始”按钮，执行“所有程序”→“附件”→“系统工具”→“磁盘清理”菜单命令，打开“磁盘清理：驱动器选择”对话框，从“驱动器”下拉列表框中选择需要清理的磁盘(C:)，如图4.28所示。

② 单击确定按钮，“磁盘清理”程序扫描磁盘空间的大小、垃圾文件的多少，计算出能释放多少磁盘空间。

③ 扫描完毕，“磁盘清理”程序进入清理主界面，如图 4.29 所示。在“要删除的文件”列表框中列出了“磁盘清理”程序能清理哪些垃圾文件，它们的大小是多少。选中需要清理的无用文件项目。

④ 单击确定按钮，弹出确认执行对话框。

⑤ 单击删除文件按钮。磁盘清理工具开始清理磁盘垃圾。

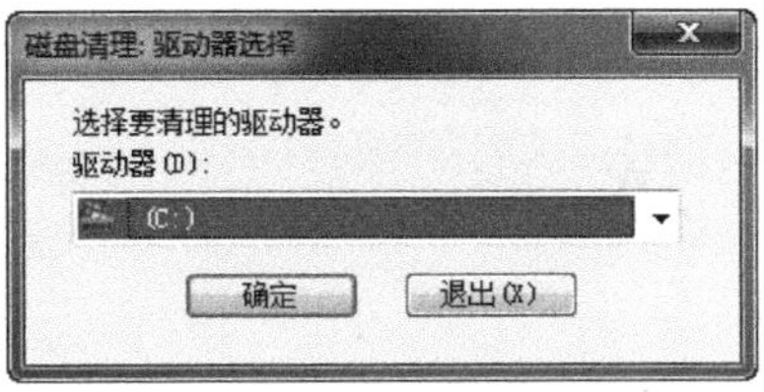

图 4.28 选择要清理的磁盘

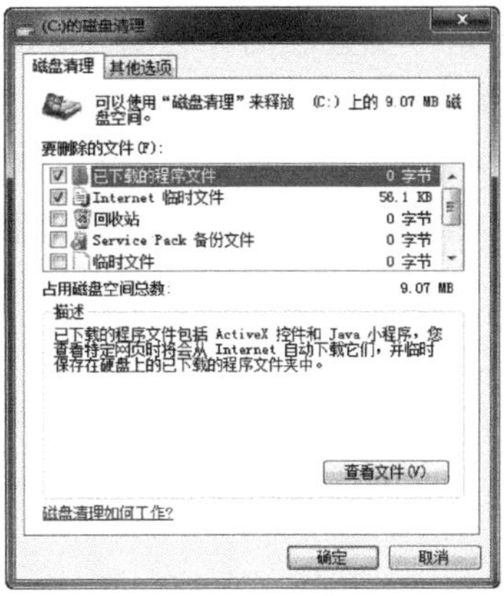

图 4.29 “磁盘清理”对话框

三、整理磁盘碎片

磁盘碎片实际上是文件碎片，主要是因为文件被分散保存在磁盘的不同地方，而不是连续地保存在磁盘的簇中形成的。文件碎片一般不会在系统中引起问题，但文件碎片过多会使系统在读文件的时候来回寻找，从而显著降低读取速度，引起系统性能下降，严重的还会缩短硬盘寿命。另外，过多的文件碎片还有可能导致数据丢失。

在整理磁盘碎片时需要注意以下几点：

① 整理前最好使用磁盘清理程序清理磁盘垃圾文件和垃圾信息，还应使用磁盘扫描程序检查并修复磁盘中的错误。

② 整理磁盘碎片时，要关闭其他所有应用程序，包括屏幕保护程序，最好将虚拟内存的大小设置为固定值。不要对磁盘进行读写操作，因为一旦碎片整理程序发现磁盘的文件有改变，将重新开始整理。

③ 过于频繁的整理也会缩短磁盘寿命。一般经常读写的磁盘分区一月整理一次。

【例 4.13】对 C 盘进行磁盘碎片整理。

① 单击“开始”按钮，执行“所有程序”→“附件”→“系统工具”→“磁盘碎片整理程序”菜单命令，打开“磁盘碎片整理程序”窗口，如图4.30所示。

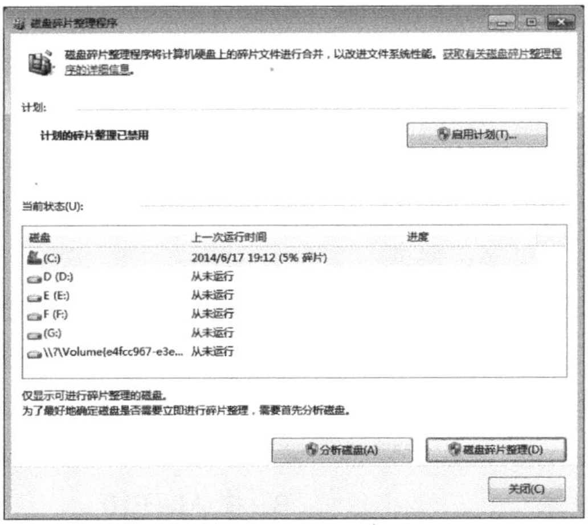

图 4.30 “磁盘碎片整理程序”窗口

② 选择需要整理的分区(C:)，然后单击“分析磁盘(A)”按钮，程序先分析磁盘是否需要进行碎片整理。

③ 分析完成后，单击“磁盘碎片整理(D)”按钮，开始整理磁盘碎片。

④ 此时系统对选定的磁盘进行整理，并显示百分比进度，整理过程需要较长时间。

习题精选

一、单项选择题

1. 对计算机操作系统的作用描述完整的是(　　)。

   A. 管理计算机系统的全部软、硬件资源，合理组织计算机的工作流程，以充分发挥计算机资源的效率；为用户提供使用计算机的友好界面

   B. 对用户存储的文件进行管理，方便用户

   C. 执行用户键入的各类命令

   D. 为汉字操作系统提供运行的基础

2. 计算机操作系统具有的五大功能是(　　)。

   A. CPU 管理、显示器管理、键盘管理、打印机管理和鼠标器管理

   B. 硬盘管理、软盘驱动器管理、CPU 的管理、显示器管理和键盘管理

   C. 处理器(CPU)管理、存储管理、文件管理、设备管理和作业管理

   D. 启动、打印、显示、文件存取和关机

3. 以下资源管理功能中，不属于操作系统的功能是(　　)。

   A. 处理机管理　　B. 文件管理　　C. 键盘管理　　D. 设备管理

4. 操作系统不能按(　　)分类。

   A. 运行环境　　B. 用户数量　　C. 用户水平　　D. 作业数量

5. 下列不属于操作系统的是(　　)。

   A. Office　　B. DOS　　C. Windows NT　　D. Windows 7

6. 如果不做任何设置，启动 Windows 时，需要输入(　　)。

   A. 用户真实的姓名和密码　　B. 已注册的用户名和密码

   C. 任意名称和 ID　　D. 未注册的用户名和密码

7. Windows 7 是一个单用户多任务的操作系统，单用户是指(　　)。

   A. 只允许一个人使用

   B. 允许多用户使用，但必须联网

   C. 允许多人使用，但必须每次使用同一个名字登录

   D. 在某一时段内，只允许一个用户使用

8. 在 Windows 7 中，当某个程序不能正常关闭时，可以(　　)，然后单击“启动任务管理器”命令，在打开的“Windows 任务管理器”窗口中结束不响应的应用程序。

   A. 切断计算机主电源　　B. 按 Alt+F10

   C. 按 Alt+Ctrl+Del　　D. 按下 Power 按钮

9. 在程序窗口中，如果某个菜单项颜色呈灰色，表示(　　)。

A. 无此菜单项　　B. 此菜单项出现问题

C. 此菜单项当前不可用　　D. 此菜单项是保留项，供以后扩展功能使用

10. 在 Windows 7 中，关于控件下列表述不正确的是(　　)。

A. 控件能够单独存在　　B. 控件的功能是控制窗口的某些功能

C. 单选按钮和复选框都属于控件　　D. 对话框通常由一系列控件构成

11. 在 Windows 7 中，关于剪贴板下列描述不正确的是(　　)。

A. 剪贴板是内存的某段区域　　B. 提供多个选项，但每次只能选择其中的一项

C. 剪贴板是硬盘的一部分　　D. 剪贴板存放的内容可被不同应用程序使用

12. 在 Windows 7 中，关于文件名下列描述中不正确的是(　　)。

A. 在同一个磁盘中，允许文件名完全相同的文件存在

B. 在同一个文件夹中，允许文件名完全相同的文件存在

C. 在根目录中，不允许文件名完全相同的文件存在

D. 在同一个文件夹中，不允许文件名完全相同的文件存在

13. 下列各项中，(　　)不属于文件的属性。

A. 只读　　B. 隐藏　　C. 存档　　D. 只写

14. 关于文件夹共享，下列描述不正确的是(　　)。

A. 所有文件夹都可以设置为共享

B. 含只读属性的文件夹不能设置为共享

C. 含隐藏属性的文件夹不能设置为共享

D. 所有文件夹都不能设置为共享

15. 在 Windows 7 中，当我们搜索文件或文件夹时，如果输入 A*.*，表示(　　)。

A. 搜索所有的文件与文件夹

B. 搜索扩展名为 A 的所有文件或文件夹

C. 搜索主名为 A 的所有文件或文件夹

D. 搜索文件名第一个字符为 A 的所有文件或文件夹

16. 关于磁盘的根目录，下列描述中不正确的是(　　)。

A. 同一个磁盘，根目录只有一个

B. 根目录是在格式化磁盘时产生的

C. 根目录是磁盘上存放文件或文件夹有关信息的特定区域

D. 根目录是存放系统硬件、软件信息的特定区域

17. 将桌面上的图标排列类型设置为自动排列后，下列说法中正确的是(　　)。

A. 桌面上的图标无法移动位置

B. 桌面上的图标将无法拖动到任意位置

C. 桌面上图标将按文件名排序

D. 桌面上图标将按文件大小排序

18. 在 Windows 7“资源管理器”窗口的导航窗格中显示的内容是(　　)。

A. 所有未打开的文件夹　　B. 系统的树形文件夹结构

C. 打开的文件夹下的文件夹及文件　　D. 所有已打开的文件夹

19. 在 Windows 7 中，用户同时打开的多个窗口可以层叠式或平铺式排列，要想改变窗口的排列方式，应进行的操作是(　　)。

A. 用鼠标右键单击“任务栏”空白处，然后在弹出的快捷菜单中选择要排列的方式

B. 用鼠标右键单击桌面空白处，然后在弹出的快捷菜单中选择要排列的方式

C. 打开“资源管理器”窗口，选择“查看”菜单下的“排列图标”命令

D. 打开“资源管理器”窗口，选择“文件”菜单下的“排列图标”命令

20. Windows 7 中可以进行文件和文件夹管理的软件是(　　)。

A. 控制面板　　B. 资源管理器”

C. 开始”菜单　　D. 磁盘管理

21. 下列操作中，能在中文输入和英文输入进行切换的操作是(　　)。

A. Alt + Shift　　B. Shift + 空格键

C. Ctrl + 空格键　　D. Ctrl + Shift

22. 双击窗口的标题栏可以实现(　　)。

A. 切换程序　　B. 关闭窗口　　C. 窗口最大化/还原　　D. 隐藏窗口

23. 在 Windows 7 中，对任务栏不可进行的操作是(　　)。

A. 设置任务栏的颜色　　B. 移动任务栏的位置

C. 设置任务栏为“总在最前”　　D. 设置任务栏为“自动隐藏”

24. 在 Windows 7 中，用鼠标拖动非最大化窗口的标题栏可以(　　)。

A. 改变窗口的大小　　B. 关闭窗口

C. 移动窗口的位置　　D. 恢复窗口

25. Windows 7 的文件夹结构是一种(　　)。

A. 关系结构　　B. 网状结构　　C. 对象结构　　D. 树型结构

26. 下列关于 Windows 7 组合键的叙述中，错误的是(　　)。

A. Ctrl + Esc 的功能是打开“开始”菜单

B. Ctrl + Tab 的功能是切换窗口

C. Alt + Print Screen 的功能是把当前窗口送到剪贴板

D. Ctrl + Shift 的功能是切换输入法

27. 要退出应用程序，可使用(　　)快捷键。

A. Ctrl + F4　　B. Alt + F4　　C. Shift + F4　　D. Ctrl + Alt + F4

28. 下列叙述中，正确的是(　　)。

A. 只能用鼠标单击“开始”按钮才能打开“开始”菜单

B. Windows 的任务栏的大小是不能改变的

C.“开始”菜单是系统生成的，用户不能再设置它

D. Windows 的任务栏可以放在桌面的 4 个边的任意边上

29. Windows 7 支持长文件名，一个文件名的最大长度可达(　　)个字符。

A. 128　　B. 225　　C. 255　　D. 256

30. 在树状目录下，绝对路径是指从(　　)开始查找的路径。

A. 当前目录　　B. 子目录　　C. 根目录　　D. DOS 目录

31. 在 Windows 7“资源管理器”窗口的显示窗格中，若已经选定了所有文件，如果要取

消几个文件的选定，应进行的操作是(　　)。

A. 用鼠标左键单击各个要取消选定的文件

B. 按住 Ctrl 键，再用鼠标左键依次单击各个要取消选定的文件

C. 双击各个要取消选定的文件

D. 用鼠标右键单击各个要取消选定的文件

32. 在 Windows 7 中，用鼠标左键在不同驱动器之间拖动某一对象，结果(　　)。

A. 移动该对象　　B. 复制该对象　　C. 删除该对象　　D. 无任何结果

33. 按住(　　)键配合单击，可以在“资源管理器”中选择连续的文件或文件夹。

A. Shift　　B. Ctrl　　C. Alt　　D. Tab

34. 在 Windows 7 中，利用“搜索”功能不能查找的文件选项是(　　)。

A. 文件属性　　B. 文件有关日期

C. 文件名称和位置　　D. 文件大小

35. 在 Windows 7 中，不由用户指定的文件属性是(　　)。

A. 系统　　B. 只读　　C. 隐藏　　D. 存档

36. 关于快捷方式，下列叙述中不正确的为(　　)。

A. 快捷方式是指向一个程序或文档的指针

B. 快捷方式是该对象的本身

C. 快捷方式是指向对象的信息

D. 快捷方式可以删除、复制和移动

37. 在下列有关 Windows 7 菜单命令的说法中，不正确的是(　　)。

A. 带省略号“…”的命令被执行后会打开一个对话框，要求用户输入信息

B. 命令前有“●”符号的表示该命令有效

C. 当鼠标指向带有黑色向右箭头符号“▶”的命令时，会弹出一个子菜单

D. 用灰色字符显示的菜单命令表示相应的程序被破坏

38. 在 Windows 7 中，如果出现应用程序在运行过程中“死机”的现象，为保证系统不受损害，正确的操作是(　　)。

A. 打开“开始”菜单，选择“关机”选项　　B. 按 Reset 键

C. 按 Ctrl + Table 组合键　　D. 按 Ctrl + Delete + A1t 组合键

39. 对于 Windows 7，下列叙述中正确的是(　　)。

A. Windows 7 的操作只能用鼠标

B. Windows 7 为每个任务自动建立一个显示窗口，其位置和大小不能移动

C. 在不同的磁盘间不能用鼠标拖动文件名的方法实现文件的移动

D. 在 Windows 7 中打开的多个窗口，既可平铺也可层叠

40. 当一个文档窗口保存后被关闭，该文档将(　　)。

A. 保存在外存中　　B. 保存在内存中

C. 保存在“剪贴板”中　　D. 既保存在外存中也保存在内存中

41. 在“资源管理器”中，要剪切选中的文件或文件夹，以下操作中错误的是(　　)。

A. 在“编辑”菜单中选择“剪切”命令

B. 用“编辑”菜单中选择“复制”命令

C. 在键盘上按 Ctrl + X 组合键

D. 在选中的文件或文件夹上单击右键，在快捷菜单中选择“剪切”命令

42. 在选定文件或文件夹后，下列(　　)操作不能修改文件或文件夹的名称。

A. 在“文件”菜单中选择“重命名”命令，然后键入新文件名再按回车键

B. 按 F2 键，然后键入新文件名再按回车键

C. 用鼠标左键单击文件或文件夹的名称，然后键入新文件名再按回车键

D. 用鼠标右键单击文件或文件夹的图标，然后键入新文件名再按回车键

43. 下列操作中，(　　)不能运行一个应用程序。

A. 单击该程序的快捷方式

B. 用“开始”菜单中的“运行”命令

C. 用“开始”菜单中的“搜索程序和文件”框找到该程序文件，然后单击它

D. 双击该程序的快捷方式

44. 以下方法中，可以实现在中文状态下输入大写英文字符的是(　　)。

A. 按 Ctrl 键的同时输入英文　　B. 按 Alt 键的同时输入英文

C. 锁定 Caps Lock 键后输入英文　　D. 按 Ctrl + Alt 组合键后输入英文

45. 在 Windows 7 的窗口中，标题栏右侧的“最大化”“最小化”“还原”和“关闭”按钮中不可能同时出现的两个按钮是(　　)。

A. “最大化”和“最小化”　　B. “最小化”和“还原”

C. “最大化”和“还原”　　D. “最小化”和“关闭”

46. 在 Windows 7 中，按“Print Screen”键将使整个桌面上的内容(　　)。

A. 打印到打印纸上　　B. 打印到指定文件上

C. 复制到指定文件上　　D. 复制到剪贴板上

47. 在“资源管理器”窗口中，删除(　　)中的文件时，不把被删除的文件送入回收站，而是直接删除。

A. C 盘　　B. D 盘　　C. 优盘　　D. Windows 安装目录

48. 在 Windows 7 的“资源管理器”窗口中，当选定了文件或文件夹后，下列(　　)操作删除的文件或文件夹不能被恢复。

A. 按 Delete 键

B. 用鼠标左键直接将它们拖动到桌面上的“回收站”图标中

C. 按 Shift + Delete 组合键

D. 用“文件”菜单中的“删除”命令

49. 在“资源管理器”选定某个库，在显示窗格中进行操作，下列叙述中正确的(　　)。

A. 选定某个文件夹，按 Delete 键，可以从磁盘上删除该文件夹

B. 选定某个文件夹，按 Delete 键，可以在磁盘上删除该文件夹下包含的内容

C. 选定某个文件夹，按 Delete 键，可以将该文件夹从库中移走

D. 选定某个文件夹，按 Delete 键，没有任何作用

50. 将某个文件夹包含到某指定的库中后再从磁盘上删除该文件夹，下列叙述中正确的是(　　)。

A. 再进入该库对象，将看不到被删除的文件夹

B. 再进入该库对象，仍能看到被删除的文件夹，并可以使用它
C. 再进入该库对象，仍能看到被删除的文件夹，但不可使用它
D. 不能再进入该库对象

51. 将某个文件夹包含到某指定的库中后，下列叙述中不正确的是（ ）。
A. 进入该文件夹所在的磁盘，仍能看到该文件夹
B. 对该文件夹执行“从库中删除位置”命令，该文件夹仍保留在磁盘上
C. 不对该文件夹执行“从库中删除位置”命令，则无法在磁盘上删除该文件夹
D. 删除该库对象后，库中原来包含的内容仍然保留在磁盘上

二、判断题

1. 裸机是指没有安装操作系统与其他应用软件的计算机。（ ）
2. 在运行 Windows 操作系统关机时，可以直接关闭主机电源。（ ）
3. 在任务栏上，代表当前活动窗口的任务按钮呈亮色显示。（ ）
4. 文件或文件夹的移动可以通过剪贴板进行。（ ）
5. 文件或文件夹属性中的“只读”属性表示拒绝任何用户访问。（ ）
6. 打开电源启动计算机时，计算机将先对主要硬件设备进行检测，然后进入操作系统。（ ）
7. 剪贴板中只能存放文字，不能存放图像。（ ）
8. Windows 7 中的回收站不占用硬盘空间。（ ）
9. 运行 Windows 7 的“记事本”和“写字板”程序时，都不能在文档插入图像。（ ）
10. DOS 操作系统是单用户单任务的操作系统。（ ）
11. 根据在同一时间使用计算机用户的多少，操作系统可以分为单用户操作系统和多用户操作系统。（ ）
12. 存储管理的主要功能包括：存储分配、存储共享、存储保护和存储扩充。（ ）
13. 非活动窗口不接受键盘和鼠标输入，但相应的应用程序仍运行，称为后台运行。（ ）
14. 控件是一种具有标准的外观和标准操作方法的对象，它不能单独存在，只能存在于某个窗口中。（ ）
15. 快捷方式对应一个扩展名为.lnk 的文件，一般与一个应用程序或文档关联。（ ）
16. 任务栏的位置可以改变，但高度不能改变。（ ）
17. 文件的扩展名用来区分文件的类型，因此扩展名又叫类型名。（ ）
18. 来宾账户可登录到计算机并以较少的权限使用计算机，来宾账户没有密码。（ ）
19. 对某个文件夹执行“从库中删除位置”后，就从磁盘上删除了这个文件夹。（ ）
20. Windows 7 系统可以让多个用户同时使用一台计算机。（ ）
21. 操作系统的并发性是指允许同时让两个或两个以上程序同时运行。（ ）
22. 按用户数量可以把操作系统分为单用户操作系统和多用户操作系统。（ ）
23. 安装了 Windows 7 操作系统后，就不能再关闭系统提供的功能。（ ）
24. 在 Windows 7 的“资源管理器”窗口中不能显示菜单栏。（ ）
25. 既可以为程序创建快捷方式，也可以为一般数据文件创建快捷方式。（ ）

三、填空题

1. 通常，操作系统是根据文件的________来区分文件类型的。

2. 对桌面上的图标排序时，可以选择按________、__________、_________、________方式来排列。

3. 操作系统的主要特性有__________、__________、__________、__________。

4. 操作系统的主要资源管理功能有____________、____________、____________、____________、____________。

5. ________是计算机中最重要的软件，是用户和计算机硬件之间的桥梁。

6. 不少计算机软件的安装程序都有相同的名字，其安装程序的文件名为__________。

7. 在 Windows 7 中，要将当前窗口作为一个图片拷入剪贴板，应该使用_________键。

8. 想要检索创建或修改日期为 2013 年 5 月 3 日到 2013 年 8 月 8 日的文件，在“资源管理器”的搜索框的“修改日期:”后应输入________________________。

9. 在 Windows 7 操作系统中，包含____________、___________、__________三类帐户。

10. 默认状态下，资源管理器窗口分为__________、__________、_________、__________、_________五个部分。

四、操作题

1. 在桌面上创建一个 Word 的快捷方式，并改名为“文字编辑”。

2. 为系统创建一个新的标准用户并设置 6 位的用户密码。

3. 将计算机的日期设置为当前日期的前两天，然后再重新设置为当前日期。

4. 在桌面空白处单击右键，执行快捷菜单中的“小工具”命令，根据屏幕显示进行操作，在桌面上设置时钟小工具，然后关闭这个小工具。

5. 对 D 盘进行清理。

6. 文件和文件夹操作。

① 在 D 盘中建立一级子文件夹 USER1，然后在 USER1 文件夹下建立二级子文件夹 USER2。

② 用“记事本”程序建立 DATA.TXT 文档，并将其存入 D 盘的 USER2 子文件夹中。

③ 将 D 盘 USER2 子文件夹中的 DATA.TXT 文件复制到 USER1 子文件夹中。

④ 删除 D 盘 USER2 子文件夹中的 DATA.TXT 文件。

⑤ 将“回收站”中的 DATA.TXT 文件恢复到 D 盘 USER2 子文件夹中。

⑥ 将 D 盘 USER2 子文件夹中的 DATA.TXT 文件改名为 DATA.BAK。

⑦ 为 D 盘 USER2 子文件夹中的 DATA.BAK 文件设置只读属性。

⑧ 将 D 盘 USER2 子文件夹移动到 E 盘的根目录下。

⑨ 删除 D 盘 USER1 子文件夹。

7. 为系统添加魏碑体字体。

第5章 计算机网络体系结构、网络协议、互联网与局域网

上机实习 5.1 组建对等局域网

实习目的

1. 熟悉网络双绞线的制作和网络设备的连接。
2. 熟练掌握 TCP/IP 协议的安装和配置。
3. 熟练掌握设置计算机资源共享的方法。
4. 熟练掌握通过“网络”访问局域网中共享资源的方法。

实习内容及步骤

一、制作双绞线

1. 准备工具和材料

专用双绞线压线钳、RJ-45 水晶头和超五类双绞线。

2. 制作步骤

① 准备：准备好 5 类双绞线、RJ-45 插头和一把专用的压线钳，如图 5.1 所示。

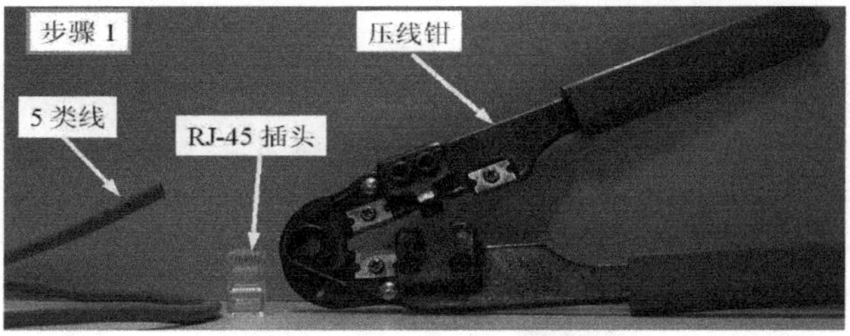

图 5.1　制作双绞线的工具

② 剥线：用压线钳的剥线刀口将5类双绞线的外保护套管划开(小心不要将里面的双绞线的绝缘层划破)，刀口距5类线的端头至少2厘米，如图5.2所示。

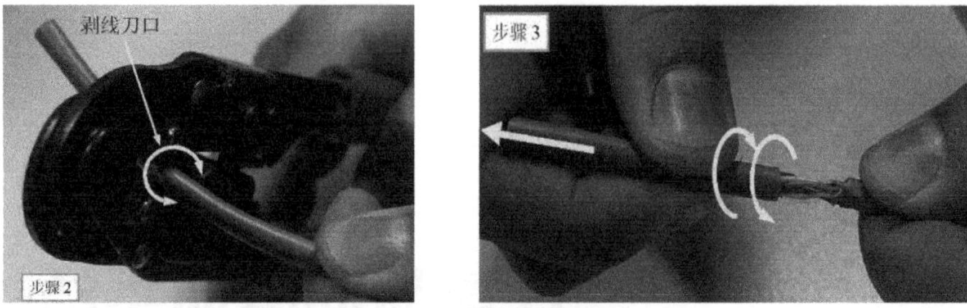

图5.2 用压线钳剥线

③ 理线：以采用568B标准的双绞线为例，剥开双绞线外保护层后，首先将四对线缆按橙、蓝、绿、棕的顺序排好，然后，再按橙白、橙、绿白、蓝、蓝白、绿、棕白、棕的顺序分别排放每一根电缆，如图5.3所示。

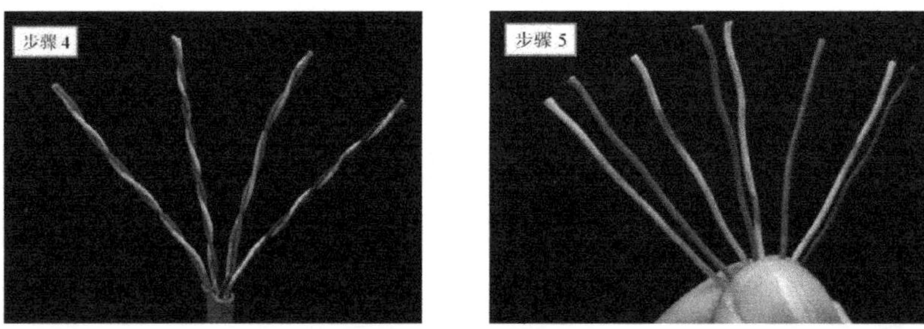

图5.3 排列线缆

④ 剪线：将8根导线平坦整齐地平行排列，导线间不留空隙。然后用压线钳的剪线刀口将8根导线剪断，如图5.4所示。

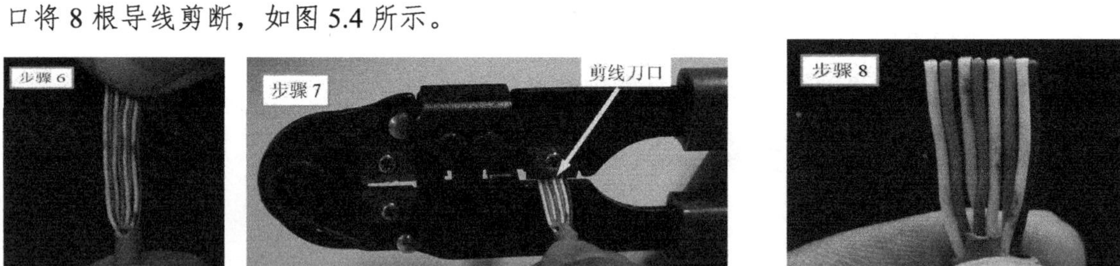

图5.4 剪掉多余的双绞线

⑤ 插线：将剪断的电缆线放入RJ-45插头试试长短(要插到底)，要让电缆线的外保护层能够在RJ-45插头内的凹陷处被压实，如图5.5所示。

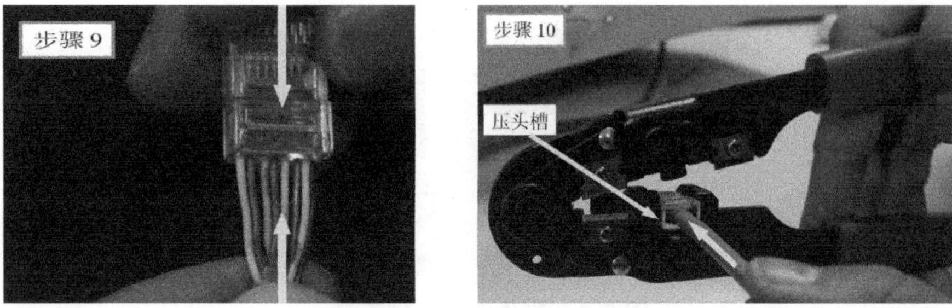

图5.5 将线缆插入线头

⑥ 压线：在确认一切都正确后(特别要注意不要将导线的顺序排列错了)，将 RJ-45 插头放入压线钳的压头槽内，双手紧握压线钳的手柄，用力压紧。将插头压紧后，插头的 8 个针脚接触点就穿过导线的绝缘外层，分别和 8 根导线紧紧地压接在一起，如图 5.6 所示。

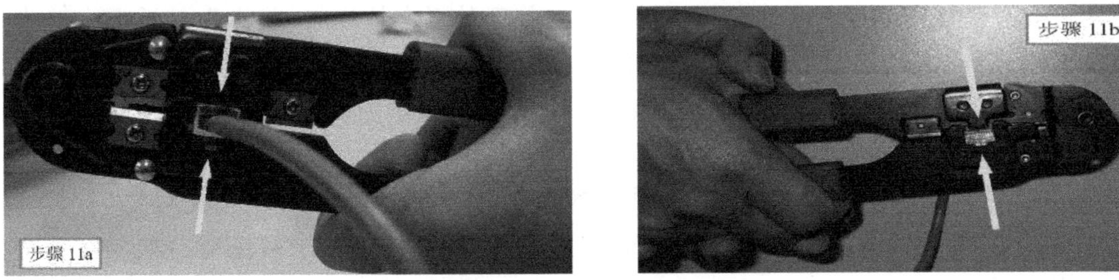

图 5.6 将 RJ-45 插头压紧

⑦ 用测线器检验电缆的连通性。测线仪有 2 个水晶头插口，将网线两端插入，打开开关，8 盏灯依次点亮，说明网线通，网线制作成功。如图 5.7 所示。

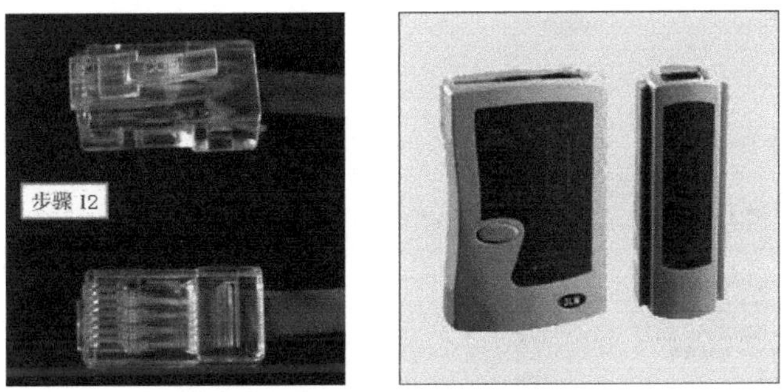

图 5.7 用测线器检测电缆

二、连接交换机或集线器

工作站与集线器/交换机的连接方法很简单，只要将两端做好 RJ-45 接头的双绞线的一端接在工作站网卡上，另一端接在交换机或集线器的一个口上。要注意：目前大多数交换机或集线器都提供级联口(内部接线有交叉)，如：24 口的交换机，其实它有 25 个口，也就是多出一个级联口。该级联口用来接另一个集线器/交换机。一般该级联口的编号为第一个或最后一个。如果该接口级联了另一个集线器/交换机，与之相关的另一个接口就不能再接工作站，否则可能引起整个集线器/交换机工作不正常。

三、安装和配置 TCP/IP 协议

当在计算机上安装了网卡后，Windows 7 一般会自动安装“Microsoft 网络客户端”“Microsoft 网络的文件和打印机共享”和“Internet 协议版本 4(TCP/IPv4)”等网络服务与协议。为了便于在“网络”中访问对等局域网中的共享资源，需要将对等局域网中每台工作站的 IP 地址设置为在同一个子网中。在“Internet 协议版本 4(TCP/IPv4)属性”对话框中，系统默认的设置为“自动获得 IP 地址”。如果工作站不多，还可以将它们设置为同一个工作组。一般可将一个工作站的 IP 地址设置为局域网中的保留地址，即 192.168.0.x(C 类地址，其中 x 是 1～254 之间的一个数)，子网掩码设置为 255.255.255.0，为了便于管理，

最好为每台工作站设置一个便于记忆的计算机名称。

1. 设置 IP 地址

① 右键单击桌面上的“网络”图标，在弹出的快捷菜单中选择“属性”命令，打开“网络和共享中心”窗口。单击“本地连接”链接，在打开的“本地连接 状态”对话框中单击 属性(P) ，打开“本地连接 属性”对话框。如图 5.8 所示。

② 双击“Internet 协议版本 4(TCP/IPv4)”，打开“Internet 协议版本 4(TCP/IPv4)属性”对话框，如图 5.9 所示。

③ 选中“使用下面的 IP 地址”单选项，然后分别在“IP 地址”“子网掩码”“默认网关”和“首选 DNS 服务器”文本框中输入局域网分配的 IP 地址、子网掩码、默认网关与 DNS 服务器地址。

④ 单击 确定 按钮，返回“本地连接 属性”对话框，再单击 确定 按钮完成本机 IP 地址的设置。

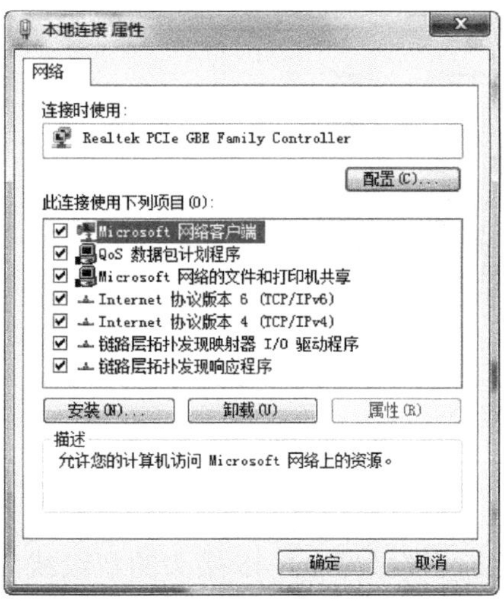

图 5.8 “本地连接 属性”对话框

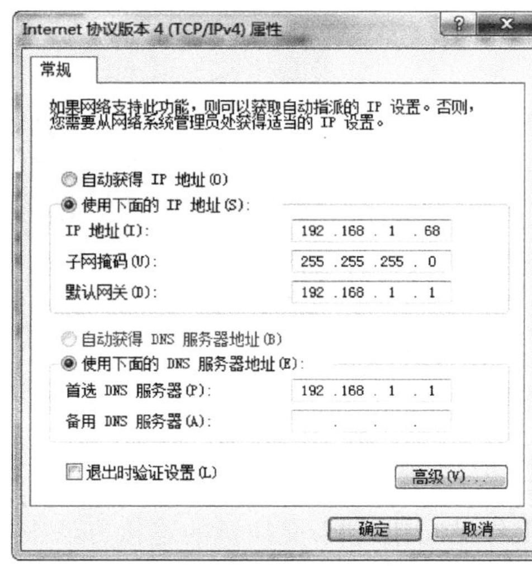

图 5.9 “Internet 协议版本 4(TCP/IPv4)属性”对话框

2. 设置计算机名及工作组

① 右键单击桌面上的“计算机”图标，在弹出的快捷菜单中单击“属性”命令，打开“系统”窗口。在“计算机名称、域和工作组设置”区中，单击 更改设置 ，打开“系统属性”对话框，如图 5.10 所示。

② 单击 更改(C)... ，打开“计算机名称/域更改”对话框，在“计算机名”框中输入你的计算机名称(如 HAO)，在“工作组”框中输入本局域网的名称(如 WORKER)，如图 5.11 所示。

③ 单击 确定 按钮，系统会弹出一个“必须重新启动计算机才能应用这些更改”的消息框，单击 确定 按钮后返回“系统属性”对话框。单击 关闭 按钮，重新启动计算机应用设置。

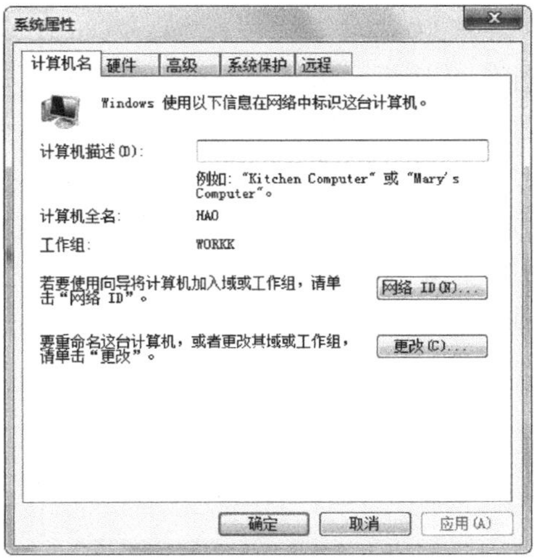

图 5.10 “系统属性”对话框

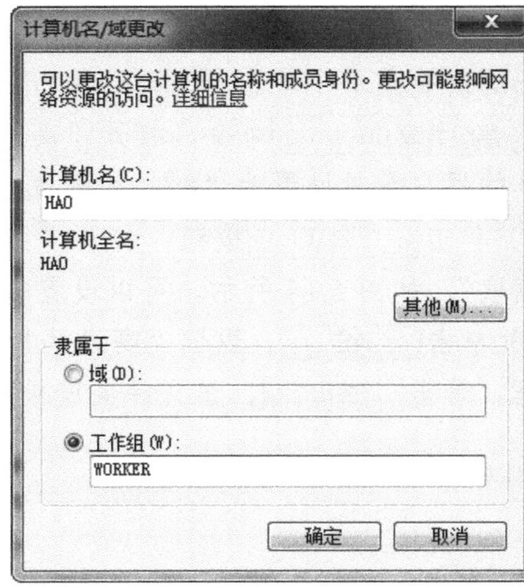

图 5.11 “计算机名/域更改”对话框

四、测试 TCP/IP 协议

1. 测试本机 TCP/IP 协议的运行情况

① 单击“开始”菜单中的“运行”命令，打开“运行”对话框，输入 cmd 命令，单击按钮，打开“命令提示符”窗口。

② 在命令行提示符后输入 ping 127.0.0.1，然后按回车键。如果屏幕显示如图 5.12 所示的结果，表明本机 TCP/IP 协议的运行正常。

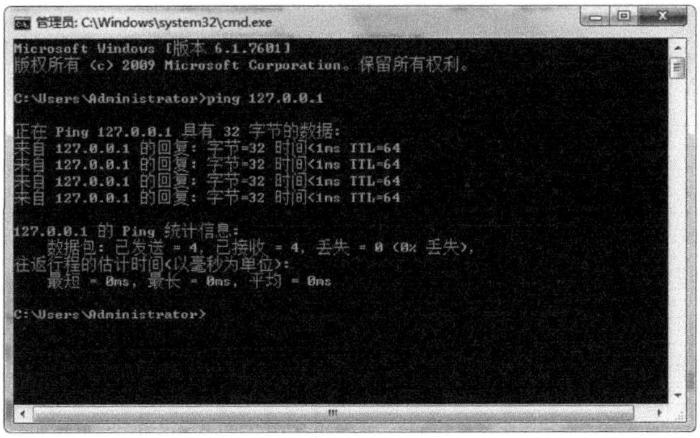

图 5.12 “命令提示符”窗口

2. 测试网络中其他计算机的通信情况

在控制台命令窗口的命令行提示符后输入“ping 某计算机 IP 地址或计算机名称”，如：“ping 192.168.0.39”，如果屏幕显示被“ping”的计算机能正常应答，说明这两台计算机能通过 TCP/IP 协议进行正常通信。

五、设置共享文件夹

【例 5.1】 在局域网中共享一个文件夹，设置同时访问的最多用户量为 8，用户的访问权限为“读取”。

① 在“计算机”窗口中，选中要设置成共享的文件夹(如“共享文件夹”)，单击右键，在弹出的快捷菜单中单击 属性(R)，打开“文件夹属性”对话框，选择“共享”选项卡，单击 高级共享(D)... 命令，打开“高级共享”对话框，选中“共享此文件夹”项，将同时共享的用户数量设置为“8”，如图 5.13 所示。

② 单击 权限(P) 按钮，打开“共享文件夹的权限”对话框，设置用户的访问权限为“读取”，如图 5.14 所示。可以设置的权限列表如表 5.14 所示。

③ 单击 确定，返回“高级共享”对话框。再单击 确定，返回“文件夹属性”对话框。单击 关闭，该文件夹就被设置成共享文件夹了。

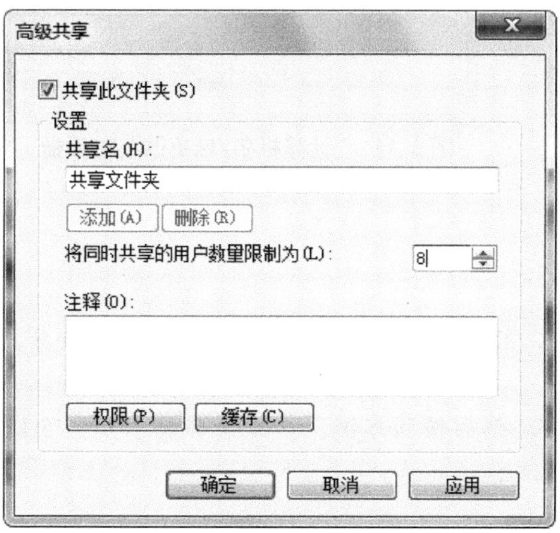

图 5.13 “高级共享”对话框

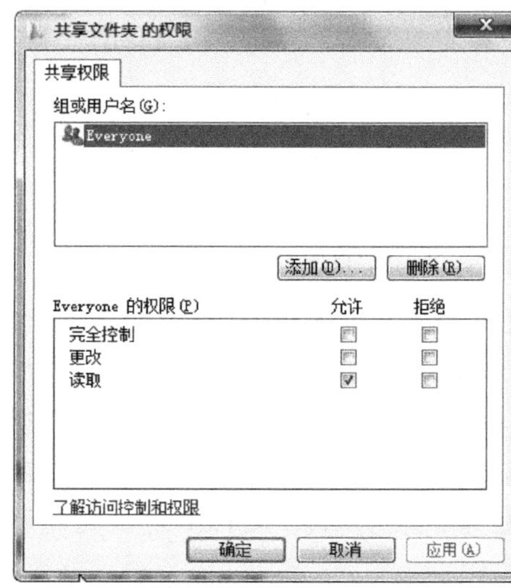

图 5.14 设置共享权限

表 5.1 权限列表

操作	完全控制	更改	读取
查看文件名和子文件夹名	√	√	√
打开文件夹或文件	√	√	√
查看文件中的数据和运行程序	√	√	√
向共享文件夹中添加子文件夹或文件	√	√	
更改文件中的数据	√	√	
删除子文件夹和文件	√	√	
更改权限(仅 NTFS)	√		
获取所有权(仅 NTFS)	√		

六、使用局域网

1. 浏览网络资源

① 双击桌面上的“网络”图标，打开“网络”窗口，可以看到局域网内本工作组中的其他计算机，如图 5.15 所示。

② 双击其中的一台计算机“Server”的图标，就可以进入此计算机，访问此计算机上的所有共享资源，如图 5.16 所示。

图 5.15　工作组中计算机

图 5.16　访问其他计算机上的资源

2. 映射网络驱动器

用户可能需要经常访问在局域网中的某些特定的共享资源，若每次都通过“网络”访问该共享资源，操作比较麻烦。此时用户可使用“映射网络驱动器”功能，将该共享资源映射为一个网络驱动器。这样，要访问该共享资源时，只需打开“计算机”窗口，双击该网络驱动器图标即可。例如将图 5.16 中的 Server 计算机中的 hao 共享文件夹映射为网络驱动器，操作步骤如下：

① 打开“网络”窗口，找到 hao 共享文件夹。右键单击此共享文件夹，在弹出的快捷菜单中单击“映射网络驱动器”命令，打开“映射网络驱动器”对话框，在“驱动器”框中输入网络驱动器的盘符，本例设置为“J:”，如图 5.17 所示，然后单击 完成(F) 按钮。

② 打开“计算机”窗口，即可看到多了一个驱动器 J:盘，如图 5.18 所示。

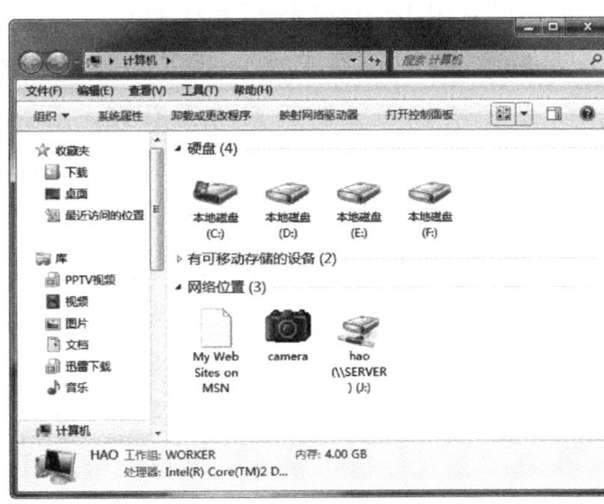

图 5.17　“映射网络驱动器”对话框　　　　图 5.18　映射网络驱动器 J:

在“计算机”窗口中选择“工具”菜单中的“映射网络驱动器”命令，也可打开“映射网络驱动器”对话框。在此对话框中，单击 浏览(B)... 按钮可以浏览网络中的其他共享文件夹，或在“文件夹”列表框中直接输入格式为“\\计算机名\共享文件夹名”的文件路径，单击 完成(F) 按钮同样可以完成映射网络驱动器的操作。

上机实习 5.2　Internet Explorer 的使用

实习目的

1. 熟练掌握 IE 浏览器的启动和退出。
2. 熟悉 Internet 选项的设置。
3. 熟练掌握浏览网页和检索与下载网上信息资源的方法。
4. 熟悉收藏夹的使用方法。

实习内容及步骤

一、启动 IE 浏览器

常用的启动 IE 的方法有以下几种：

① 单击“开始”→“所有程序”→“Internet Explorer”菜单命令。

② 在“计算机”窗口的地址栏中，输入某网页的 URL 地址，按回车键后，系统自动将“我的电脑”窗口切换成 IE 主窗口。

③ 双击桌面上的 IE 图标。

二、退出 IE 浏览器

常用的退出 IE 浏览器的方法有：

① 单击 IE 浏览器主窗口右上角的“关闭”按钮。

② 在标题栏的空白位置单击右键，在弹出的快捷菜单中单击“关闭”命令。

三、设置 Internet 选项

1. 设置 IE 浏览器的起始页

① 在 IE 浏览器窗口中，单击“工具”按钮，在打开的菜单中选择“Internet 选项”命令，弹出“Internet 选项”对话框，选择“常规”选项卡。

② 在“主页”的“地址”框中，输入 IE 浏览器默认打开的主页地址(如 http://www.265.com/)，如图 5.19 所示。

③ 单击 确定 按钮。

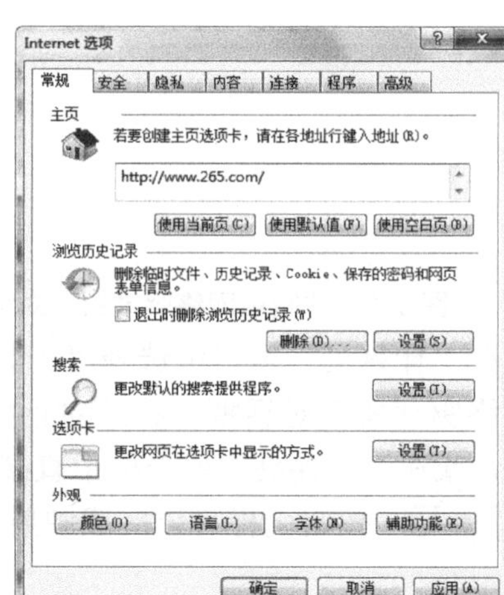

图 5.19 “Internet 选项”对话框

2. 在新选项卡中浏览 Web 页面

当网页打开比较慢时，可以在浏览网页时打开多个 IE 选项卡，实现一边浏览网页内容一边让 IE 浏览器下载其他网页的内容，这样可以减少等待的

时间。方法是：右键单击自己感兴趣的链接，在弹出的快捷菜单中选择“在新选项卡中打开”命令。也可以直接按Ctrl+T快捷键，打开新的 IE 浏览器窗口，然后在新的 IE 窗口中，输入网页的 URL 地址。

3. 快速输入网页的 URL 地址

使用Ctrl+Enter组合键，可以自动将“www.”添加到地址栏中已输入的文本的前面，将“.com”添加到已输入的文本的后面。例如：若要访问 www.cctv.com 网站，只需输入 cctv，然后按组合键Ctrl+Enter即可。

4. 查看曾经访问过的站点

① 在地址栏直接输入部分 URL 地址，系统会自动对曾经访问过的站点进行模糊匹配，显示在下拉列表中。此时，只需在 URL 地址列表中，选择一个所需的 URL 地址即可。

② 单击地址栏右侧的下拉箭头▾，会弹出曾经访问过的 URL 地址列表，可以在其中选择所需的 URL 地址。

③ 单击“收藏夹”按钮☆，在打开的“收藏夹”窗格中单击“历史记录”选项卡，从中可以查看近期曾经访问过的所有站点，如图 5.20 所示。

④ 在“收藏夹”窗格中，单击“收藏夹”选项卡，在该选项卡中列出了所有收藏的链接列表，单击其中某项即可快速访问相应的网页。

⑤ 在“标题栏”的空白处单击右键，在打开的快捷菜单中，选中“菜单栏”命令，菜单栏会显示在浏览器窗口中，如图 5.21 所示。

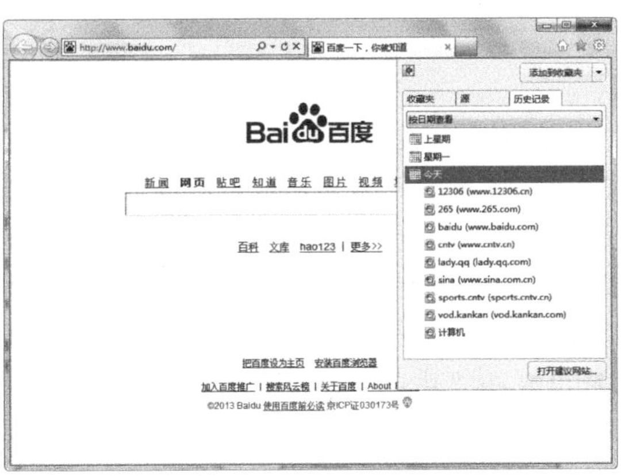

图 5.20　查看曾访问的 URL 记录

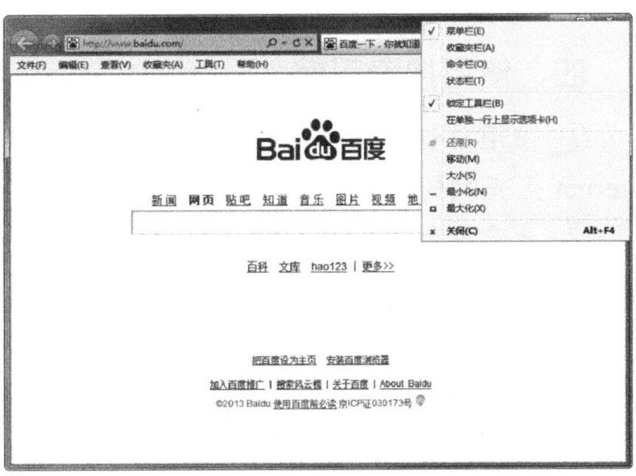

图 5.21　显示“菜单栏”

5. 使用和管理收藏夹

【例 5.2】向收藏夹添加网站地址并整理收藏夹。

① 打开要添加到个人收藏夹中的网页，如 www.baidu.com。

② 打开“收藏夹”窗格单击“添加到收藏夹”按钮，弹出“添加收藏”对话框，如图 5.22 所示。

③ 在“名称”框中输入用于在收藏夹中识别该站点的名称。单击“添加(A)”按钮，即可将网页 www.baidu.com 添加到收藏夹中。

④ 选择“收藏夹”菜单中的“整理收藏夹”命令，打开“整理收藏夹”对话框，如图 5.23 所示。可对收藏夹中的信息进行整理，也可创建新的文件夹并把收藏的网页移至新建文件夹中。

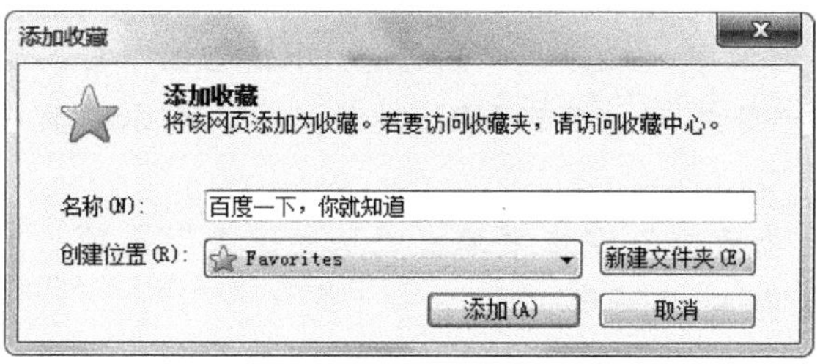

图 5.22 “添加收藏”对话框

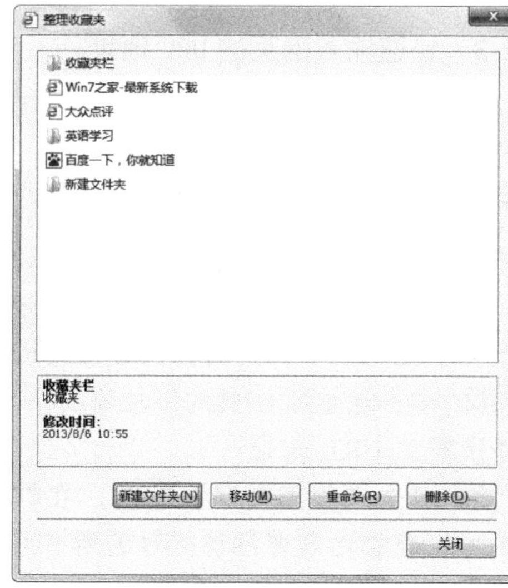

图 5.23 “整理收藏夹”对话框

⑤ 按上述方法将 www.so.com 和 www.sogou.com 分别添加到收藏夹中。

⑥ 将上述 3 个搜索引擎站点整理到“新建文件夹”中并将该文件夹重新命名为“搜索引擎”文件夹。

四、使用搜索引擎

① 使用关键字搜索。打开某搜索引擎网页(如 baidu)，在搜索栏的文本框中输入要在 Internet 上查找的信息的关键字，再单击“百度一下”按钮即可搜索到相匹配的网页。

② 查看网页快照。多数搜索引擎提供“快照”功能，一般在搜索到的每个链接的简介后面有一个“网页快照”超链接，单击该链接就可以查看保存在搜索引擎服务器中的“快照”网页内容。需注意的是，由于搜索引擎数据库的更新有一定的周期性和受到存储容量的限制，不可能永久保存所有网页的“快照”，所以有些“快照”网页也可能无法打开。

五、下载网页内容

1. 下载当前整个网页内容

操作步骤如下：

① 打开要下载的网页，如 http://www.cctv.com 的主页。

② 单击“文件”菜单中的“另存为”命令，弹出“保存网页”对话框。

③ 在“保存在”列表框中选择网页保存的位置；在“文件名”列表框中，输入保存网页的文件名；在“保存类型”列表框中选择网页保存的类型，单击 保存(S) 按钮。

2. 下载当前网页中的部分内容

① 拖动鼠标左键，选定要复制的信息(若要选定整个网页中的信息，可按 Ctrl+A 组

合键）。

② 单击“编辑”菜单中的“复制”命令（或按Ctrl+C），将选定的内容复制到剪贴板中。

③ 打开一个字处理程序，如 Word、写字板或记事本（如果只需要下载文本信息，则可打开“记事本”程序）。

④ 单击“编辑”菜单中的“粘贴”命令（或按Ctrl+V），将信息复制到字处理软件中，然后存盘。

3. 下载当前网页中的图片

右键单击网页中的图片，在弹出的快捷菜单中选择“图片另存为”命令，打开“保存图片”对话框，输入需保存的文件名，选择保存位置及文件类型，单击保存(S)按钮即可。

4. 下载当前网页中的链接

右键单击网页中的链接，在弹出的快捷菜单中选择“目标另存为”命令，打开“另存为”对话框，输入需保存的文件名，选择保存位置及文件类型，单击保存(S)按钮，如图 5.24 所示。系统会自动下载链接的文件，下载完成后会提示用户运行下载的文件、打开保存下载文件的文件夹还是查看下载列表，如图 5.25 所示。

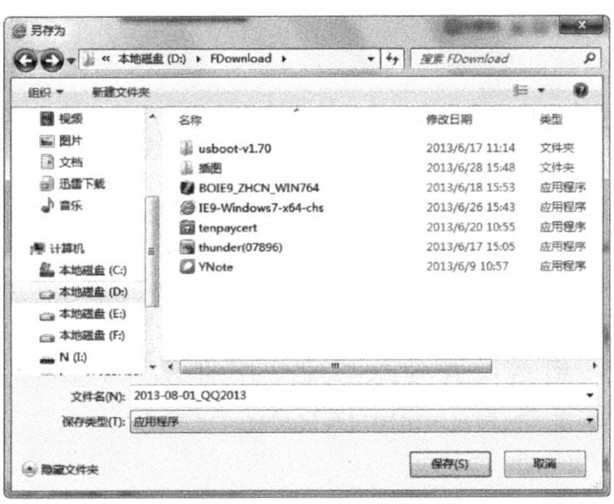

图 5.24 “另存为”对话框

图 5.25 “文件下载”对话框

上机实习 5.3 电子邮件

实习目的

1. 掌握免费电子邮箱的申请和使用 Web 方式收发电子邮件的方法。
2. 熟练掌握 Microsoft Outlook 2010 的启动和退出。
3. 熟悉设置电子邮件帐号的方法。
4. 熟练掌握电子邮件的撰写、发送、接收、阅读、回复和管理方法。
5. 熟悉通讯簿的用法。

实习内容及步骤

一、申请免费电子邮箱

操作步骤如下：

① 在 IE 浏览器中，打开一个能提供免费电子邮箱的网站，如 mail.163.com。

② 单击图 5.26 中的 注册 超链接，打开用户注册网页，按照提示输入相应的用户信息，如图 5.27 所示。

图 5.26 注册免费电子邮箱

图 5.27 输入注册信息

③ 单击 立即注册 按钮，即可注册自己的电子邮箱。注册成功后，可打开图 5.26 所示的网页，输入用户名与密码，以 Web 方式登录该邮箱。

④ 打开邮箱网页的帮助信息，记下该电子邮件网站的 POP3 服务器地址和 SMTP 服务器地址，以便使用邮件客户端软件收发电子邮件时，用来设置个人的电子邮件帐户。本例中 POP3 服务器地址为：pop.163.com，SMTP 服务器地址为：smtp.163.com。

⑤ 退出 Web 方式的电子邮件帐户登录。

二、启动 Microsoft Outlook 2010

依次单击“开始”→“所有程序”→“Microsoft Office”→“Microsoft Outlook 2010”，启动 Microsoft Outlook 2010。

三、退出 Microsoft Outlook 2010

可用以下三种方法之一退出 Microsoft Outlook 2010。

① 单击 Microsoft Outlook 2010 主窗口右上角的“关闭”按钮 X 。

② 单击“文件”菜单中的“退出”命令。

③ 双击 Outlook Express 主窗口左上角的 O 图标。

四、设置电子邮件帐号

操作步骤如下：

① 第一次使用 Microsoft Outlook 2010 时，如果还没有创建电子邮件帐户，Microsoft

Outlook 2010 会自动弹出“Internet 连接向导”对话框。如果在以后使用过程中需要添加一个电子邮件帐户，可单击“文件”→“信息”命令，单击右侧面板中的 添加帐户 按钮，打开“添加新帐户—选择服务”对话框，选择“电子邮件帐户”。

② 单击 下一步(N) > 按钮，弹出“添加新帐户—自动帐户设置”对话框，输入“你的名字”“电子邮件地址”“密码”等信息。

③ 单击 下一步(N) > 按钮，Outlook 连接“网易免费邮”服务器并自动获取邮箱配置信息，如图 5.28 所示。配置完成后，单击 完成 ，进入 Microsoft Outlook 2010 界面。或在图 5.28 中选中“手动配置服务器设置”选项，单击 下一步(N) > 按钮，更改 Outlook 自动获取的信息，需要注意的是，“帐户类型”项可以选择“IMAP”或“POP3”，当选择“POP3”时，需要将接收邮件服务器更改为“pop.163.com”，如图 5.29 所示。

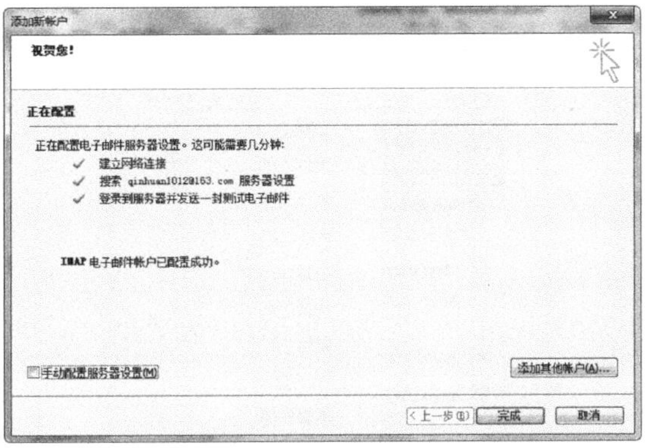

图 5.28 连接电子邮件服务器并自动获取信息

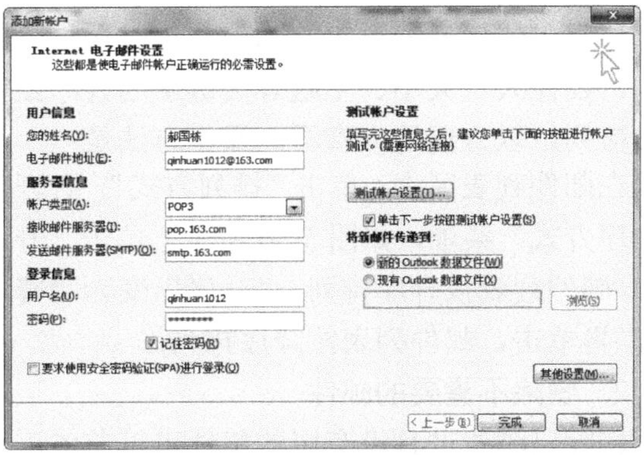

图 5.29 手动配置服务器设置

五、撰写和发送邮件

【例 5.3】 使用 Microsoft Outlook 2010 给你的老师发送邮件，同时抄送一份给你的同学，邮件内容自定，在邮件中插入一幅图片，并附加一首乐曲作为附件。

① 启动 Microsoft Outlook 2010，单击“开始”选项卡中的“新建电子邮件”按钮，打开“邮件”窗口。

② 在“收件人”文本框中输入收件人(你的老师)的电子邮件地址。可以输入多个收件人的地址，中间用英文分号隔开。

③ 在“抄送”文本框中，输入需抄送的同学的邮件地址。

④ 在“主题”文本框中，输入邮件的主题。

⑤ 单击邮件文本编辑区，输入邮件的正文。

⑥ 单击“插入”选项卡中的“图片”按钮，弹出“插入图片”对话框，选择一个图片，单击 插入(S) ▾，将其插入到邮件中。

⑦ 单击“插入”选项卡中的“附加文件”按钮，弹出“插入文件”对话框，选择一个合适的乐曲文件，然后单击 插入(S) ▾ 按钮。

⑧ 确认计算机已经连在因特网上，单击“发送”按钮 发送(S)，将邮件发送出去。

六、接收、阅读和答复邮件

① 单击 Microsoft Outlook 2010 窗口“开始”选项卡中的“发送/接收所有文件夹”按钮，就开始自动接收邮件。

② 选择要回复的邮件，单击工具栏中的“答复”按钮，打开答复邮件窗口。在此窗口中，系统会自动在“收件人”文本框中填入原发件人的地址，在“主题”文本框中显示原邮件的主题，并会在该主题前面加上“答复:”，在邮件正文编辑区中列出原邮件正文。

③ 在编辑区输入要答复的信息，单击“发送”按钮，发送答复的邮件。

七、管理邮件

1. 邮件的排序

显示在邮件列表框中的邮件，可以按接收时间、发件人、大小、主题等关键字的升序或降序排列，以方便用户查看。操作方法是：

在邮件列表区中，单击“排列方式”，打开“排序方式”菜单，如图 5.30 所示。单击“升序”，邮件列表按升序排列，“升序”变为“降序”，再单击，邮件列表按降序排列。

图 5.30 “排序方式”子菜单

2. 删除不需要的邮件

删除已浏览过且没有用的邮件可以节省磁盘空间，操作步骤如下：

① 在邮件列表中选定要删除的邮件，按Delete键，或用鼠标将其拖到“文件夹”窗格中的“已删除邮件”文件夹中。

② 若要将“已删除邮件”文件夹中的邮件彻底删除，可右键单击“已删除邮件”文件夹，在弹出的快捷菜单中单击“清空文件夹”命令。系统会弹出一个消息框提醒用户是否要永久删除“已删除邮件”文件夹中的内容，若确实要删除，单击“是(Y)”按钮。

3. 查看邮件中的附件

① 打开包含附件的邮件。

② 双击“邮件附件”框中附件，程序会根据附件的类型自动执行相应的程序展示附件的内容。

4. 保存邮件

Microsoft Outlook 2010 中所有的邮件都可以保存到磁盘上，把邮件保存到磁盘的操作方法如下：

① 在邮件列表中选定要保存的邮件。

② 单击“文件”菜单中的“另存为”命令，打开“另存为”对话框。

③ 输入文件名，选择保存类型为“Outlook 邮件格式”，单击“保存(S)”按钮。

以后，若要打开保存在磁盘上的邮件文件，只需在“计算机”中双击该文件名即可。

八、使用通讯簿

1. 快速添加联系人

在阅读邮件时，在发件人地址上单击右键，在弹出的快捷菜单中单击“添加到 Outlook 联系人”命令，可以打开“联系人”窗口，输入联系人信息，快速添加联系人。

2. 使用“通讯簿”选择收件人

创建新邮件过程中需要输入收件人邮件地址时，可以单击“新邮件”窗口中的 收件人... 按钮，弹出“选择姓名：联系人”对话框，在此对话框中显示了通讯簿中所有联系人以供用户选择。

上机实习 5.4 使用迅雷下载网络资源

实习目的

1. 掌握设置迅雷下载软件的方法。
2. 掌握使用迅雷下载网站服务器文件的方法。
3. 熟悉使用迅雷下载 BT 资源的方法。

实习内容及步骤

一、使用迅雷下载网上资源

1. 迅雷的基本设置

① 如果通过局域网上网，为了避免用迅雷下载占用过多的网络带宽，可以在迅雷主界面上单击“更多” ···，在打开的菜单中单击 设置中心，在“设置中心”选项卡单击“基本设置”界面，在“下载模式”区中选中“限速下载”，限制上传与下载速度，如图 5.31 所示。

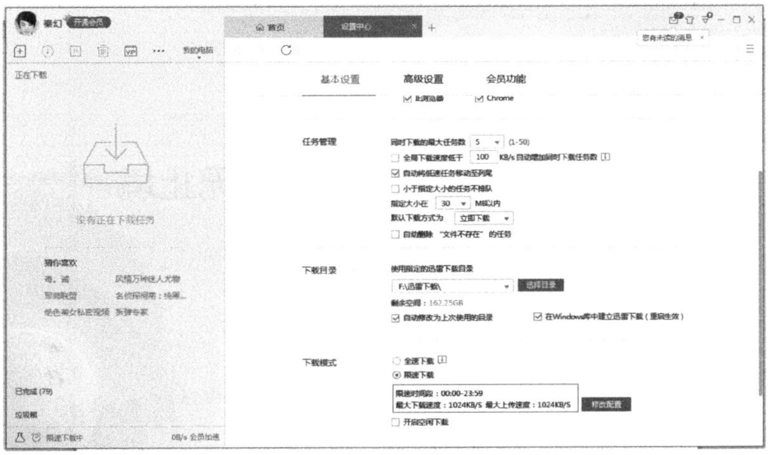

图 5.31 “基本设置”界面

② 如果想同时下载几个文件，可以在图 5.31 的“任务管理”区中的“同时下载的最大任务数”中选择一个数字，比如“5”。如果想集中下载速度快的资源，可以在“任务管理”区中选中“自动将低速任务移动至列尾”。

③ 如果要让下载的资源统一存放在固定文件夹，可以在“基本配置”界面的“下载目录”区中指定迅雷的下载目录为“F:\迅雷下载\”，如图 5.31 所示。

④ 如果不想让迅雷在开始时自动启动，可以在“基本设置”界面的“启动”区中，取消“开机启动运行”项，用类似的方法，可以取消大部分软件的开始启动设置，节约系统资源。

⑤ 如果想让未下载完成的任务在启动迅雷时自动下载，可以在“设置中心”选项卡中单击“高级设置”界面，在“全局设置”区中选中“启动迅雷后自动开始未完成任务”项，如图 5.32 所示。

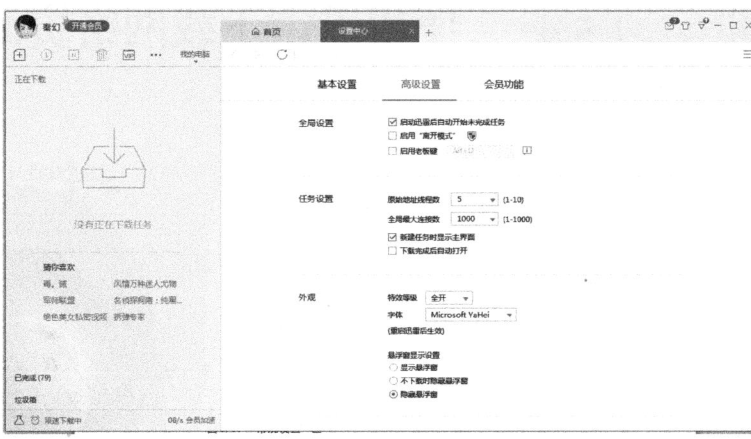

图 5.32 “高级设置”区

2. 用迅雷下载网站服务器资源

【例 5.4】 使用迅雷下载腾讯 QQ 软件。

① 在 IE 浏览器的地址栏输入 https://im.qq.com/pcqq/，打开 QQ 的下载页面，如图 5.33 所示。

图 5.33 QQ 下载页面

② 在“立即下载”链接上单击右键，在弹出的快捷菜单中单击使用迅雷下载命令，打开“新建任务”对话框，如图 5.34 所示。单击“立即下载”，将文件下载到默认文件夹中。

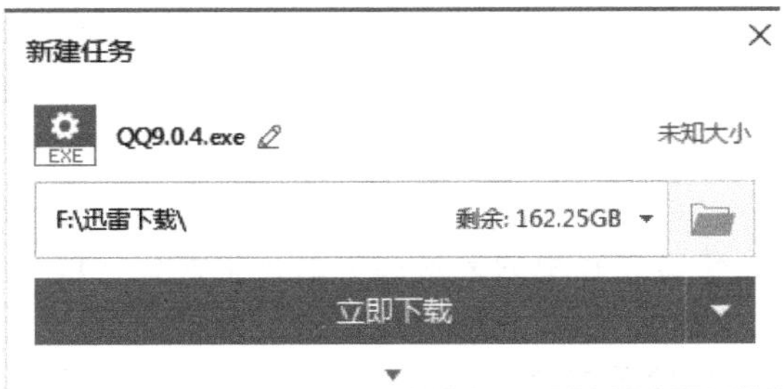

图 5. 34　将文件下载到默认文件夹中

3. 用迅雷下载 BT 资源

BT 正式的名称叫“BitTorrent”是一种多点共享协议和软件。与通常的 FTP、HTTP 下载不同，BT 下载不需要指定的服务器，一个资源的下载者同时也是这个资源的上传者，这就保障了在增加有限负载的情况下支持大量下载者同时下载，所以 BT 传输方式有“下载的人越多，下载速度越快”的说法。

BitTorrent 采用 BT 种子文件来确定下载源。BT 种子文件后缀名为 torrent，容量很小，通常只有几十 KB，这个文件里面存放了对应的发布文件的描述信息、该使用哪个 Tracker(记录下载用户信息的服务器)、文件的校验信息等。迅雷正是通过解读 BT 种子文件来下载 BT 资源的。

用迅雷下载 BT 资源的方法如下：

① 打开“迅雷”程序。单击工具栏上的新建，打开“新建任务”对话框，如图 5.35 所示。

② 单击“添加 BT 任务”链接，弹出“打开种子文件”对话框，选择一个种子文件，单击打开(O)按钮，弹出“新建 BT 任务”对话框，如图 5.36 所示。

③ 单击立即下载，迅雷自动寻找文件源并开始下载文件。

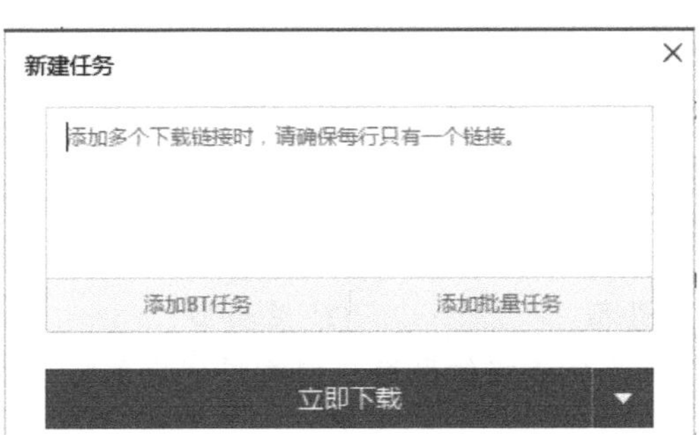

图 5. 35　“新建任务”对话框

图 5. 36　“新建 BT 任务”对话框

习题精选

一、单项选择题

1. 用来补偿数字信号在传输过程中的衰减损失的设备是(　　)。
   A. 网络适配器　B. 集线器　C. 中继器　D. 路由器
2. TCP/IP 参考模型中的传输层对应于 OSI 中的(　　)。
   A. 会话层　B. 传输层　C. 表示层　D. 应用层
3. 不属于 Windows 7 网络本地连接属性的是(　　)。
   A. 网络客户端　B. 网络文件和打印机共享
   C. Internet 协议　D. 共享文件
4. 下列各项中，(　　)不属于“网络”可以显示的网络上的共享资源。
   A. 共享文件夹　B. 共享计算机　C. 共享打印机　D. 共享文件
5. 下列各项中，不属于 OSI 参考模型分层的是(　　)。
   A. 网络接口层　B. 网络层　C. 物理层　D. 应用层
6. 下列各项中，(　　)不属于“Internet 协议(TCP/IP)属性”对话框的选项。
   A. IP 地址　B. 子网掩码　C. 诊断地址　D. 默认网关
7. 下列叙述中不正确的是(　　)。
   A. 计算机网络由计算机系统，通信链路和网络节点组成
   B. 从逻辑功能上可以把计算机网络分成资源子网和通信子网两个子网
   C. 网络节点主要负责网络中信息的发送、接收和转发
   D. 资源子网提供计算机网络的通信功能，由通信链路组成
8. bsp 是(　　)的单位。
   A. 数据传输速率　B. 信道宽度　C. 信号能量　D. 噪声能量
9. 广域网的英文缩写是(　　)。
   A. WAN　B. MAN　C. JAN　D. LAN
10. 网桥是一种工作在(　　)层的存储转发设备。
    A. 数据链路　B. 网络　C. 应用　D. 传输
11. 在 OSI 参考模型中，(　　)的任务是选择合适的路由。
    A. 传输层　B. 物理层　C. 网络层　D. 会话层
12. 连接计算机到集线器的超五类双绞线最大长度为(　　)。
    A. 10 米　B. 100 米　C. 500 米　D. 1000 米
13. 利用双绞线联网的网卡采用的接口是(　　)。
    A. ST　B. SC　C. BNC　D. RJ-45
14. 下列各项中，(　　)不是典型的网络拓扑结构。
    A. 树型　B. 星型　C. 发散型　D. 总线型
15. 使用同样网络操作系统的两个局域网连接时，为使连接的网络从网络层到应用等都能一致，连接时必须使用(　　)。
    A. 网桥　B. 打印服务器　C. 文件共享器　D. 网络适配器

16. 以下网络设备中，能够对传输的数据包进行路径选择的是(   )。

A. 网卡 B. 网关 C. 中继器 D. 路由器

17. 以下网络类型中，(   )是按拓扑结构划分的网络分类。

A. 混合型网络 B. 公用网 C. 城域网 D. 无线网

18. 计算机网络中所谓的“资源”是指硬件、软件和(   )资源。

A. 通信 B. 系统 C. 数据 D. 资金

19. 在计算机网络中负责各节点之间通信任务的部分称为(   )。

A. 工作站 B. 资源子网 C. 文件服务器 D. 通信子网

20. 在计算机网络中负责数据处理任务的部分称为(   )。

A. 通信子网 B. 资源子网 C. 交换网 D. 用户网

21. 在 20 世纪 60 年代，(   )的研究成果对促进网络技术的发展起到了重要作用，也为 Internet 的形成奠定了基础。

A. ISDN B. Novell C. ARPANET D. PSDN

22. 下列(   )网络不属于广域网。

A. 公用分组网 B. 公用数字数据交换网

C. 电话交换网 D. 总线网

23. 学校实验室机房内实现多台计算机联网，按其实际情况可选择(   )。

A. WAN B. LAN C. MAN D. DDN

24. 下列各项中，(   )英文缩写用来表示统一资源定位器。

A. FTP B. HTRP C. IE D. URL

25. 以文件服务器为中央节点，各工作站作为外围节点都单独连接到中央节点上，这种网络拓扑结构属于(   )。

A. 星型 B. 总线型 C. 环型 D. 树型

26. 将文件从 FTP 服务器传输到客户机的过程称为(   )。

A. 浏览 B. 电子商务 C. 上载 D. 下载

27. Internet 采用的协议是(   )。

A. SMTP B. FIP C. HTTP D. TCP/IP

28. 下列关于 IE“主页”的叙述中正确的是(   )。

A. 主页是微软公司的网站

B. 主页是 IE 浏览器出厂时设定的网页

C. 主页是指只有在单击“主页”按钮时才打开的网页

D. 主页是指 IE 浏览器启动时默认打开的网页

29. 常根据网络范围和计算机之间互联的距离将计算机网络划分为 3 类，它们是(   )。

A. 逻辑网、物理网、总线网 B. 广域网、局域网、校园网

C. 星型网、总线网、环型网 D. 局域网、城域网、广域网

30. 在计算机网络系统中，WAN 指的是(   )。

A. 城域网 B. 局域网 C. 广域网 D. 专用网

31. 在计算机网络中，表示数据传输可靠性的指标是(   )。

A. 传输率 B. 误码率 C. 信息容量 D. 带宽

32. 资源子网由(   )组成。

A. 主机、终端控制器、终端 B. 计算机系统、通信链路、网络节点

C. 主机、通信链路、网络节点　　D. 计算机系统、终端控制器、终端

33. DNS 指的是(　)。

A. 文件传输协议　　B. 域名服务器

C. 用户数据报协议　　D. 简单邮件传输协议

34. 在计算机网络中，通常把提供并管理共享资源的计算机称为(　)。

A. 服务器　　B. 工作站　　C. 网关　　D. 网桥

35. 在局域网互联中，数据链路层实现网络互联的设备是(　)。

A. 网关　　B. 路由器　　C. 网桥　　D. 放大器

36. 下列选项中，不属于 Internet(因特网)提供的服务的是(　)。

A. 电子邮件　　B. 文件传输　　C. 远程登录　　D. 实时监测控制

37. 下列关于 Internet 的说法中不正确的是(　)。

A. Internet 是目前世界上覆盖面最广、最成功的国际计算机网络

B. Internet 的中文名称是“因特网”

C. Internet 是单一的物理网络

D. Internet 在中国曾经有个多个不同的名字

38. 收到一封邮件，再把它寄给别人，一般可以用(　)实现。

A. 回复作者　　B. 转发　　C. 编辑　　D. 发送

39. 在局域网组网中，选择网卡的主要依据是组网的拓扑结构、(　)、网段的最大长度和节点之间的距离。

A. 接入网络的计算机类型　　B. 互联网络的规模

C. 网络的操作系统类型　　D. 使用的传输介质的类型

40. 在发送电子邮件过程中出现错误时，则(　)。

A. 将自动把有误的邮件删除　　B. 邮件将丢失

C. 会将原邮件退回，并给出不能寄达的原因

D. 会将原邮件退回，但不给出不能寄达的原因

41. CERNET 是(　)的简称。

A. 中国科技网　　B. 中国公用计算机互联网

C. 中国教育和科研计算机网　　D. 中国公众多媒体通信网

42. 互联网的含义是(　)互联。

A. 计算机与计算机　　B. 计算机与计算机网络

C. 计算机网络与计算机网络　　D. 国内计算机与国际计算机

43. 当总线网的网段已超过最大距离时，可使用(　)来延伸。

A. 网桥　　B. 网关　　C. 路由器　　D. 中继器

44. FTP 代表的是(　)。

A. 电子邮件　　B. 远程登录　　C. 网络会议　　D. 文件传输

45. 目前家庭中的计算机采用拨号方式连入 Internet，硬件上除需要电话线外还需要(　)。

A. Internet Explorer　　B. MODEM

C. 路由器　　D. 交换机

46. 局域网的网络软件主要包括(　)、网络数据库管理和网络应用软件。

A. 服务器操作系统　　B. 网络操作系统

C. 网络传输协议　　D. 工作站软件

47. 万维网 WWW 以(　　)方式提供世界范围的多媒体信息服务。
A. 文本　B. 信息　C. 超文本　D. 声音

48. 在 Internet 主机域名结构中，代表政府组织机构的子域名是(　　)。
A. com　B. gov　C. org　D. edu

49. Internet 域名中的类型“.com”代表的单位性质一般是(　　)。
A. 通信机构　B. 网络机构　C. 组织机构　D. 商业机构

50. ISP 是指(　　)。
A. Internet 服务提供商　B. 一种协议
C. 一种网络　D. 网络应用软件

51. 下列说法中错误的是(　　)。
A. 电子邮件是 Internet 提供的一项最基本的服务
B. 电子邮件具有快速、高效、方便、价廉等特点
C. 通过电子邮件，可向世界上任何一个角落的网上用户发送信息
D. 可发送的多媒体信息只有文字和图像

52. IPV6 是一种(　　)。
A. IP 协议　B. 浏览器　C. 图像处理软件　D. 文字处理软件

53. 关于 Internet 的概念叙述中错误的是(　　)。
A. Internet 即国际互联网　B. Internet 具有网络资源共享的特点
C. 在中国称为因特网　D. Internet 是局域网的一种

54. 用来浏览 Internet 网上 WWW 页面的软件称为(　　)。
A. 服务器　B. 转换器　C. 浏览器　D. 编辑器

55. OSI 参考模型中的第二层是(　　)。
A. 网络层　B. 数据链路层　C. 传输层　D. 物理层

56. 在 Internet 中，IP 地址的长度占(　　)位。
A. 10　B. 16　C. 8　D. 32

57. 目前，局域网的传输介质主要是同轴电缆、双绞线和(　　)。
A. 通信卫星　B. 公共数据网　C. 电话线　D. 光纤

58. 下列电子邮件地址中正确的是(　　)。
A. 263.net@DXG　B. DXG@263.net
C. DXG.263.net　D. 263.net.DXG

59. 网关用来连接(　　)。
A. 两个使用相同操作系统的网络　B. 远程网络
C. 两个不同类型的网络　D. PC-Internet

60. IP 地址由两部分组成，一部分是(　　)地址，另一部分是主机地址。
A. 网络　B. 服务器　C. 机构名称　D. 路由器

61. 计算机通信的质量有两个重要的指标，一是数据传输率，二是(　　)。
A. 编码率　B. 误码率　C. 波特率　D. 传输率

62. 下列主机域名中，书写格式正确的是(　　)。
A. Mail,tjnu,edu,cn　B. Mail，tjnu，edu，cn
C. Mail tjnu edu en　D. Mail.tjnu.edu.cn

63. 一个特定的 Web 站点的顶层页面通常称为(　　)。

A. 顶页　　B. 主页　　C. 目录单　　D. 菜单

64. HTML 是指(　　)。

A. C++的扩展　　B. 超文本标记语言

C. Java 语言的一部分　　D. 网络传输的一种协议

65. 目前局域网上的数据传输速率一般在(　　)范围。

A. 9600bps～56Kbps　　B. 64Kbps～128Kbps

C. 10Mbps～100Mbps　　D. 100Mbps～10000Mbps

66. 在实验室中使用单一集线器与 10 台计算机互联，按照拓扑结构划分，一般应采用(　　)。

A. 总线拓扑　　B. 环型拓扑　　C. 星型拓扑　　D. 树型拓扑

67. 通常一台计算机要接入互联网，应安装的设备是(　　)。

A. 网络操作系统　　B. 调制解调器或网卡

C. 网络查询工具　　D. 浏览器

68. 家庭办公时，作为工作人员与其办公室间的计算机通信形式，是一种(　　)的在线服务的应用系统。

A. 电子教育　　B. 远程交换　　C. 电子布告系统　　D. 办公自动化

69. Internet 是一个覆盖全球的大型互联网络，它用于连接多个远程网和局域网的互联设备主要是(　　)。

A. 网桥　　B. 防火墙　　C. 主机　　D. 路由器

70. Internet 中的 IP 地址由 4 个字节组成，每个字节间用(　　)符号隔开。

A. :　　B. ;　　C. …　　D. .

71. 主机域名 netlab.fudan.edu.cn 由多个子域名组成，其中表示主机名的是(　　)。

A. netlab　　B. fudan　　C. edu　　D. cn

72. 一个 IP 地址由网络地址和(　　)两部分组成。

A. 传播地址　　B. 多址地址　　C. 主机地址　　D. 子网地址

73. 主机域名与 IP 地址的关系是(　　)。

A. 一一对应　　B. 域名与 IP 地址没有任何关系

C. 一个域名对应多个 IP 地址　　D. 一个 IP 地址对应多个域名

74. 域名解析服务器 DNS 上存放着 Internet 主机的(　　)。

A. 域名　　B. IP 地址

C. 域名与 IP 地址　　D. 域名与 IP 地址的对照表

75. 下面关于 Internet 的接入方式描述中正确的是(　　)。

A. 只有通过局域网才能接入 Internet

B. 只有通过拨号电话线才能接入 Internet

C. 可以有多种接入 Internet 的方式

D. 不同的接入方式可以享有不同的 Internet 服务

76. 从 www.ustc.edu.en 可以看出它是中国的一个(　　)站点。

A. 政府部门　　B. 军事部门　　C. 商业组织　　D. 教育部门

77. 如果想成为 Internet 用户，必须找一家提供 Internet 服务的公司，它的英文缩写是(　　)。

A. ISP　　B. Web　　C. IP　　D. SP

78. 一个用户想使用电子邮件功能，应当(　　)。
　A. 向附近的一个邮局申请，办理建立一个自己专用的信箱
　B. 把自己的计算机通过网络与附近的一个邮局连起来
　C. 通过电话得到一个电子邮局的服务支持
　D. 使自己的计算机通过网络得到网上一个 E-mail 服务器的服务支持
79. 衡量网络上数据传输速率的单位是每秒传送多少个二进制位，记为(　　)。
　A. bps　　B. OSI　　C. MODEM　　D. TCP/IP
80. 统一资源定符由四部分组成，它的一般格式是(　　)。
　A. 协议://主机名/路径/文件名　　B. 协议.主机名.路径.文件名
　C. 协议://超级链接.应用软件.信息　　D. 协议.超链接.应用软件。信息

二、判断题

1. 在数字通信中，发送端和接收端必须以某种方式保持同步。(　　)
2. LAN 和 MAN 的主要区别是通信距离和传输速率不同。(　　)
3. 度量传输速率的单位是比特，有时也可称作调制率。(　　)
4. TCP/IP 是一个工业标准而非国际标准。(　　)
5. 星型结构的网络采用的是广播式的传播方式。(　　)
6. TCP/IP 协议实际上是一组协议，是一个完整的体系结构。(　　)
7. Windows 7 中的“网络”主要用来进行网络管理，通过它可以访问局域网中的共享资源。(　　)
8. 只有安装了“Microsoft 网络客户端”组件，计算机才能够访问局域网资源。(　　)
9. 利用 Ping 127.0.0.1 命令可以检查 TCP/IP 协议的安装情况。(　　)
10. 在 Windows 7 中，某一个文件夹不能同时被多台计算机共享访问。(　　)
11. 用户在访问网络时，使用 IP 地址与域名地址的效果是一样的。(　　)
12. 要在电子邮件中传送一个文件，可以借助电子邮件中的附件功能。(　　)
13. 同一个 IP 地址可以有若干个不同的域名，但每个域名只能有一个 IP 地址与之对应。(　　)
14. Internet 采用的通信协议是 TCP/IP 协议。(　　)
15. 计算机网络与通信网络的区别是，前者主要用于资源共享和分布式计算，后者主要用于通信和信息传输。(　　)
16. 当个人计算机以拨号方式接入因特网时，必须使用电话机设备。(　　)
17. FTP 是客户机/服务器系统。(　　)
18. 能使用 Internet 的所有计算机都有一个独一无二的 IP 地址。(　　)
19. 子网掩码是用来判断任意两台计算机的 IP 地址是否属于同一子网的依据。(　　)
20. 电子邮件的附件可以是各种文件类型，也可以是任意大小的文件。(　　)

三、填空题

1. 计算机网络的主要功能有__________、__________、__________、__________。
2. 从物理连接上讲，计算机网路由__________、__________、__________组成。
3. 从逻辑功能上看，计算机网络可以分成__________、__________两个子网。
4. OSI 协议模型有 7 个层次，从下向上分别是________、________、________、________、________、________、________。

5. TCP/IP 协议模型有 4 个层次，从下向上分别是__________、____________、__________、__________。

6. 我国接入 Internet 起步较早、规模较大的四大计算机互联网络是：__________、__________、__________、______________。

7. 每个 IP 地址都是由__________和____________两部分组成的。

8. 按照计算机网络的覆盖范围分类，计算机网络可以分为_________、__________、__________。

9. 在数据的发送端把数字信号叠加到一个正弦波上称为__________，在数据的接收端，把数字信号从正弦波上取下来称为___________，承载数字信号的正弦波称为___________。

10. 传输介质是网络中传送数据的通道，传输介质分为__________和__________两大类。

四、操作题

1. 安装和配置 TCP/IP 协议。如果本机已经安装 TCP/IP 协议，先将其删除后重新安装，并将本机的 IP 地址设为 192.168.11.123，子网掩码为 255.255.255.0，默认网关为 192.168.11.1，首选 DNS 服务器地址为 202.102.128.68。

2. 将 D 盘某个文件夹设置为共享，并将共享权限设置为只读共享。

3. 浏览网页 www.google.com，并将其添加到浏览器的收藏夹中。查找历年有关计算机等级考试的试题资料，并将其保存到本地计算机硬盘中，然后进行脱机浏览。

4. 申请个人电子邮件信箱，使用 Outlook Express 发送和回复电子邮件。要求如下：

① 为邮件添加一个附件。

② 为邮件应用一个信纸格式，如 Outlook Express 提供的树叶格式。

③ 在邮件中插入背景音乐，并设置为连续播放。

④ 将专业 MP3 搜索引擎地址(http://music.cn.yahoo.com/)以超链接的形式插入到邮件中。

第6章 文字处理

上机实习 6.1 文档的编辑

实习目的

1. 熟练掌握 Word 2010 的文本输入和特殊符号的输入。
2. 熟练掌握 Word 2010 文本的编辑和文档的保存。

实习内容及步骤

一、选择中文输入法、输入文本、保存文档

【例 6.1】 输入指定的内容，以 A1.docx 为文件名保存文档。

① 启动 Word 2010，单击 Windows 任务栏右端的输入法按钮，在弹出的“输入法列表”中，选择要使用的输入法。输入下述内容。

> 什么是声音卡
> 笼统地说，声音卡就是负责录音、播音和声音合成的计算机硬件插卡。它采用大规模集成电路，将音频技术范围的各类电路做成声音卡集成芯片，声音卡可以直接插入到计算机主板的插槽中。
> 和 CD-ROM 一样，声音卡是普通计算机向多媒体计算机升级必不可少的组成部分，其作用甚至比 CD-ROM 驱动器更为直接，可以说，它是多媒体计算机硬件的首选芯片，是进行多媒体演示所必需的计算机组件，它使得计算机具有了较高品质的音频处理能力。

② 打开“文件”选项卡，单击“保存”命令，或者单击快速访问工具栏中的“保存”按钮，或按 Ctrl + S 快捷键，打开“另存为”对话框。

③ 在对话框的导航窗格中选择保存文档的驱动器与文件夹。

④ 在“文件名”文本框中，输入文件名“A1.docx”。单击 保存(S) 按钮。

【例 6.2】输入 A2.docx 文档内容，保存文档。

A2.docx 文档的内容如下：

声音卡上包含的电子线路可以让 CPU 免去处理声音的负担，在多数情况下，它可以和 CPU 并行工作。

声音卡基本功能部件

模数转换器	把模拟声波信号转换成数字声音信号
数模转换器	把数字声音信号转换成模拟声波信号
立体声输入	对音频信号采样
立体声输出	播放音频信号
MIDI 接口	将电子音乐设备连接到计算机上
CD-ROM 接口	接 CD-ROM 驱动器
合成器	合成音乐
数字信号处理器	处理声音信号的合成

【说明】最后 8 行的内容分成两列，为了让第 2 列的内容对齐显示，在输入其中的第 1 行内容前，先单击水平标尺 10 厘米处，在该处设置左对齐制表符 ∟。在输入其中第 1 行的“模数转换器”几个字后，按 Tab 键即可向右移动插入点光标，使之和制表符 ∟ 垂直对齐，再输入“把模拟声波信号转换成数字声音信号”这几个字。然后按 Enter 键，仿照输入第 1 行内容的方法，输入其余的各行。

二、输入符号

1. 用键盘输入常见的中文标点符号

切换到中文输入状态后，可以用键盘直接输入常见的中文标点符号。如，> . 键对应句号“。”，< , 键对应逗号“，”，| \ 键对应顿号“、”，Shift + < , 键对应书名号“《”等。对于不同的输入法，中文标点符号所对应的键可能也不同。

2. 使用软键盘输入符号

右击中文输入法状态条上的“软键盘”按钮 ，将弹出“软键盘”菜单，该菜单中显示了十几种软键盘，选择其中的某一种，相应的软键盘图形即显示于屏幕右下方。

当某一种软键盘被激活后，按键盘或单击软键盘上的键，将输入软键盘上对应的符号。

3. 使用“插入”选项卡输入符号

在文档编辑过程中，有时需要输入各种各样的图形符号、数学符号、版权符、注册符号等，这就需要执行“插入”选项卡中的命令。

执行“插入”→“符号”→“其他符号”命令，打开“符号”对话框，在对话框中双击某个符号，即可输入该符号。

三、编辑文本

1. 对文本进行增、删、改

状态栏上出现 插入 按钮时，表示当前处于插入状态，在这种状态下输入的字符“挤”

在插入点光标之前，状态栏上出现 改写 按钮时，表示当前处于改写状态，在这种状态下输入的字符“盖”在原字符之上。按 Insert 键或单击 插入 / 改写 ，可以实现这两种状态的转换。按 Delete 键删除插入点光标右侧字符；按 Back Space 键删除插入点光标左侧字符。

2. 移动与复制文本

① 选定要移动或复制的文本。

② 如果要在文档中短距离移动或复制文本，可以采用直接拖放法。若要移动文本，则将鼠标指针指向选定的文本，待鼠标指针呈 状时，按住鼠标左键拖动，鼠标指针变成 状，插入点光标变成虚线竖杠，将虚线移到目标位置后，释放鼠标左键，所选定的文本即移到目标位置。若要复制文本，则应先按住 Ctrl 键，再按住鼠标左键拖动，鼠标指针变成 状，用鼠标把文本拖动到目标位置，先松开鼠标左键后再松开 Ctrl 键，即可完成复制文本的操作。

③ 如果要跨屏幕、跨文档移动或复制文本，则应先将所要移动或复制的文本复制到剪贴板中，然后用“粘贴”命令将文本插到目标处。

【例 6.3】用复制和粘贴的方法，将 A2.docx 文档内容插在 A1.docx 文档内容之后。

① 先后打开 A1.docx 文档和 A2.docx 文档。

② 单击“视图”选项卡“窗口”组中的“切换窗口”按钮，打开下拉列表，单击其中的“A2.docx”进入 A2.docx 文档窗口，按 Ctrl + A 组合键，选定 A2.docx 文档的全部内容。

③ 单击“开始”选项卡“剪贴板”组中的“复制”按钮 ，或者按 Ctrl + C 组合键，将选定的内容复制到剪贴板上。

④ 选择 A1.docx 为当前文档，将插入点光标移到文档末行的下一行。

⑤ 按 Ctrl + V 组合键，A2.docx 文档内容即插在 A1.docx 文档原内容之后。

⑥ 以 A3.docx 为文件名，另行保存编辑结果。

3. 查找和替换

【例 6.4】把 A3.docx 文档中所有的“声音卡”改为“声卡”。

① 打开 A3.docx 文档。

② 单击“开始”选项卡“编辑”组中的“替换”按钮，或按 Ctrl + H 快捷键，打开“查找和替换”对话框，参见图 6.1 的上半部。

③ 在“查找内容”框中输入要查找的内容“声音卡”。按 Tab 键或单击“替换为”文本框，输入要替换成的内容“声卡”。

④ 单击 全部替换(A) 按钮。然后以 A4.docx 为文件名，保存编辑结果。

【说明】如果只想对文档中某一部分内容进行替换操作，可以先选定这部分内容，然后再执行②、③、④操作，操作结束后，会弹出一个提示框，询问是否搜索文档其余部分，此时只要单击 否(N) 按钮即可。

【例 6.5】把 A4.docx 文档中所有的“声卡”两个字的字体格式替换为黑体、红色。

① 打开 A4.docx 文档，选定“声卡”这两个字，按 Ctrl+C 键，将其复制到“剪贴板”上。

② 打开“查找和替换”对话框，用粘贴的方法，在“查找内容”文本框和“替换为”文本框中输入“声卡”两个字。

③ 单击 更多(M) >> 按钮，对话框形式发生改变，如图 6.1 所示。将插入点光标移到“替

换为”文本框内，单击 格式(O)▾ 按钮，在弹出的“格式”列表中选择“字体”选项，打开“替换字体”对话框。

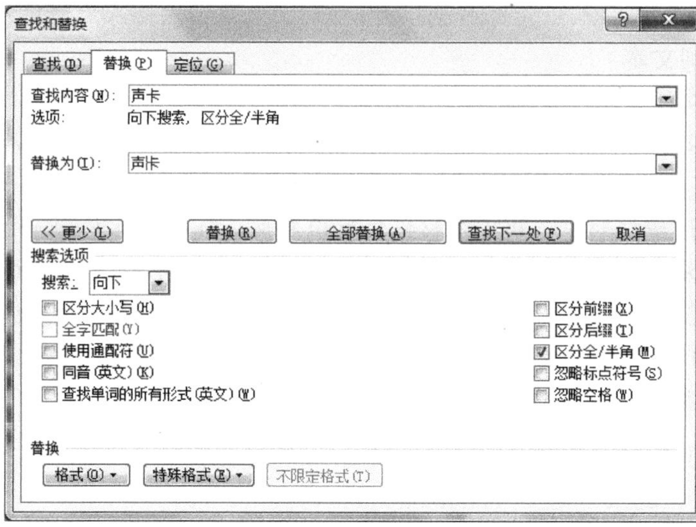

图 6.1 “查找和替换”对话框的“更多”形式

④ 在“中文字体”下拉列表框中，选择“黑体”选项，在“字体颜色”下拉列表框中选择“红色”色块，然后单击 确定 按钮，关闭“替换字体”对话框，返回“查找和替换”对话框，此时在“替换为”文本框下显示要替换字体的设定格式：“字体：(中文)黑体，字体颜色：红色”。单击 全部替换(A) 按钮。

⑤ 退出 Word，不保存操作结果。

4. 撤消与恢复操作

单击快速访问工具栏中的“撤消”按钮或按 Ctrl+Z 键，可以撤消刚进行的操作。如果要撤消此前的多次操作，可单击“撤消”按钮旁边的向下箭头打开下拉列表，单击列表中某次操作描述，该次操作后进行的所有操作均被撤消。如果要恢复被撤消的操作，则单击快速访问工具栏中的“恢复”按钮。

上机实习 6.2 文档格式化

实习目的

1. 熟练掌握字符格式化和段落格式化的操作。
2. 掌握样式的使用和视图方式的转换。

实习内容及步骤

【例 6.6】 打开 A4.docx 文档，按以下要求进行设置：

① 将标题段(“什么是声卡”)设置为三号红色黑体，加黄色底纹，居中，段后间距 1 行。

② 将正文文字(从“笼统地说”到“它可以和 CPU 并行工作。”)设置成小四号楷体，

每个段落左右各缩进 1.5 字符、悬挂缩进 2 字符，1.1 倍行距。

③ 将“声卡基本功能部件”这几个字设置成四号楷体，居中。

④ 为最后的 8 行文字设置“◆”项目符号。

操作步骤如下。

① 启动 Word，打开 A4.docx 文档。选定标题段。

❖ 单击“开始”选项卡“字体”组右下角的“字体”按钮，打开“字体”对话框，进入“字体”选项卡，在“中文字体”下拉列表框中选择“黑体”选项，在“字号”列表框中选择“三号”选项，单击“字体颜色”框，打开列表，选择红色，单击确定按钮。

❖ 保持标题段选定状态，单击“开始”选项卡“段落”组中“底纹”按钮右端的，打开列表，单击黄色色块；单击“段落”组中的“居中”按钮。

❖ 保持标题段选定状态，单击“段落”组中的“段落”按钮，打开“段落”对话框，在“段后”框中输入 1 行。

② 选定正文文字。

❖ 打开“字体”对话框，在“中文字体”下拉列表框中选择“楷体”选项，在“字号”列表框中选择“小四号”选项，单击确定按钮。

❖ 保持正文文字选定状态，打开“段落”对话框，在“缩进和间距”选项卡的“左侧”框中输入 1.5 字符，在“右侧”框中也输入 1.5 字符；打开“特殊格式”下拉列表，选择“悬挂缩进”选项，在其右侧的“磅值”框中输入 2 字符；打开“行距”下拉列表框，选择“多倍行距”选项，在其右侧的“设置值”框中输入“1.1”，单击确定按钮。

③ 选定“声卡基本功能部件”这几个字。

❖ 单击“字体”组中“字体”框右侧的下箭头，打开下拉列表，选择“楷体”选项；单击“字体”组中“字号”框右侧的下箭头，打开下拉列表，选择“四号”选项。

❖ 选定“声卡基本功能部件”这几个字，单击“段落”组中的“居中”按钮。

④ 选定最后的 8 行文字，单击“开始”选项卡“段落”组中的“项目符号”按钮右端的，打开“项目符号”列表，单击其中的“◆”符号，给这 8 行文字设置项目符号。最后效果如图 6.2 所示，以 A5.docx 为文件名，保存结果。

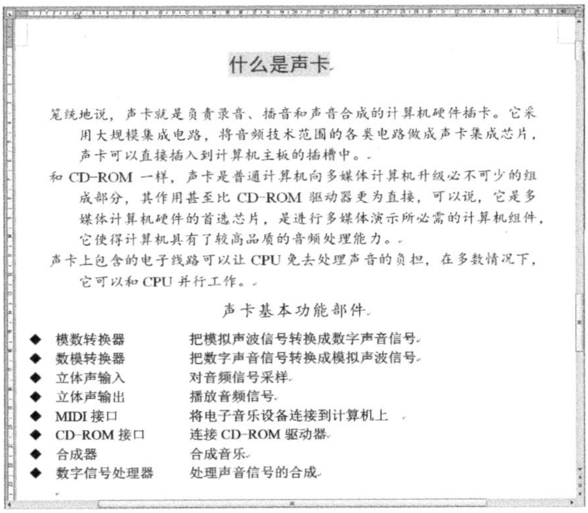

什么是声卡

笼统地说，声卡就是负责录音、播音和声音合成的计算机硬件插卡。它采用大规模集成电路，将音频技术范围的各类电路做成声卡集成芯片，声卡可以直接插入到计算机主板的插槽中。

和 CD-ROM 一样，声卡是普通计算机向多媒体计算机升级必不可少的组成部分，其作用甚至比 CD-ROM 驱动器更为直接，可以说，它是多媒体计算机硬件的首选芯片，是进行多媒体演示所必需的计算机组件，它使得计算机具有了较高品质的音频处理能力。

声卡上包含的电子线路可以让 CPU 免去处理声音的负担，在多数情况下，它可以和 CPU 并行工作。

声卡基本功能部件

- ◆ 模数转换器　把模拟声波信号转换成数字声音信号
- ◆ 数模转换器　把数字声音信号转换成模拟声波信号
- ◆ 立体声输入　对音频信号采样
- ◆ 立体声输出　播放音频信号
- ◆ MIDI 接口　将电子音乐设备连接到计算机上
- ◆ CD-ROM 接口　连接 CD-ROM 驱动器
- ◆ 合成器　合成音乐
- ◆ 数字信号处理器　处理声音信号的合成

图 6.2　最后设置效果

【例 6.7】 把素材文件夹中的 B1.docx 文档的各级标题设置成相应的标题样式，然后用大纲视图查看文档结构。

① 打开 B1.docx 文档，单击“开始”选项卡“样式”组中的“更改样式”按钮，打开下拉列表，单击“样式集”选项，打开“样式集”列表，如图 6.3 所示，选择列表中的“Word 2010”，样式组中显示出其对应的各种样式，如图 6.4 所示。

② 选定全文，单击“样式”组中的“正文”图标，把全文设置成正文格式。

③ 把插入点光标移到章标题“第 3 章　文字处理”中，单击“样式”组中的“标题 1”图标，把章标题设置为标题 1 格式。

④ 把插入点光标移到节标题“3.1　Word 2010 简介”中，单击“样式”组中的“标题 2”图标，把它设为标题 2 格式。按此方法把其余各节的标题也设置成标题 2 格式。

⑤ 把各节下的小节(如“3.1.1　字处理软件发展概述和 Word 的基本功能”)设置成标题 3 格式。

⑥ 单击视图工具栏中的大纲视图按钮，进入大纲视图，功能区中出现“大纲”选项卡，把插入点光标移到章标题中，单击“大纲”选项卡“大纲工具”组中的折叠按钮，将正文折叠起来，窗口中显示该文档的各级标题，如图 6.5 所示。

⑦ 以 B2.docx 为文件名，保存设计结果。

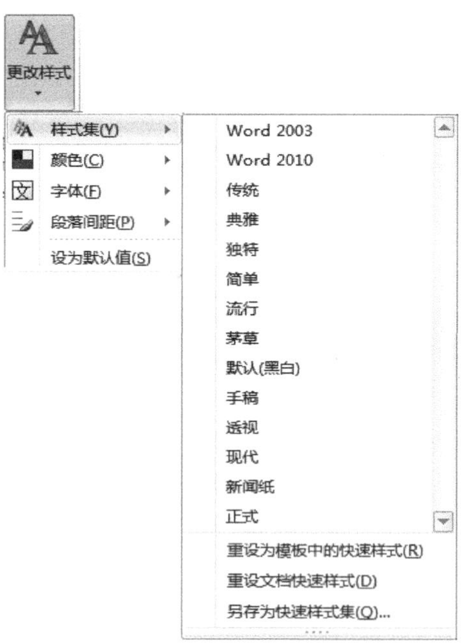

图 6.3 “样式”集列表

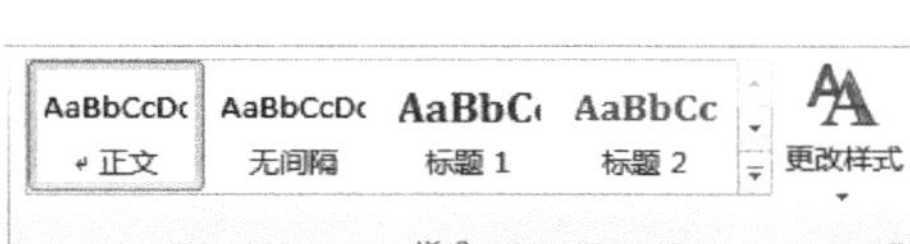

图 6.4 各种样式

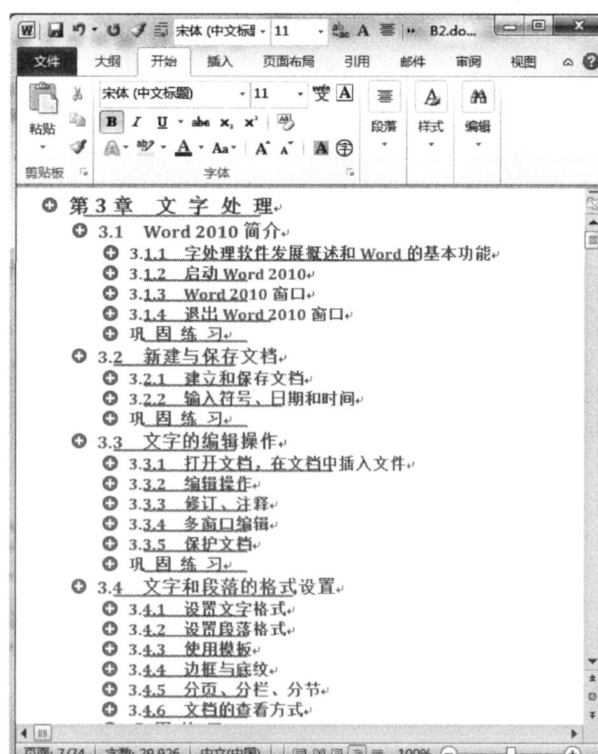

图 6.5 折叠正文内容后的大纲视图

上机实习 6.3 图文混排

实习目的

1. 熟练掌握插入和编辑图片、文本框、艺术字的操作。
2. 掌握设置脚注的操作。
3. 掌握在文档中插入数学公式的操作。

实习内容及步骤

【例 6.8】 按以下叙述操作，练习在文档中插入图片、文本框、艺术字。

① 启动 Word 2010，新建一个文档（页面大小为默认的 A4），单击“页面布局”选项卡“页面设置”组右下角的“页面设置”按钮，打开“页面设置”对话框，进入“页边距”选项卡，把上下左右页边距均设置为 2 厘米。

② 输入“丰子恺书画作品”，把这几个字设置为黑体、二号、居中显示。

③ 按以下叙述在文档中插入图片。

❖ 单击“插入”选项卡“插图”组中的“图片”命令，打开“插入图片”对话框，找到素材文件夹中“丰子恺书画 1.jpg”图片文件，双击文件名，将它插入到文档中。

❖ 在图片上单击右键，执行快捷菜单中的“大小和位置”命令，打开“布局”对话框，进入“大小”选项卡，把图片高度设置为 10.5 厘米。

❖ 把插入点光标移到图片的下一行，再插入“丰子恺书画 2.jpg”和“丰子恺书画 3.jpg”图片，把两幅图片的高度均设置为 10 厘米。结果如图 6.6 所示。

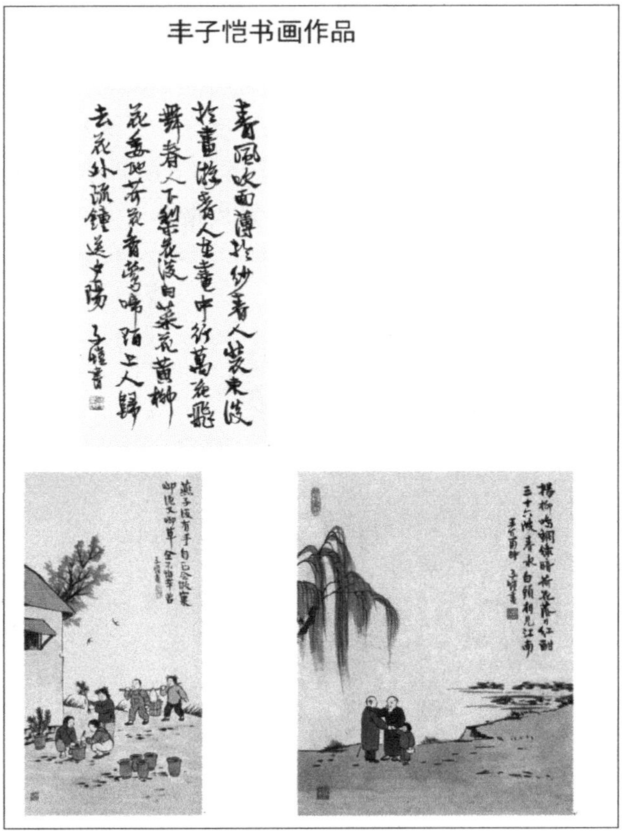

图 6.6 插入图片后的结果

❖ 以 C1.docx 为文件名，保存第 1 阶段设计结果。

④ 按以下叙述，在文档中插入文本框。

❖ 单击“插入”选项卡“文本”组中的“文本框”按钮，打开下拉列表，单击“绘制竖排文本框”选项，拖动鼠标，在图 6.6 上方的图片右面画出一个竖排的文本框。

❖ 在其中输入文字，设置文字为仿宋体、加粗、三号字，如图 6.7 所示。

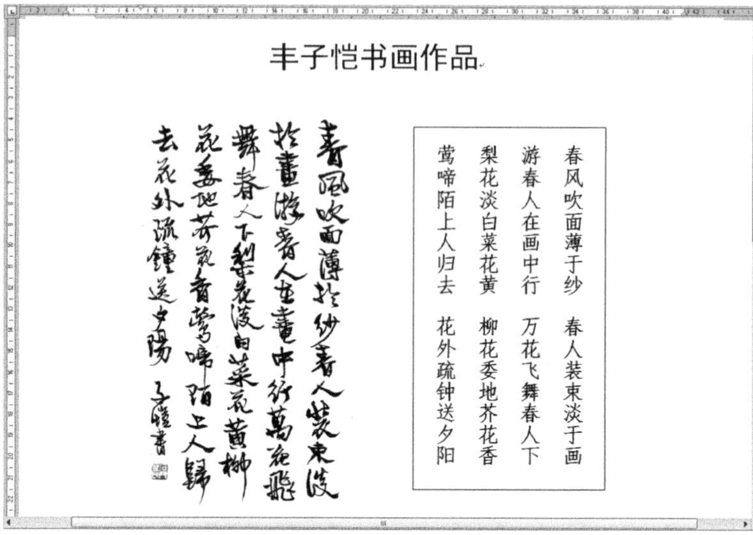

图 6.7　在文档中插入竖排文本框，并输入文字

❖ 执行“插入”选项卡“文本”文本组中的“文本框”按钮，打开下拉列表，单击“绘制文本框”命令，拖动鼠标，在图 6.6 下方的两个图片下面画出两个文本框。在两个文本框中分别输入文字，将文字设置成楷体、小四号，如图 6.8 所示。

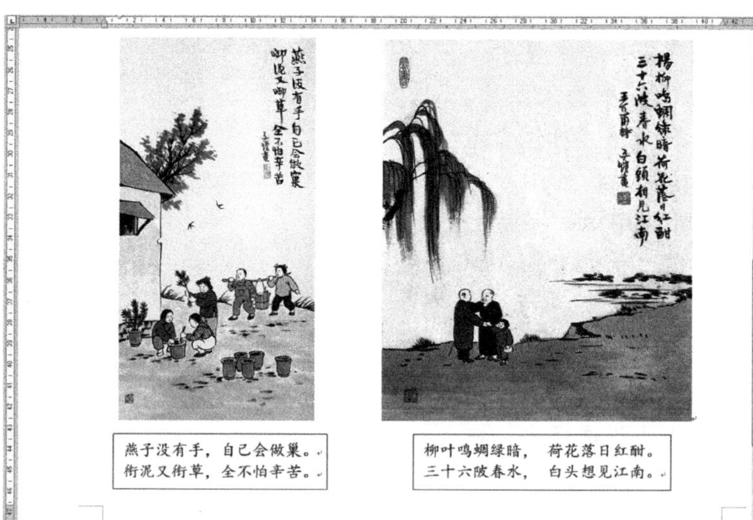

图 6.8　在文档中插入两个文本框，并输入文字

❖ 在图 6.8 左面的文本框上单击右键，执行快捷菜单中的“设置形状格式”命令，打开“设置形状格式”对话框，进入“线条颜色”选项卡，单击选中“无线条”单选按钮，使文本框的边框消失。

❖ 进入“填充”选项卡，单击选中“渐变填充”单选按钮，单击选中“渐变光圈”右面的滑块后单击按钮右面箭头，打开“颜色”列表，在列表中选择“浅绿”色块，再选中渐变光圈左面的滑块，打开“颜色”列表，选中“白色”色块，单击确定按钮，为文本框设置由白色到浅绿色的渐变填充色。

❖ 用类似的方法，设置图 6.8 右面的文本框，把填充颜色设置为从粉色到浅蓝的渐变色，如图 6.9 所示，最后效果如图 6.10 所示。以 C2.docx 为文件名，保存操作结果。

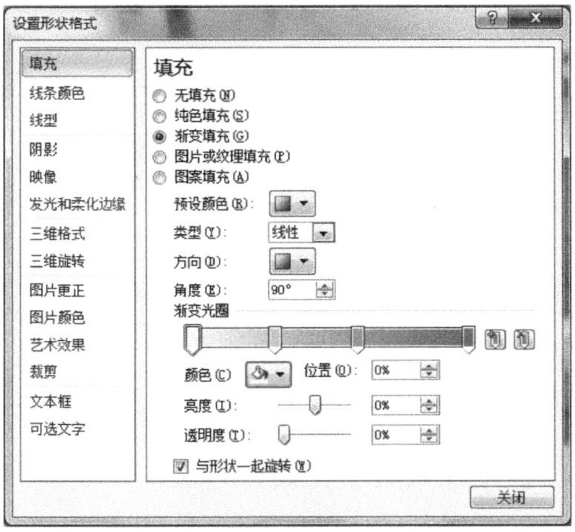

图 6.9 为文本框设置填充颜色

图 6.10 设置文本框后的效果

⑤ 按以下叙述，在文档中插入艺术字。

❖ 删除原来的标题“丰子恺书画作品”。

❖ 单击“插入”选项卡“文本”组中的“艺术字”按钮，打开艺术字样式列表，选择一种样式，文档中出现“请在此放置您的文字”框，在框中输入“丰子恺书画作品”。

❖ 选定新输入的艺术字，使用“开始”选项卡的字体框，将艺术字字体设置为“魏碑”体。

⑥ 以 C3.docx 为文件名，保存设计结果。

【例 6.9】 按以下叙述操作，练习在文档中插入脚注。

① 启动 Word 2010，打开 C3.docx 文档。

② 将插入点光标置于要插入脚注的艺术字后的回车键符号前。

③ 单击“引用”选项卡“脚注”组中的“插入脚注”按钮，在艺术字后面出现脚注标记 1，本页文档底部同时出现标记“1”，插入点光标移到它的后面，输入“丰子恺(1898～1975)，原名丰润，又名丰仁，浙江桐乡石门镇人。中国现代画家，散文家，美术教育家和音乐教育家、翻译家，是一位多方面卓有成就的文艺大师。”

【说明】若要删除脚注，只要删除文档中的脚注标记即可。

④ 以 C4.docx 为文件名，保存操作结果。

下面介绍怎样在 Word 文档中插入数学公式，使用 Word 2010 的“插入”选项卡“符号”组中的“公式”按钮，可以在文档中插入公式，但是这种插入公式的方式使用起来不太方便。为了更好地在文档中插入公式，可以使用 Math Type 软件(由教师提供或安装 Math Type 软件)，然后单击“插入”选项卡“对象”组中的“对象”按钮，打开“对象”对话框，在“对象类型”列表框中选中“Microsoft 公式 3.0”选项，单击 确定 按钮，即可打开图 6.11 所示的 Myth Type 程序窗口，此时就可以输入数学公式了。

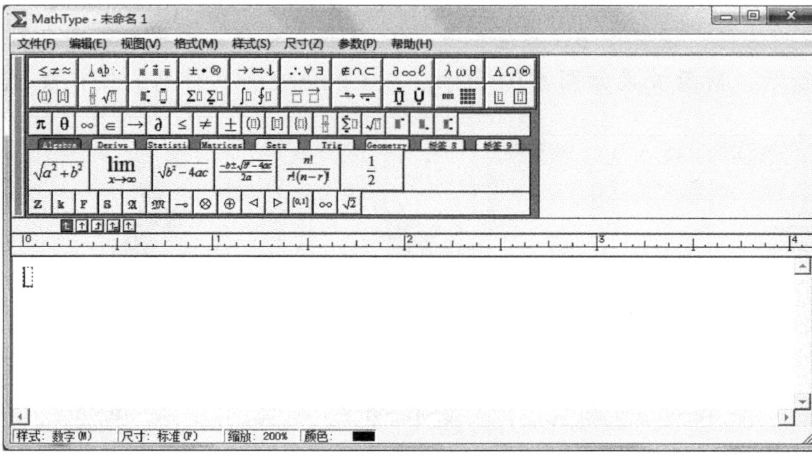

图 6.11　Math Type 程序窗口

【例 6.10】建立一个新文档，按以下叙述，在文档中输入数学公式。

① 启动 Word 2010，建立一个新文档，按上面说的方法打开 Myth Type 程序窗口。

② 在窗口的⬚(称之为插槽)中输入“x=”，再单击常用公式栏中的$\frac{-b\pm\sqrt{b^2-4ac}}{2a}$，即可在窗口中输入一元二次方程求根公式，如图 6.12 所示。

③ 单击 Myth Type 窗口的关闭按钮，弹出图 6.13 所示的提示框，单击[是(Y)]按钮，即可将新输入的公式保存到文档中。

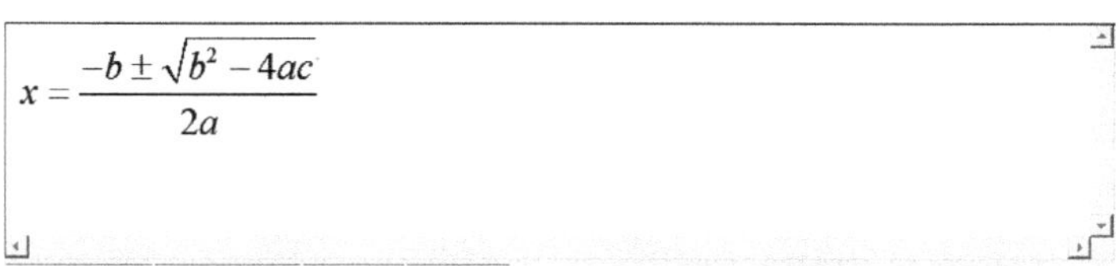

图 6.12　在 Myth Type 窗口中输入公式

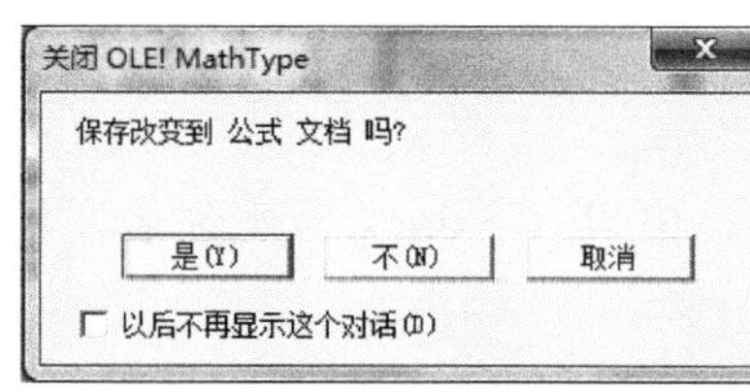

图 6.13　提示框

④ 再次打开 Myth Type 窗口，在插槽中输入“$F(x)$=”，单击积分工具按钮[∫⬚ ∮⬚]，打开列表，如图 6.14 所示。单击第 1 行第 3 个按钮，窗口中显示数学式$F(x)=\int_{⬚}^{⬚}⬚$，在积分运算符后面出现三个插槽，分别用来输入定积分的上下限和被积函数式，在插槽中分别输入相应内容，如图 6.15 的左图所示。选定字母“d”，执行“样式”→“文字”菜单命令，将其设置为正体，结果如图 6.15 的右图所示。

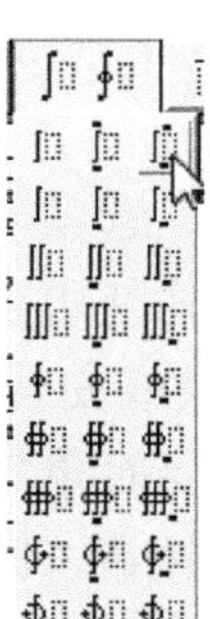

图 6.14　积分选项列表

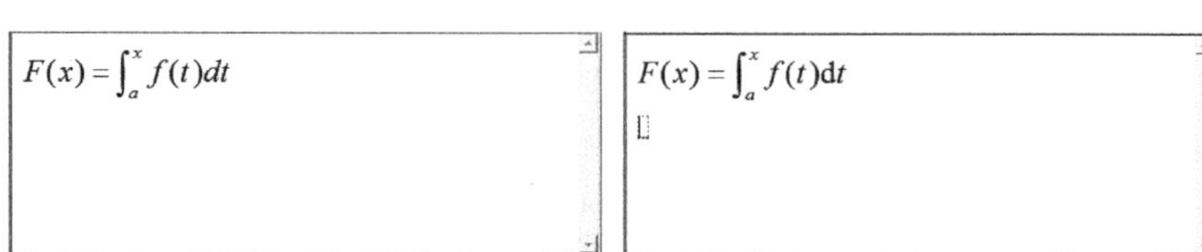

图 6.15　输入积分公式

⑤ 按③中的叙述进行操作，把积分公式输入到文档中。

⑥ 以 C5.docx 为文件名，保存操作结果。

此后打开 C5.docx 文档，双击其中某个公式，将重新打开 Myth Type 窗口，被双击的公式会显示在 Myth Type 窗口中，这时可以对它进行编辑，编辑结束关闭窗口时，按提示操作，可以保存编辑结果。输入的公式也是一种 Word 对象，在其上单击右键，执行快捷菜单中的“设置对象格式”，可以设置它和文字的环绕方式、大小等。

上机实习 6.4　表格操作

实习目的

1. 掌握创建表格的几种方法。
2. 掌握表格插入、删除行列、合并单元格、移动行列等操作方法。
3. 掌握对表格中的数值型数据进行计算的方法。
4. 掌握将表格转换为文字和将文字转换为表格的操作。

实习内容及步骤

创建表格常用的方法有两种，一种是单击“插入”选项卡“表格”按钮，在打开的“插入表格”框中拖动鼠标，确定表格的行数和列数后单击；另一种是单击“插入”选项卡“表格”按钮，打开下拉列表，单击其中的“插入表格”命令，打开“插入表格”对话框，在对话框中输入列数和行数后单击 确定 按钮，下面叙述的例 6.11 选用后一种方法。

【例 6.11】 创建下表所示的课程表，以 D1.docx 为文件名保存结果。

课 程 表

星期 / 课时		星期一	星期二	星期三	星期四	星期五
上午	第 1 节					
	第 2 节					
	第 3 节					
	第 4 节					
下午	第 5 节					
	第 6 节					

① 新建一个文档，输入“课程表”三个字，将其设置为黑体，按 Enter 键。

② 打开“插入表格”对话框，在“列数”框中输入 6，在“行数”框中输入 7，单击 确定 按钮，即在“课程表”三个字的下一行插入点处创建一个 6 列 7 行的表格。

③ 设置行高：将鼠标指针移到表格第一行左侧的文本选定区，当鼠标指针变成↗形状

时单击，选定表格第 1 行，然后右击，执行快捷菜单中的“表格属性”命令，打开“表格属性”对话框，进入“行”选项卡。选中“指定高度”复选框，在其右侧框中输入“1.1 厘米”，在“行高值是”下拉列表框中选择“固定值”选项。

设置好第 1 行高度后，单击[▼ 下一行(N)]按钮，在对话框的“尺寸”文字上面显示“第 2 行:”，用同样的方法，将第 2 行的行高设置成 0.5 厘米；再用同样方法，将其余各行高度均设置为 0.5 厘米。最后单击[确定]按钮，关闭“表格属性”对话框。

④ 设置列宽：将鼠标指针移到表格第 1 列上方，当鼠标指针变成⬇形状时，单击选定表格第 1 列，然后右击，执行快捷菜单中的“表格属性”命令，打开“表格属性”对话框，进入“列”选项卡。选中“指定宽度”复选框，在其右侧框中输入“2.3 厘米”，在“度量单位”下拉列表框中选择“厘米”。

用类似设置行高的方法，将第 2 列到第 6 列的宽度都设置为 1.4 厘米。最后单击[确定]按钮。

⑤ 绘制表格框线：将插入点光标移到表格内，功能区出现“表格工具/设计”选项卡，进入该选项卡，单击“绘图边框”组中的“绘制表格”按钮，鼠标指针变为笔形✎，拖动鼠标，在第 1 列的第 2 至第 7 行画一条竖线，如下表所示。

<table>
<tr><td colspan="2"></td><td></td><td></td><td></td><td></td><td></td></tr>
<tr><td></td><td></td><td></td><td></td><td></td><td></td><td></td></tr>
<tr><td></td><td></td><td></td><td></td><td></td><td></td><td></td></tr>
<tr><td></td><td></td><td></td><td></td><td></td><td></td><td></td></tr>
<tr><td></td><td></td><td></td><td></td><td></td><td></td><td></td></tr>
<tr><td></td><td></td><td></td><td></td><td></td><td></td><td></td></tr>
<tr><td></td><td></td><td></td><td></td><td></td><td></td><td></td></tr>
</table>

⑥ 合并单元格：选定第 1 列中第 2 行到第 5 行的 4 个单元格，在选定单元格上单击右键，执行快捷菜单中的“合并单元格”命令，将选定的 4 个单元格合并为 1 个单元格。用同样的方法将第 1 列中第 6 行到第 7 行的两个单元格合并为 1 个单元格示。

⑦ 在表格左上角的单元格绘制一条对角线，用文本框输入 4 个字，把字号设置为小五号，结果如下表所示。

<table>
<tr><td colspan="2">星期
课时</td><td></td><td></td><td></td><td></td><td></td></tr>
<tr><td rowspan="4"></td><td></td><td></td><td></td><td></td><td></td><td></td></tr>
<tr><td></td><td></td><td></td><td></td><td></td><td></td></tr>
<tr><td></td><td></td><td></td><td></td><td></td><td></td></tr>
<tr><td></td><td></td><td></td><td></td><td></td><td></td></tr>
<tr><td rowspan="2"></td><td></td><td></td><td></td><td></td><td></td><td></td></tr>
<tr><td></td><td></td><td></td><td></td><td></td><td></td></tr>
</table>

⑧ 输入数据：用鼠标单击第 1 行的第 2 个单元格，将插入点移入该单元格，输入“星期一”。

按[Tab]键或[→]键，将插入点移到右边的单元格内，输入“星期二”。用同样的方法在其他单元格内输入数据，所有文字的字号都设为小五号，如下表所示。

<table>
<tr><th colspan="2">星期
课时</th><th>星期一</th><th>星期二</th><th>星期三</th><th>星期四</th><th>星期五</th></tr>
<tr><td rowspan="4">上午</td><td>第 1 节</td><td></td><td></td><td></td><td></td><td></td></tr>
<tr><td>第 2 节</td><td></td><td></td><td></td><td></td><td></td></tr>
<tr><td>第 3 节</td><td></td><td></td><td></td><td></td><td></td></tr>
<tr><td>第 4 节</td><td></td><td></td><td></td><td></td><td></td></tr>
<tr><td rowspan="2">下午</td><td>第 5 节</td><td></td><td></td><td></td><td></td><td></td></tr>
<tr><td>第 6 节</td><td></td><td></td><td></td><td></td><td></td></tr>
</table>

显然，表格第 1 行的第 2 至第 6 列的数据的位置偏左，需要调整对齐方式。

⑨ 设置单元格中数据对齐方式：选定需要对齐数据的第 1 行的第 2 列到第 6 列的单元格，单击右键，将鼠标指针指向快捷菜单中的“单元格对齐方向”选项，弹出列表，列表中提供了 9 种对齐方式，单击其中的按钮。

用同样的方法对其他单元格内的数据设置对齐方式，对齐效果如下表所示。

<table>
<tr><th colspan="2">星期
课时</th><th>星期一</th><th>星期二</th><th>星期三</th><th>星期四</th><th>星期五</th></tr>
<tr><td rowspan="4">上午</td><td>第 1 节</td><td></td><td></td><td></td><td></td><td></td></tr>
<tr><td>第 2 节</td><td></td><td></td><td></td><td></td><td></td></tr>
<tr><td>第 3 节</td><td></td><td></td><td></td><td></td><td></td></tr>
<tr><td>第 4 节</td><td></td><td></td><td></td><td></td><td></td></tr>
<tr><td rowspan="2">下午</td><td>第 5 节</td><td></td><td></td><td></td><td></td><td></td></tr>
<tr><td>第 6 节</td><td></td><td></td><td></td><td></td><td></td></tr>
</table>

⑩ 以 D1.docx 为文件名保存结果。

【例 6.12】绘制如下表所示的表格，表格中的文字采用小五号字。

系别	姓名	数学	英语	程序设计
数学系	李慧芳	81	89	84
化学系	张子良	79	82	80
计算机系	薛平海	93	88	91
物理系	王建华	94	91	90

然后对表格进行编辑，要求如下，最后以 D2.docx 为名保存结果。

① 在第 2 列右侧插入一个“性别”列，并输入内容。

② 在表格底部增加一行，并将前 3 个单元格合并，输入“平均分”。

③ 对调第 2 行(“数学系”行)与第 4 行(“计算机系”行)的位置。

④ 计算各门课程的平均分。

操作过程如下。

① 在第 2 列右侧插入一列：选定第 2 列(选定的列数要和插入的列数相同)；单击右键，执行快捷菜单中的“插入”→“在右侧插入列”命令，即在第 2 列右侧插入一列，输入相应的内容，适当调整列宽，如下表所示。

系别	姓名	性别	数学	英语	程序设计
数学系	李慧芳	女	81	89	84
化学系	张子良	男	79	82	80
计算机系	薛平海	男	93	88	91
物理系	王建华	男	94	91	90

② 在表格底部增加一行：可以使用与插入列相似的方法插入行，本例使用更简单的方法，将插入点光标移到最后一行的段落标记“↵”处，按 Enter 键，即在该行下方插入一个空行。

选定新增加行的前 3 个单元格，单击右键，执行“合并单元格”命令，然后输入“平均分”，如下表所示。

系别	姓名	性别	数学	英语	程序设计
数学系	李慧芳	女	81	89	84
化学系	张子良	男	79	82	80
计算机系	薛平海	男	93	88	91
物理系	王建华	男	94	91	90
平均分					

③ 对调第 2 行和第 4 行：

❖ 选定第 2 行（“数学系”行），按住鼠标左键拖动，鼠标指针变成形状，将鼠标指针拖到第 5 行（“物理系”行）第 1 单元格的“物”字之前，松开鼠标左键，第 2 行即插在第 5 行之上而成为第 4 行，如下表所示。

系别	姓名	性别	数学	英语	程序设计
化学系	张子良	男	79	82	80
计算机系	薛平海	男	93	88	91
数学系	李慧芳	女	81	89	84
物理系	王建华	男	94	91	90
平均分					

❖ 选定第 3 行（“计算机系”行），按住鼠标左键拖动，将鼠标指针拖到第 2 行（“化学系”行）第 1 个单元格的“化”字之前，松开鼠标左键，第 3 行即插在第 2 行之上而成为新的第 2 行，如下表所示。

系别	姓名	性别	数学	英语	程序设计
计算机系	薛平海	男	93	88	91
化学系	张子良	男	79	82	80
数学系	李慧芳	女	81	89	84
物理系	王建华	男	94	91	90
平均分					

④ 计算平均分：

将插入点光标置于“平均分”行第 2 列（“数学”列）空白单元格中。

单击“表格工具/布局”选项卡“数据”组中的“公式”按钮，打开“公式”对话框。在“公式”框中输入“=AVERAGE(ABOVE)”，表示对该单元格上方各单元格中的数值求平均值。在“编号格式”下拉列表框中选择“0.00”。

单击 确定 按钮，即计算出“数学”考试分数的平均值。用同样的方法计算“英语”“程序设计”考试分数的平均值。然后把第一行的内容设置为居中对齐，把包含数字的单元格的内容设置为右对齐，如下表所示。最后以 D2.docx 为文件名保存设计结果。

系别	姓名	性别	数学	英语	程序设计
计算机系	薛平海	男	93	88	91
化学系	张子良	男	79	82	80
数学系	李慧芳	女	81	89	84
物理系	王建华	男	94	91	90
平均分			86.75	87.50	86.25

【例 6.13】把 A5.docx 文档最后的 8 行文字转换为表格。

① 打开 A5.docx 文档.

② 选定最后的 8 行文字，单击“开始”选项卡“段落”组中的“项目符号”按钮右侧的下箭头，打开“项目符号”列表，单击其中的“无”按钮，去掉这 8 行文字的项目符号。

③ 单击“插入”选项卡“表格”组“表格”按钮，打开下拉列表，单击“文本转换成表格”命令，弹出“将文字转换成表格”对话框，在该对话框中可以设置表格的列数和行数，本例接受默认的设置(2 列 8 行)，单击 确定 按钮，即可得到一个 2 列 8 行的表格。

④ 在其上方插入一行，在两个单元格中输入列标题，适当改变列的宽度并对字体进行设置，最后可以得到如下所示的表格。

名　　称	功　　能
模数转换器	把模拟声波信号转换成数字声音信号
数模转换器	把数字声音信号转换成模拟声波信号
立体声输入	对音频信号采样
立体声输出	播放音频信号
MIDI 接口	将电子音乐设备连接到计算机上
CD-ROM 接口	连接 CD-ROM 驱动器
合成器	合成音乐
数字信号处理器	处理声音信号的合成

⑤ 以 A6.docx 为文件名，保存操作结果。

上机实习 6.5 页眉页脚设置和打印文档

实习目的

1. 熟练掌握设置页眉、页脚和页码的操作。
2. 熟练掌握打印设置。
3. 掌握打印预览操作。
4. 熟练掌握文档的打印输出操作。

实习内容及步骤

【例 6.14】 打开 B2.docx 文档，把偶数页的页眉设置为“计算机应用基础学习指导”，把奇数页的页眉设置为“文字处理”，首页不设置页眉。为文档设置页码。

操作步骤如下。

① 打开 B2.docx 文档。

单击“页面布局”选项卡“页面设置”组右下方的按钮，打开“页面设置”对话框，进入“版式”选项卡，在“页眉和页脚”栏选中“奇偶页不同”和“首页不同”复选框。

② 设置页眉。

❖ 单击“插入”选项卡“页眉和页脚”组中的“页眉”按钮，打开一个样式列表，本例选择第 1 种样式，编辑工作区进入页眉编辑状态：正文呈暗色显示，插入点光标位于首页页眉的[键入文字]中，页眉区域中还出现了一条横线，如图 6.16 所示。与此同时，功能区出现“页眉页脚工具/设计”选项卡。

图 6.16　进入页眉编辑状态

❖ 按Delete键，删除首页页眉。

❖ 选定页眉处删除文字以后的回车符，单击“页面布局”选项卡“页面背景”组中的“页面边框”按钮，打开“边框和底纹”对话框，进入“边框”选项卡，单击“设置”栏中的“无”按钮，去掉页眉区域中的横线。

❖ 进入第 2 页，页眉区显示“偶数页页眉”，在页眉处输入“计算机应用基础学习指导”，如图 6.17 所示。

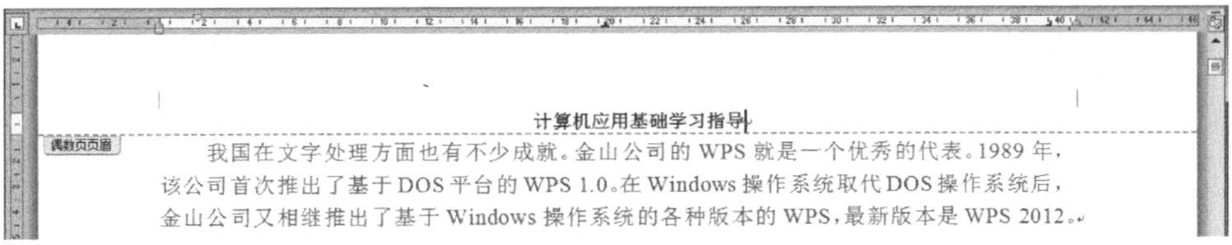

图 6.17　输入偶数页页眉内容

❖ 选定刚输入的页眉(包括最后的回车符)，单击“页面布局”选项卡“页面背景”组中的“页面边框”按钮，打开“边框和底纹”对话框，进入“边框”选项卡，单击“预览”栏中的按钮，为页眉文字设置下边框线。

❖ 进入第 3 页，用同样的方法设置奇数页页眉，页眉文字为“文字处理”。

【说明】双击正文编辑区，将退出页眉页脚编辑状态，返回正文编辑状态。此后再双击页眉或页脚区域，可以重新进入页眉页脚编辑状态，对页眉页脚进行编辑。

③ 单击“插入”选项卡“页眉和页脚”组中的“页码”按钮，打开下拉列表，将鼠标指针指向“页面底端”命令，打开页码样式列表，选择其中的“普通数字 2”格式(页码显示在页面底端当中)，在文档中插入页码。

【说明】

❖ 由于设置了“奇偶页不同”，因此要分别在奇数页和偶数页执行插入页码的操作。

❖ 单击“插入”选项卡“页码”组中的“设置页码格式”按钮，可以打开“页码格式”对话框，对页码格式进行设置，详见教材中的有关叙述。

④ 以 B3.docx 为文件名，保存操作结果。

【例 6.15】对 B3.docx 文档，先进行打印预览，再用逆序的方式，将 2 至 5 页内容打印一份。

① 打印预览：打开 B3.docx 文档，执行“文件”→“打印”命令，打开“打印”窗口，如图 6.18 所示。

窗口的右窗格是“预览”窗格。拖动其右侧滚动条中的滚动块，可以预览其他页打印效果；使用窗格右下方的显示控制条，可以放大或缩小(同时预览多页)页面；单击“缩放到页面”按钮，预览窗格将显示完整的一页。

② 设置打印机：单击当中窗格的“打印机”下的打印机名称按钮，可以打开打印机列表，显示当前计算机连接的多台打印机(如果当前计算机连接了多台打印机的话)，可以从中进行选择；单击“打印机属性”选项，可以设置当前选中打印机的属性，具体设置内容因打印机而异。

③ 设置打印范围：单击当中窗格“打印所有页”按钮，将打开一个列表，可以从中选择打印所有页、打印选定内容(如果当前选定了文档中部分内容的话)、打印当前页、打印自定义范围。

如果选中“打印自定义范围”，可以在其下方的“页数”框中输入要打印的页码，各页码间用半角逗号隔开；若要打印连续的若干页，可以只输入起止页码，起止页码之间用短横线(减号)连接，本例在“页数”文本框中输入“5-2”。

④ 设置打印份数：使用当中窗格的“打印份数”框，可以设置打印的份数。

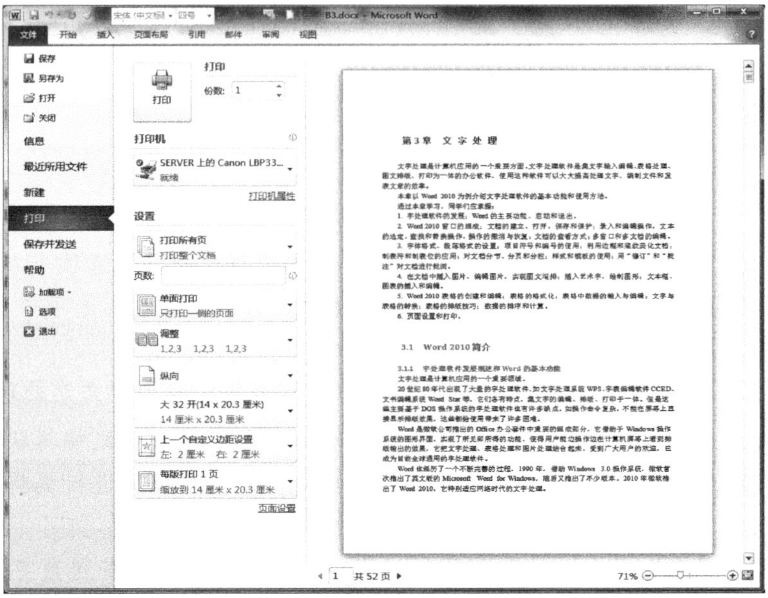

图 6.18 “打印”窗口

⑤ 其他设置：使用当中窗格中的其他按钮，还可以进一步对打印方式进行设置，这里不再详细叙述。

⑥ 打印：单击当中窗格中的“打印”按钮，即可按设置进行打印。

上机实习 6.6 其他文档编辑操作

实习目的

1. 掌握为文档设置目录的操作。
2. 掌握构建和使用文档部件的操作。
3. 掌握使用邮件合并、批量处理文档的方法。

实习内容及步骤

一、为文档设置目录

对于一个长文档，为了阅读方便，一般都要设置目录。

【例 6.16】为 B3.docx 文档设置目录。

① 打开已经设置了各级标题样式的 B3.docx 文档，在第 1 行行首按回车键，插入新的一行。

② 原 B3.docx 文档第 1 行属于标题 1 样式，因此新插入的一行也属于标题 1 样式，单击“开始”选项卡“字体”组中的“清除格式”按钮，把该行变成正文格式。

③ 单击“引用”选项卡中的“目录”按钮，打开系统内置的目录样式列表，如图 6.19 所示。

④ 本例单击选择其中的“自动目录 1”，即可在文档首部插入本文档的目录，如图 6.20 所示。可以对照图 6.5，观察本文档的各级目录。

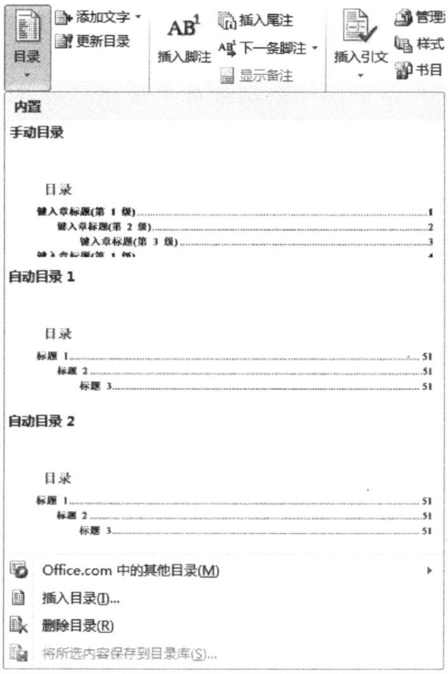

图 6.19 目录样式列表

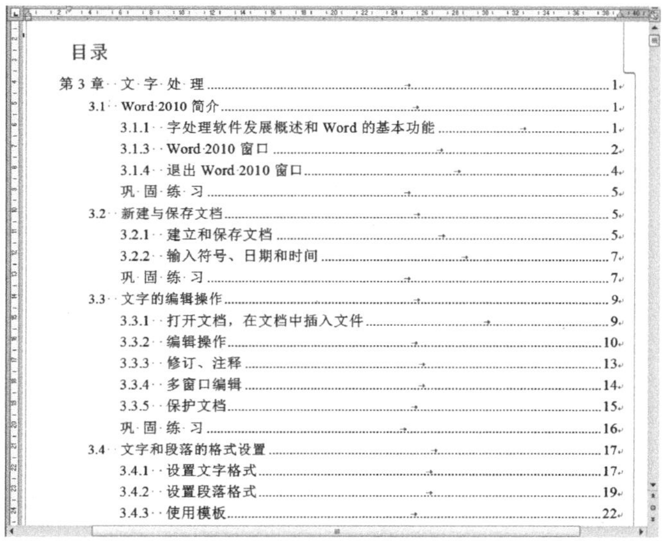

图 6.20 插入到文档中的目录

⑤ 以 B4.docx 为文件名，保存设置结果。

【说明】① 在文档中设置了目录后，将鼠标指针移到目录区域后按下 Ctrl 键，鼠标指针会变成形，这时单击某条目录，编辑窗口会自动显示该目录对应的正文内容。

② 更新了目录后，单击“引用”选项卡“目录”组中的“更新目录”选项，将打开图 6.21 所示的“更新目录”对话框，在对话框中选择“只更新页码”或“更新整个目录”单选按钮后，单击 确定 按钮，即可按指定要求更新目录。

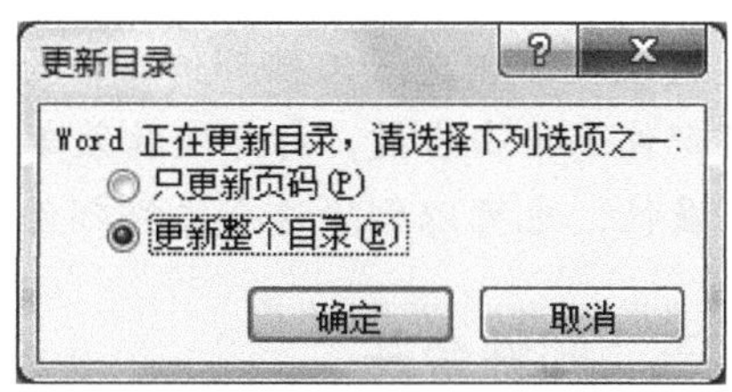

图 6.21 “更新目录”对话框

二、设置文档部件

对一些常用的内容可以将其设置为文档部件，以便反复使用。

【例 6.17】 先把 D1.docx 文档中的课程表保存为文档部件，然后新建一个文档，在其中使用保存的“课程表”文档部件。

① 打开 D1.docx 文档，选定该文档中的课程表(包括表的标题)。

② 单击“插入”选项卡“文本”组中的“文

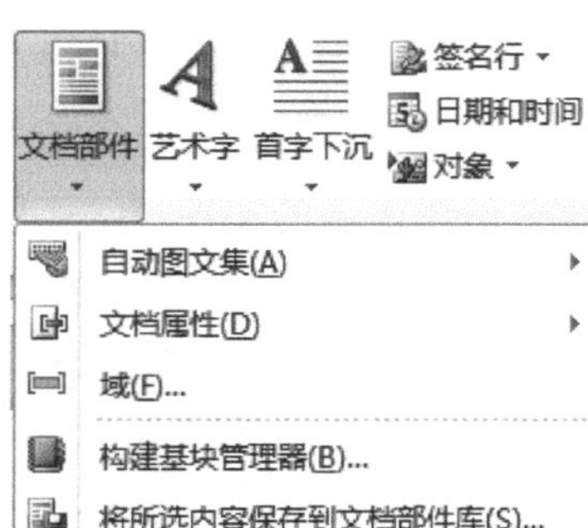

图 6.22 “文档部件”下拉菜单

档部件”按钮，打开如图 6.22 所示的下拉菜单。

③ 单击“将所选内容保存到文档部件库”命令，打开“新建构件基块”对话框，在该对话框中设置名称、库、类别，如图 6.23 所示。单击 确定 按钮，将所选定的内容保存到文档部件库。

④ 新建一个空白文档，单击“插入”选项卡“文本”组中的“文档部件”按钮，打开下拉菜单，可以看到，现在菜单中包含了刚才建立的“课程表”文档部件，如图 6.24 所示。

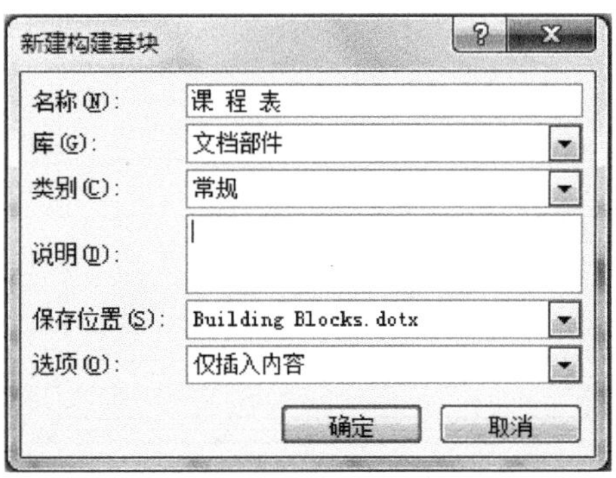

图 6.23 “新建构建基块”对话框图

图 6.24 包含了“课程表”的“文档部件”下拉菜单

⑤ 单击其中的“课程表”文档部件，即可将其插入到当前文档中。

【说明】创建了文档部件后，还可以对其进一步进行处理。在图 6.24 所示的“课程表”文档部件上单击右键，打开快捷菜单，执行其中的“整理和删除”命令，可以重新设置其名称等属性，也可以删除这个文档部件。

三、邮件合并

会议通知、录取通知书文档中除了姓名、单位、地址等内容不同外，其他内容都相同，编制多份这样的文档时，可以使用 Word 的邮件合并功能，提高工作效率。

使用邮件合并功能涉及到两个 Word 文件，一个是主文档，就是要编制的多份文档中文字相同部分的内容；一个是数据源，就是要在主文档中填入的文字有变化的部分。下面以具体的例子说明怎样使用邮件合并功能。

【例 6.18】以“邀请函主文档”和“联系人”文件为基础，使用邮件合并功能，编制一个包含多份邀请函的文件。

① 创建主文档和数据源文档：

“邀请函主文档”内容如图 6.25 所示，我们希望将来形成的具体邀请函中，在“先生”和“派人”两个词的前面插入具体的姓名和单位名称；数据源是一个名为“联系人”的文件，其内容是个 2 列 9 行的表格，它们中的数据是将来要填入邀请函中的姓名和单位名称，如图 6.26 所示。

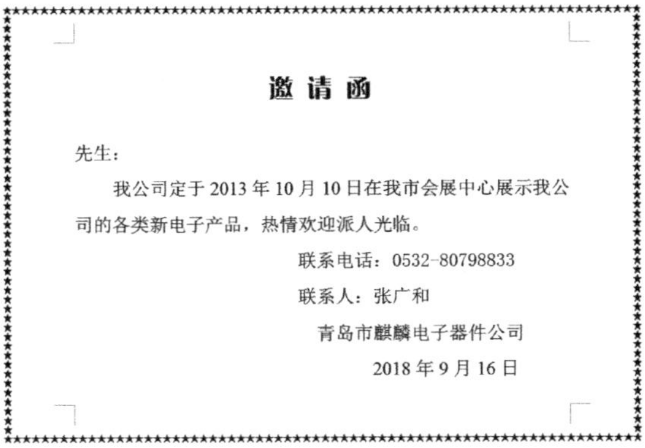

邀请函

先生：

我公司定于 2013 年 10 月 10 日在我市会展中心展示我公司的各类新电子产品，热情欢迎派人光临。

联系电话：0532-80798833

联系人：张广和

青岛市麒麟电子器件公司

2018 年 9 月 16 日

图 6.25　邀请函主文档

姓名	单位
王世全	广丰机械厂
李英文	利华电子器材公司
张方海	华合出版集团
刘建坤	新民电子公司
胡焕玲	利华新技术公司
徐先河	威利高新技术公司
吴建阁	宏成器材厂
周启文	同维电脑配件公司

图 6.26　联系人

② 打开“邀请函主文档”这个文件，然后单击“邮件”选项卡中“开始邮件合并”按钮，打开如图 6.27 所示的下拉菜单，单击菜单中的“邮件合并分步向导”命令，窗口右侧出现“邮件合并”任务窗格，见图 6.28，使用该任务窗格，完成邮件合并。

图 6.27　下拉菜单

③ 选择文档类型：一开始任务窗格显示的是邮件合并的步骤 1，它用来选择文档类型，选中“信函”选项，如图 6.28 所示，然后单击“下一步：正在启动文档”超链接。

④ 选择开始文档：现在任务窗格进入“邮件合并”步骤 2 任务，如图 6.29 所示，选中“使用当前文档”单选按钮，即使用当前已经打开的“邀请函主文档”文件，然后单击“下一步：选取收件人”超链接。

⑤ 选择收件人：现在任务窗格进入“邮件合并”步骤 3 任务，如图 6.30 所示，选中“使用现有列表”单选按钮。

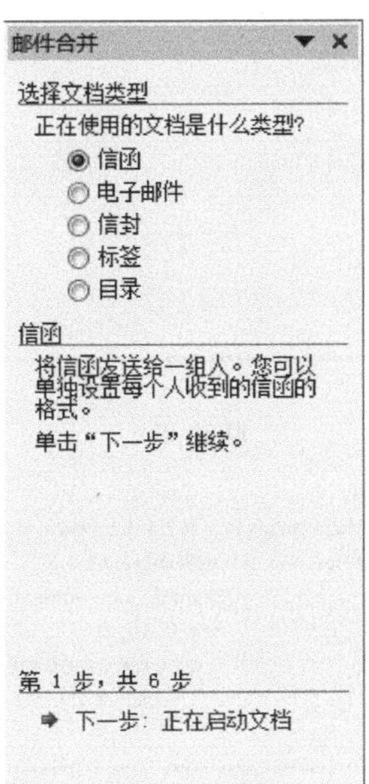

图 6.28　邮件合并步骤 1

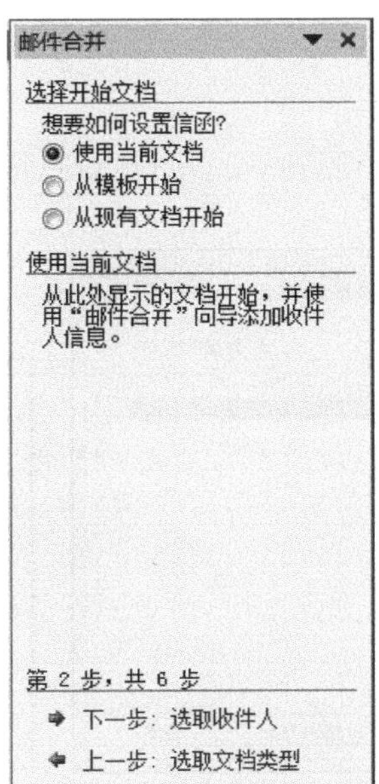

图 6.29　邮件合并步骤 2

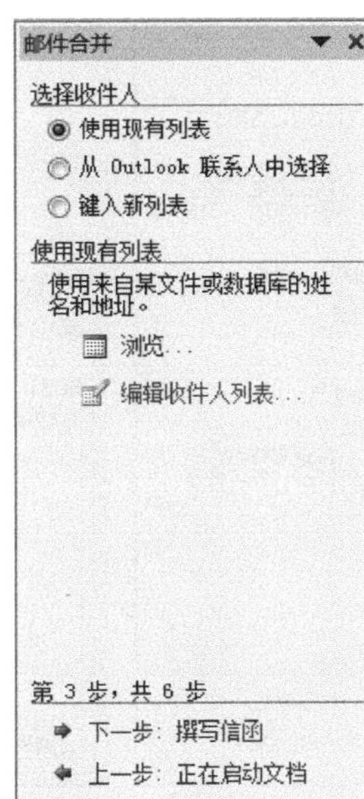

图 6.30　邮件合并步骤 3

为了选择前面提到的要合并到主文档中的数据源文件，单击 浏览... 按钮，打开“选取数据源”对话框，找到已经创建好的“联系人”文档，如图 6.31 所示，单击 打开(O) 按钮。屏幕上弹出“邮件合并收件人”对话框，如图 6.32 所示，对话框中显示出“联系人”文档的内容，可以使用“姓名”列的复选框，选择将哪些人的信息合并到邮件中去，选择结束后单击 确定 按钮，返回当前编辑的文档窗口。

然后单击图 6.30 所示的任务窗格中的“下一步：撰写信函”超链接。

图 6.31 选取数据源

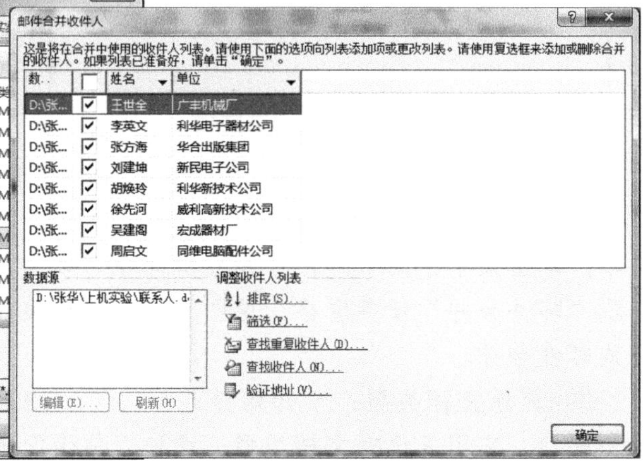

图 6.32 确定邮件合并收件人

⑥ 撰写信函：现在任务窗格进入“邮件合并”的步骤 4，如图 6.33 所示。将插入点光标定位到主文档中“先生”的前面，单击任务窗格中的“其他项目”，打开“插入合并域”对话框，如图 6.34 所示。双击“姓名”，在主文档中的“先生”前出现“《姓名》”，关闭“插入合并域”对话框。再用同样的方法，在文档中“派人”前面插入“《单位》”，最后结果如图 6.35 所示(这样插入的“《姓名》”和“《单位》”两个对象在 Word 中称为“域”)。单击图 6.33 所示的任务窗格中的“下一步：预览信函”超链接。

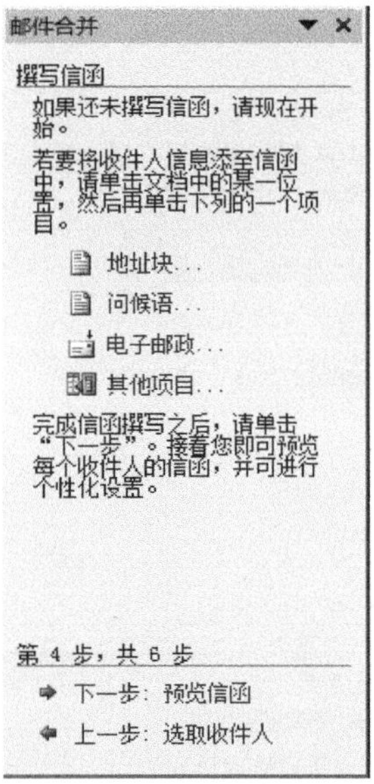

图 6.33 邮件合并步骤 4

图 6.34 “插入合并域”对话框

邀 请 函

«姓名»先生：

我公司定于 2013 年 10 月 10 日在我市会展中心展示我公司的各类新电子产品，热情欢迎«单位»派人光临。

联系电话：0532-80798833

联系人：张广和

青岛市麒麟电子器件公司

2013 年 9 月 16 日

图 6.35 插入合并域后的文档

【说明】域是隐藏在文档中的由一些特殊指令组成的代码，打开包含域的文档后，Word 会执行这些代码，并把执行结果显示出来。

⑦ 预览信函：现在任务窗格进入邮件合并的步骤 5，如图 6.36 所示。可以看到编辑区里的主文档中新插入的两个域被数据源表格中第一行的具体的姓名和单位替换，如图 6.37 所示。单击任务窗格中的“下一步：完成合并”超链接。

⑧ 完成合并：现在任务窗格进入邮件合并的步骤 6，如图 6.38 所示。

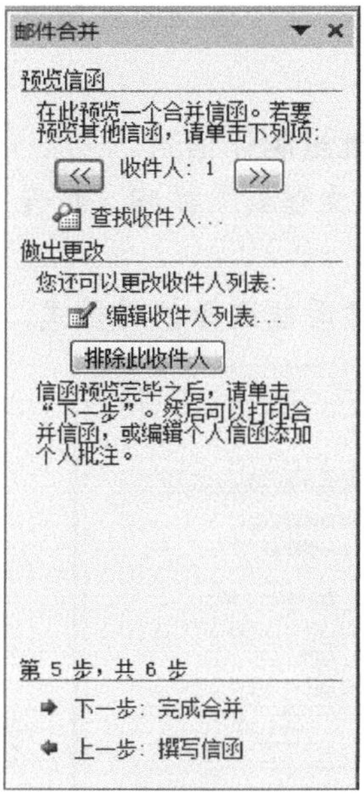

图 6.36 邮件合并步骤 5

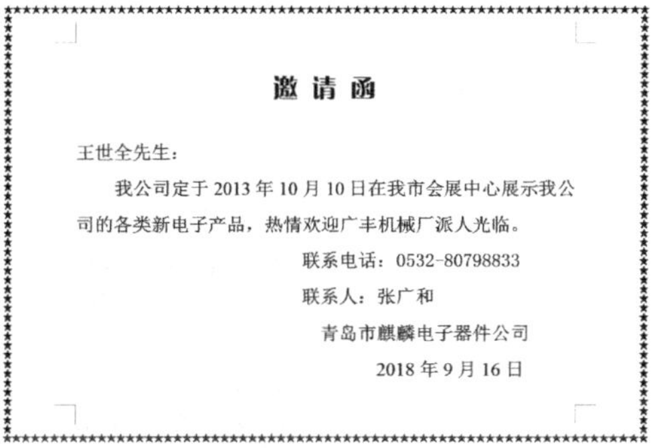

图 6.37 对信函进行预览

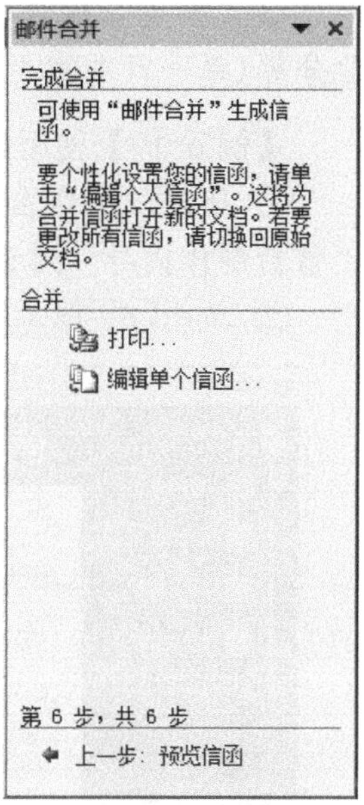

图 6.38 邮件合并步骤 6

单击图 6.38 中的 编辑单个信函... 按钮，屏幕上弹出“合并到新文档”对话框，如图 6.39 所示。选中“全部”单选按钮后单击 确定 按钮，关闭对话框，邮件合并工作就完成了，编辑窗口中出现合并后的邮件文档，如图 6.40 所示。该文档包含了若干份邀请函，每份邀请函中被邀请者的姓名和单位，已经分别按“联系人”文件中的数据源自动填写好了。

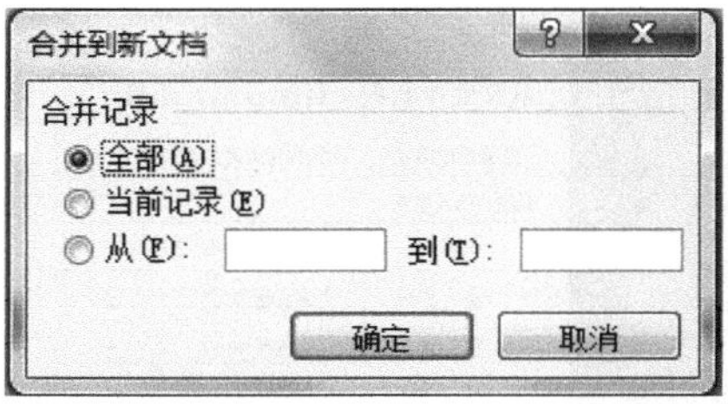

图 6.39 “合并到新文档”对话框

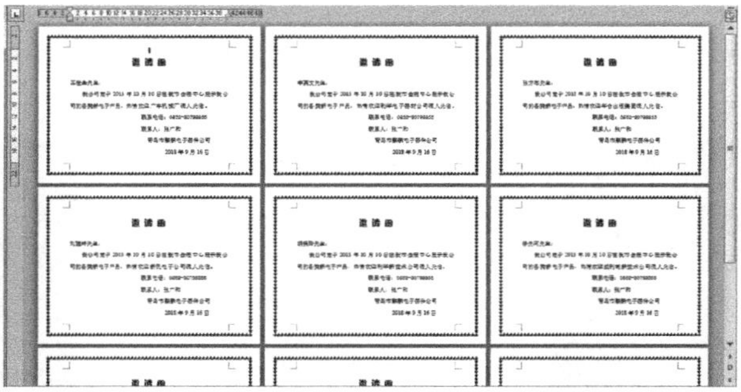

图 6.40 合并后的邮件文档

⑨ 执行“文件”→“另存为”命令，打开“另存为”对话框，以“邀请函汇总.docx”为文件名，将图 6.40 所示的合并好的邮件文档保存在磁盘上。

【说明】单击图 6.38 所示的任务窗格中的 打印... 按钮，可以打印合并形成的文档。

还可以使用邮件合并功能批量制作信封。制作前先建立一个 Excel 电子表格文档或者纯文本文档，在文档中包含收信人的有关信息，下面的例子使用如下的“地址簿.txt”纯文本文档。

姓名 → 称谓 → 单位 → 地址 → 邮编↵
王晓春→主任 → 黄星机械厂→青岛市嘉定路 33 号 → 266031↵
周华 → 厂长 → 利华制药厂→青岛市合肥路 120 号→266047↵
战之和→经理 → 君威公司 → 青岛市重庆路 → 266052↵

该文档包含标题行和 3 行具体信息记录，标题行和具体信息记录的每个选项间以制表位分隔(每一行中的“→”表示按 Tab 输入的制表位符号)。

【例 6.19】 使用邮件合并功能，以“地址簿.txt”文件为基础，批量制作信封。

① 新建一个空白文档，单击“邮件”选项卡“创建”组中的“中文信封”按钮，打开“信封制作向导”对话框，如图 6.41 所示

② 单击 下一步(N)> 按钮，进入图 6.42 所示的对话框，利用这个对话框选择信封样式。

图 6.41 “信封制作向导”对话框之一

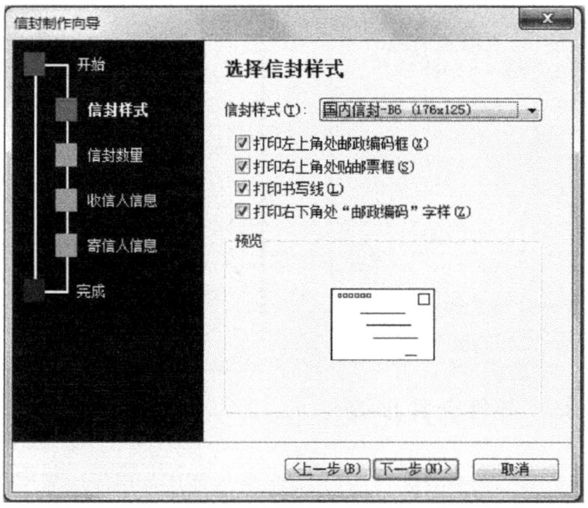

图 6.42 “信封制作向导”对话框之二

③ 单击 下一步(N)> 按钮，进入图 6.43 所示的对话框，该对话框用来选择生成信封的方式和数量，本例选中“基于地址簿文件，生成批量信封”单选按钮。

④ 单击 下一步(N)> 按钮，进入图 6.44 所示的对话框，该对话框用来从文件中获取并匹配收信人信息。单击 选择地址簿(E) 按钮，打开图 6.45 所示的“打开”对话框。

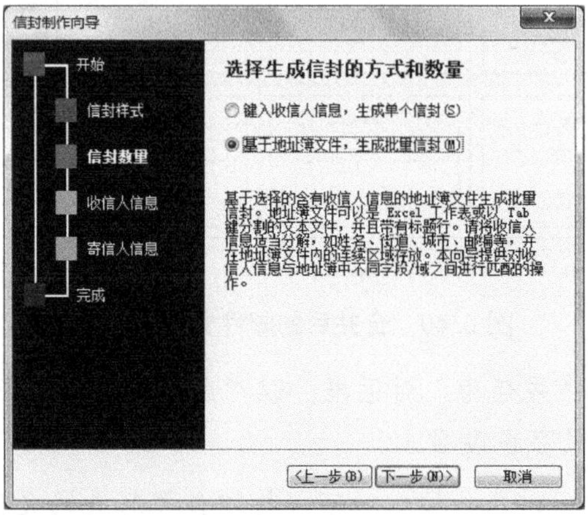

图 6.43 “信封制作向导”对话框之三

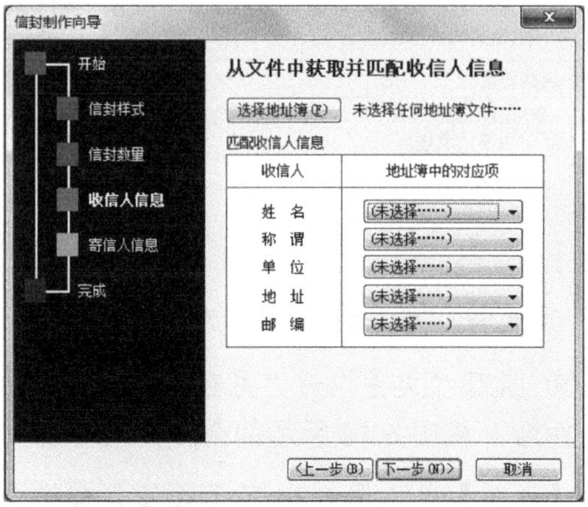

图 6.44 “信封制作向导”对话框之四

利用“打开”对话框，找到“地址簿.txt”文件，双击该文件，返回图 6.44 所示的信封制作向导对话框。

单击图 6.44 中“姓名”行右侧框的向下箭头，打开下拉列表，列表中显示出“地址簿.txt”文件第一行包含以制表位分隔的各单项信息，单击选中列表中的“姓名”，如图 6.46 的左图所示。

用同样的方法设置“称谓”“单位”等其他收信人的匹配信息，最后结果如图 6.46 的右图所示。

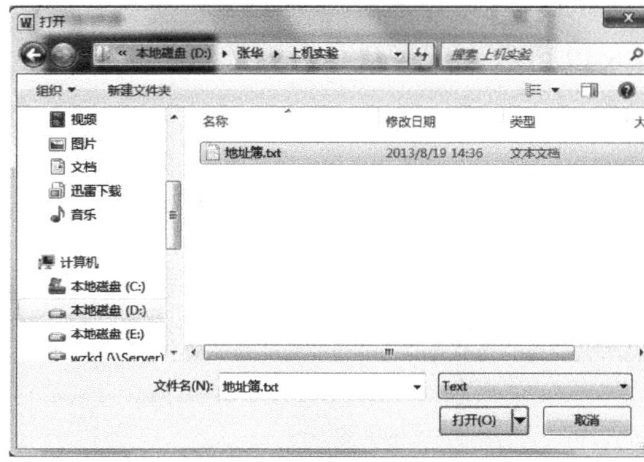

图 6.45 “打开”对话框

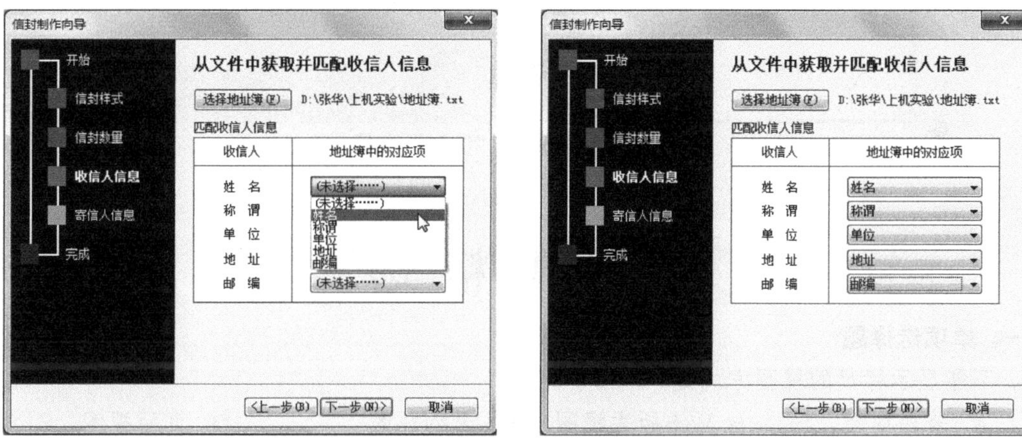

图 6.46 选择匹配收信人的各项信息

⑤ 单击[下一步(N)>]按钮，进入图 6.47 所示的对话框，在对话框中输入寄信人的各项信息。

⑥ 单击[下一步(N)>]按钮，进入图 6.48 所示的对话框，单击[完成(F)]按钮。

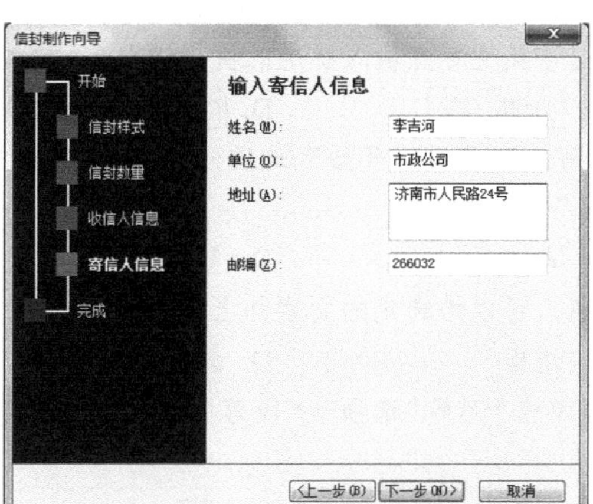

图 6.47 “信封制作向导”对话框之五

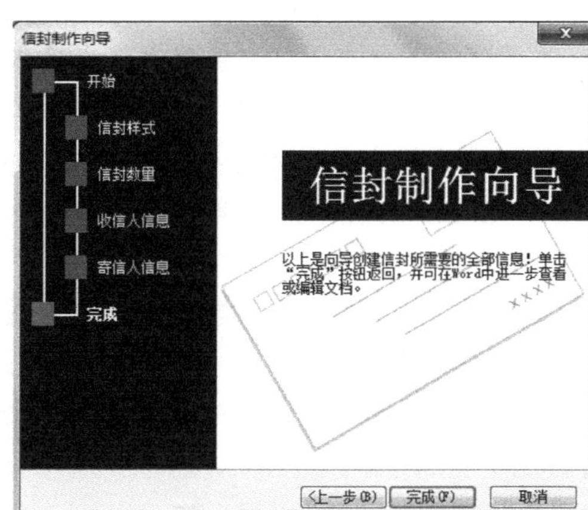

图 6.48 “信封制作向导”对话框之六

⑦ 现在批量制作信封的工作就完成了，文档编辑窗口中显示出制作好的各个信封，如图 6.49 所示，以“信封”为文件名，保存结果。

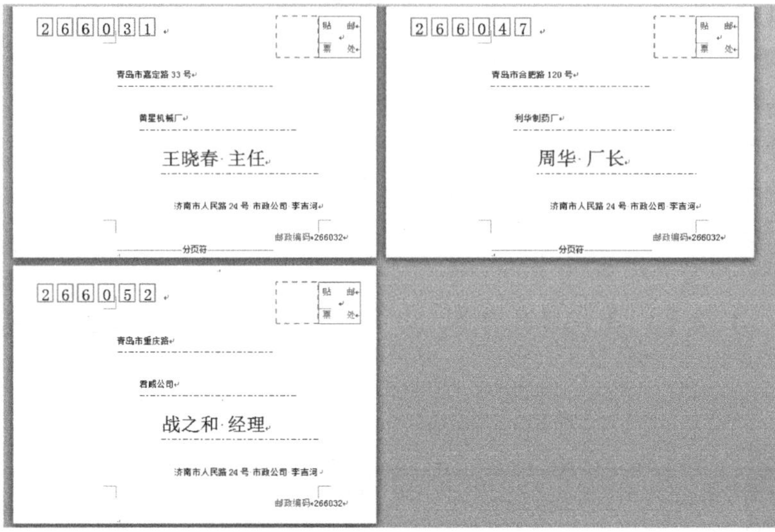

图 6.49　制作好的“信封”文档

习 题 精 选

一、单项选择题

1. 不能显示标尺的视图方式是(　　)。

A. 普通视图　　B. Web版式视图　　C. 大纲视图　　D. 页面视图

2. 第一次保存 Word 文档时，默认的文件名是(　　)。

A. 1.docx　　B. 文档 1.docx　　C. 文件 1.Docx　　D. 以上都不对

3. 单击“视图”选项卡中的“切换窗口”按钮，显示的文件名是(　　)。

A. 当前正在操作的文档　　B. 当前已经打开的所有文档

C. 最近操作过的文档　　D. 扩展名是.docx 的所有文档

4. 在汉字输入状态下，切换汉字标点输入状态与英文标点输入状态的快捷键是(　　)。

A. Ctrl+空格键　　B. Shift+Ctrl　　C. Shift+.　　D. Ctrl+.

5. 要把选定的文本中所有英文字母设置成大写，应单击“开始”选项卡“字体”组中的“(　　)”按钮，打开下拉菜单，执行“全部大写”命令。

A. A　　B. abc　　C. Aa▾　　D. U 按钮

6. 单击“开始”选项卡“字体”组中的 A 按钮，可以给选定的文字加上(　　)。

A. 下划线　　B. 底纹　　C. 边框　　D. 斜体效果

7. 要想为当前文档选择某一种项目编号，应当单击“开始”选项卡“段落”组中的“(　　)”按钮。

A. 　　B.  　　C.  　　D. 

8. 在 Word 的编辑状态下，使插入点快速移到文档首部的快捷键是(　　)。

A. Ctrl+End　　B. Shift　　C. Ctrl+Home　　D. Home

9. 段落缩进是水平方向的段落排版技术，包括(　　)。

A. 悬挂缩进、左缩进、右缩进、末行缩进

B. 悬挂缩进、首行缩进、左缩进、右缩进

C. 首行缩进、左缩进、右缩进、末行缩进

D. 悬挂缩进、下沉缩进、首行缩进、末行缩进

10. 要进入已建立好的页眉和页脚，可双击(　　)。

A. 文本区　　B.“插入”选项卡的“页眉”按钮

C. 页眉和页脚区　　D.“插入”选项卡的“页脚”按钮

11. 当插入点位于表格某行的最后一个单元格内时，按Enter键后，(　　)。

A. 插入点所在行增高　　B. 插入点所在列加宽

C. 在插入点所在行下面插入一行　　D. 表格没有变化

12. 要删除表格，应该选定整个表格后，(　　)。

A. 按Delete键

B. 单击右键，执行快捷菜单中“删除表格”命令

C. 单击右键，执行快捷菜单中“删除”命令

D. 以上操作都不行

13. 当前文档中有一个表格，将插入点光标移到表格某一行中，单击“表格工具/布局”选项卡中的“拆分表格”选项，表格被拆分成上、下两个表格，插入点光标所在的那一行(　　)。

A. 在上边的表格中　　B. 在下边的表格中

C. 不在这两个表格中　　D. 被删除

14. 以下说法中，正确的是(　　)。

A. 表格套用某种表格样式后，对表格不能再进行任何格式修改

B. 对表格套用样式时，只需要把插入点放在表格里，不需要选定整个表格

C. 对表格套用样式时，必须选定整个表格

D. 表格套用某种表格样式后，表格列宽不能再改变

15. 下面关于 Word 表格的叙述中，错误的是(　　)。

A. 表格与文字可以互相转换　　B. 表格中同一列的列宽一定相等

C. 表格中行与列的交叉处叫作单元格　　D. 表格的单元格中可以插入图形对象

16. 下列说法中错误的是(　　)。

A. 标尺用来确定内容在屏幕上的位置　　B. 标尺不能隐藏

C. 利用标尺上的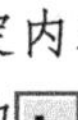可以设置制表位

D. 利用水平标尺上的缩进按钮可以设置段落的缩进

17. 执行“文件”→“保存”命令，在(　　)情况下，不会弹出“另存为”对话框。

A. 保存新建文档　　B. 保存修改后的旧文档

C. 另存一个文档　　D. 全部保存

18. 在 Word 中，(　　)是占用内存最少、处理速度最快的视图方式。

A. 页面视图　　B. 草稿视图　　C. 大纲视图　　D. 阅读版式视图

19. 在标尺上有三个游标，其中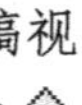游标的上半部分称为(　　)符，拖动它可以调整除首行外其余各行的缩进位置。

A. 首行缩进　　B. 左缩进　　C. 悬挂缩进　　D. 右缩进

20. 关于模板，下列说法中错误的是(　　)。

A. 启动 Word 时，会自动启动系统提供的“空白文档”模板

B. 模板文件的扩展名为.dotx

C. 不能修改模板的格式　　D. 模板中不能包含文字内容

21. 关于页眉页脚，下列说法中错误的是(　　)。

A. 在页眉页脚区内不能输入图形

B. 编辑页眉页脚时，双击文档编辑区可以返回正文编辑状态

C. 编辑正文时，双击页眉页脚区域，可以进入页眉页脚编辑状态

D. 编辑页眉页脚时，单击“页眉和页脚工具 设计”选项卡中的“关闭页眉和页脚”按钮将返回正文编辑状态

22. 单击“(　　)”选项卡中的“页码”按钮，可以在文档中设置页码。

A. 开始　　B. 页面布局　　C. 插入　　D. 视图

23. 在 Word 的“页码格式”对话框中，不能设置(　　)。

A. 编号格式　　B. 页码对齐方式　　C. 起始页码　　D. 是否包含章节号

24. 执行“(　　)”→“校对”→“字数统计”命令，可以统计文档的字数。

A. 开始　　B. 视图　　C. 审阅　　D. 页面布局

25. 对表格中的单元格进行拆分时，(　　)。

A. 只能拆分一个单元格　　B. 可以拆分多个单元格

C. 事先不用选定单元格　　D. 必须先选定整个表格

26. 可以设置文字环绕表格和表格的对齐方式，表格对齐方式中不包括(　　)。

A. 左对齐　　B. 右对齐　　C. 居中　　D. 两端对齐

27. 将插入点光标移到表格的某个单元格后，按(　　)键，可以在单元格所在行的上方插入空行，把表格一分为二。

A. Ctrl+Shift+Enter　　B. Ctrl+Shift

C. Shift+Enter　　D. Ctrl+Enter

28. 关于对象的移动和复制，下列叙述中错误的是(　　)。

A. 可以用鼠标把浮动式对象拖动到页面的任意位置

B. 可以用鼠标把嵌入式对象拖动到页面上有插入点的任意位置

C. 在拖动对象的同时，按住Ctrl键，可以复制对象

D. 可以用鼠标把嵌入式对象拖动到页面上任意位置

29. 关于文字对于对象的环绕方式，下列叙述中错误的是(　　)。

A. 把对象的环绕方式设置为四周型后，不能设置图片与页面边缘的边距

B. 对嵌入式对象可以设置对齐方式　　C. 浮动式对象可以浮于文字上方

D. 默认情况下，浮动式对象随着周围的文字一起移动

30. 在“打印”对话框的“页面范围”框中设置连续页码范围时，使用(　　)连接两个页码数字。

A. ~　　B. -(连字符)　　C. _(下划线)　　D. *

31. 关于样式，下列叙述中错误的是(　　)。

A. 样式是指已经命名的字符和段落格式　B. 系统提供了若干种样式

C. 用户可以删除任何样式　D. 用户可以自己定义和保存样式

32. 如果想使文档中的内容另起一行显示，但又不想另起一个段落，应该按(　　)键。

A. Enter　B. Shift+Enter　C. Ctrl+Enter　D. Shift+Ctrl

33. 在 Word 文档中有一个占用 3 页的表格，要让表格的标题行出现在各页面首行，最优的操作方法是(　　)。

A. 将表格的标题行复制到另外 2 页中

B. 利用“重复标题行”功能

C. 打开“表格属性”对话框，在列属性中进行设置

D. 打开“表格属性”对话框，在行属性中进行设置

34. 在 Word 文档中包含目录，将文档目录转变为纯文本格式的最优操作方法是(　　)。

A. 文档目录本身就是纯文本格式，不需要再进行进一步操作

B. 使用 Ctrl+ Shift+F9 组合键

C. 在文档目录上单击右键，然后执行“转换”命令

D. 复制文档目录，然后通过选择性粘贴功能以纯文本方式显示

35. 在正文前添加目录以便检索和阅读，最优的操作方法是(　　)。

A. 用 Word 提供的“手动目录”功能创建目录

B. 直接输入作为目录的标题文字和相对应的页码创建目录

C. 将文档的各级标题设置为内置标题样式，然后基于内置标题样式自动插入目录

D. 不使用内置标题样式，直接基于自定义样式创建目录

36. 计划请 30 家客户参加会议并为客户发送邀请函，快速制作 30 份邀请函的最优操作方法是(　　)。

A. 发动同事帮忙制作邀请函，每个人写几份

B. 利用 Word 的邮件合并功能自动生成

C. 先制作好一份邀请函，然后复印 30 份，在每份上添加客户名称

D. 先用 Word 中制作一份邀请函，通过复制、粘贴功能生成 30 份，然后分别添加客户名称

37. 以下不属于 Word 文档视图的是(　　)。

A. 阅读版式视图　B. 放映视图

C. Web 版式视图　D. 大纲视图

38. 在 Word 文档中，不可直接进行操作的是(　　)。

A. 录制屏幕操作视频　B. 插入 Excel 图表

C. 插入 SmartArt　D. 屏幕截图

39. 下列文件扩展名中，不属于 Word 文件的是(　　)。

A. DOCX　B. DOTM　C. DOTX　D. DOT

40. 对论文文档设置了 2 栏页面布局，要在分栏之上插入一横跨两栏内容的论文标题，最优的操作方法是(　　)。

A. 在两栏内容之前空出几行，打印出来后手动写上标题

B. 在两栏内容之上插入一个分节符，然后设置论文标题位置

C. 在两栏内容之上插入一个文本框，输入标题，并设置文本框的环绕方式

D. 在两栏内容之上插入一个艺术字标题

41. Word 功能区中的选项卡分别是(　　)。

A. 开始、插入、页面布局、引用、邮件、审阅等

B. 开始、插入、编辑、页面布局、引用、邮件等

C. 开始、插入、编辑、页面布局、选项、邮件等

D. 开始、插入、编辑、页面布局、选项、帮助等

42. 在 Word 中，邮件合并功能支持的数据源不包括(　　)。

A. Word 数据源　　B. Excel 工作表

C. PowerPoint 演示文稿　　D. HTML 文件

43. 在 Word 文档中，选择从某一段落开始位置到文档末尾的全部内容，最优的操作方法是(　　)。

A. 将鼠标指针移到该段落的开始位置，按 Ctrl+A 组合键

B. 将鼠标指针移到该段落的开始位置，按住 Shift 键，单击文档的结束位置

C. 将鼠标指针移动到该段落的开始位置，按 Ctrl+Shift+End 组合键

D. 将鼠标指针移到该段落的开始位置，按 Alt+Shift+ PageDown 组合键

44. Word 文档的结构层次为“章-节-小节”，如章“1”为一级标题、节“1.1”为二级标题、小节“1.1.1”为三级标题，假设，已采用多级列表的方式已经完成了对第 1 章中章、节、小节的设置，如需完成剩余几章内容的多级列表设置，最优的操作方法是(　　)。

A. 复制第 1 章中的“章、节、小节”段落，分别粘贴到其他章节对应位置，然后替换标题内容

B. 将第 1 章中的“章、节、小节”格式保存为标题样式，并将其应用到其他章节对应段落

C. 利用格式刷功能，分别复制第 1 章中的“章、节、小节”格式，并应用到其他章节对应段落

D. 逐个对其他章节对应的“章、节、小节”标题应用“多级列表”格式，并调整段落结构层

45. 在 Word 文档编辑过程中，如需将特定的应用程序窗口画面作为文档的插图，最优的操作方法是(　　)。

A. 使所需画面窗口处于活动状态，按下“PrintScreen”键，再粘贴到 Word 文档中指定位置

B. 使所需画面窗口处于活动状态，按下“Alt+PrintScreen”组合键，再粘贴到 Word 文档中指定位置

C. 利用 Word 插入“屏幕截图”功能，直接将所需窗口画面插入到 Word 文档中指定的位置

D. 在计算机系统中安装截屏工具软件，利用该软件实现屏幕画面的截取

46. 在 Word 文档中，“张小民”这一名字被多次错误输入为“张晓明”“张晓敏”“张晓民”，纠正该错误的最优操作方法是(　　)。

A. 从前往后逐个查找错误的名字并更正

B. 利用 Word 的查找功能搜索文本“张晓”，并逐一更正

C. 利用 Word 的查找和替换功能搜索文本“张晓*”，并将其全部替换为“张小民”

D. 利用 Word 的查找和替换功能搜索文本“张晓?”，并将其全部替换为“张小民”

47. 在 Word 文档中有一段应用了“标题 1”样式的文本，要使该段文本不允许别人修改，最优的操作方式是（　　）。

A. 选中该段文本，在“开始”选项卡“字体”组中选中“隐藏”复选框，将该段文字隐藏起来

B. 选中该段文本，在“审阅”选项卡“保护”组中选中“格式设置限定”中的“限制对选定的样式设置格式”和勾选“编辑限制”中的“仅允许在文档中进行此类型的编辑”，并单击“是，启动强制保护”按钮，设置密码

C. 选中该段文本，单击“审阅”选项卡“批注”组中的“新建批注”命令，给该段文本添加批注信息，提示“禁止修改”

D. 打开“文件”选项卡，在下拉列表中选择“另存为”命令，使用“工具”按钮中的“常规选项”，设置文件修改时的密码

48. 为了让页面更加美观和紧凑，要把当前页面上半部分设置为一栏，下半部分设置为两栏显示，使用 Word 中的分隔符进行排版，最优的操作方式是（　　）。

A. 将光标置于需要分栏的位置，使用“页面布局”选项卡中的“分隔符/分页符”，把文档的下半部分设置“分栏/两栏”

B. 将光标置于需要分栏的位置，使用“页面布局”选项卡中的“分隔符/分栏符”，把文档的下半部分设置“分栏/两栏”

C. 将光标置于需要分栏的位置，使用“页面布局”选项卡中的“分隔符/(分节符)下一页”，把文档的下半部分设置“分栏/两栏”

D. 将光标置于需要分栏的位置，使用“页面布局”选项卡中的“分隔符/(分节符)连续”，把文档的下半部分设置“分栏/两栏”

49. 对一本杂志进行排版，对页边距根据页面的内侧、外侧进行设置，最优的操作方式是（　　）。

A. 在“页面布局”选项卡，将“页边距”中的页码范围设置为“对称页边距”

B. 在“页面布局”选项卡，将“页边距”中的页码范围设置为“拼页”

C. 在“页面布局”选项卡，将“页边距”中的页码范围设置为“书籍折页”

D. 在“页面布局”选项卡，将“页边距”中的页码范围设置为“反向书籍折页”

50. 某 Word 文档当前的设置为每页两栏，现在要求在每一栏的下面都插入相应的页码，也就是将原来的第一页设置为 1、2 页，第二页设置为 3、4 页……最优的操作方法是（　　）。

A. 在页脚左侧和右侧位置，单击“插入”选项卡“页眉和页脚”组中的“页码”按钮，在当前位置插入页码

B. 在页脚左侧位置，单击“插入”选项卡“文本”组中的“文档部件/域”选项，在“域”对话框中选择“等式和公式”，在页脚左侧插入域代码“{={page}*2-1}”，在页脚右侧位置插入域代码“{={page}*2}”，最后使用 Alt+F9 组合键隐藏域代码，显示页码

C. 在页脚左侧位置，单击“插入”选项卡“文本”组中的“文档部件/域”选项，在“域”对话框中选择“等式和公式”，在页脚左侧插入域代码“{={page}*2-1}，在页脚右侧插入域代码“{=page}*2}”，最后使用 Shift+F9 组合键隐藏域，显示页码

D. 在页脚左侧位置，单击“插入”选项卡“文本”组中的“文档部件/域”选项，在“域”对话框中选择“等式和公式”，在页脚左侧插入域代码“{={page]*2-1}，在页脚右侧插入域代码“{={page}*2}”，最后使用 Ctrl+F9 组合键隐藏域代码，显示页码

51. 在 Word 中输入文档时，为防止意外不丢失文档，Word 设置了自动保存功能，欲使自动保存时间间隔为 10 分钟，最优的操作方法是(　　)。

A. 每隔 10 分钟单击一次快速访问工具栏上的自动保存按钮

B. 选择“文件”选项卡“选项”中的“保存”按钮，再设置自动保存时间间隔

C. 使用快捷键 Ctrl+S，设置自动保存时间

D. 选择“文件”选项卡中的“保存”命令

52. 用 Word 打开一个 100 页的文档，快速准确定位到 98 页的最优操作方法是(　　)。

A. 利用 PageUp 键或 PageDown 键及光标上下移动键，定位到 98 页

B. 拖拉垂直滚动条中的滚动块，快速移动文档，定位到 98 页

C. 单击垂直滚动条的上下按钮，快速移动文档，定位到 98 页

D. 单击“开始”选项卡“编辑”组中的“查找”“转到”，在对话框中输入 98，定位到 98 页

53. 要在论文结尾列出所有参考文献或书目，最优的操作方法是(　　)。

A. 直接在论文结尾处输入参考文献的相关信息

B. 把参考文献信息保存在一个单独表格中，然后复制到论文结尾处

C. 利用 Word“管理源”和“插入书目”功能，在论文结尾处插入参考文献或书目列表

D. 利用 Word 中“插入尾注”功能，在论文结尾处插入参考文献或书目列表

54. 将 Word 文档以稿纸格式打印输出，最优的操作方法是(　　)。

A. 适当调整文档内容的字号，然后将其直接打印到稿纸上

B. 利用 Word 的“稿纸设置”功能

C. 利用 Word 的“表格”功能绘制稿纸，然后将文字内容复制到表格中

D. 利用 Word 的“文档网格”功能

55. 在 Word 文档中将应用了“标题 1”样式的所有段落格式调整为“段前、段后各 12 磅，单倍行距”，最优的操作方法是(　　)。

A. 将每个段落逐一设置为“段前、段后各 12 磅，单倍行距”

B. 将其中一个段落设置为“段前、段后各 12 磅，单倍行距”，然后利用格式刷功能将格式复制到其他段落

C. 修改“标题 1”样式，将其段落格式设置为“段前、段后各 12 磅，单倍行距”

D. 利用查找替换功能，将“样式：标题 1”替换为“行距：单倍行距，段落间距段前：12 磅，段后：12 磅”

56. 如果希望为一个多页的 Word 文档添加页面图片背景，最优的操作方法是(　　)。

A. 在每一页中分别插入图片，并设置图片的环绕方式为衬于文字下方

B. 利用水印功能，将图片设置为文档水印

C. 利用页面填充效果功能，将图片设置为页面背景

D. 执行“插入”选项卡中的“页面背景”命令，将图片设置为页面背景

57. 在 Word 中，不能作为文本转换为表格的分隔符是(　　)。

A. 段落标记　　B. 制表符

C. @　　D. ##

58. 将 Word 文档中的大写英文字母转换为小写，最优的操作方法是(　　)。

A. 执行“开始”选项卡“字体”组中的“更改大小写”命令

B. 执行“审阅”选项卡“格式”组中的“更改大小写”命令

C. 执行“引用”选项卡“格式”组中的“更改大小写”命令

D. 单击右键，执行右键菜单中的“更改大小写”命令

59. 要求只能用 A4 纸打印输出文档，通过打印预览，发现最后一页只有一行文字，把这一行提到上一页，最优的操作方法是(　　)。.

A. 使用 A3 纸排版，打印时再使用 A4 纸，使最后一行文字提到上一页

B. 在“页面布局”选项卡中减小页边距，使最后一行文字提到上一页

C. 在“页面布局”选项卡中将纸张方向设置为横向，使最后一行文字提到上一页

D. 减小字体的大小，使最后一行文字提到上一页

60. 在文档中插入了一个 5 行 4 列的表格，将该表格从第 3 行开始拆分为两个表格的最优操作方法是(　　)。

A. 将光标放在第 3 行第 1 个单元格中，按 Ctrl+Shift+回车键

B. 将光标放在第 3 行第 1 个单元格中，按 Ctrl+回车键

C. 将光标放在第 3 行第 1 个单元格中，按 Shift+回车键

D. 将光标放在第 3 行最后 1 个单元格之外，按回车键

61. 已知录取新生的信息保存在“录取新生.txt”文件中，文件中包含考生号、姓名、性别、录取院系和考生来源省份等信息，如果要使用 Word 的邮件合并功能，给今年录取到艺术系的每个江西籍新生发送一份录取通知书，最优的操作方法是(　　)。

A. 打开“录取新生.txt”文件，找出所有录取到艺术系的江西籍新生，保存到一个新文件中，然后用这个新文件作为数据源，使用邮件合并功能，生成每个新生的录取通知书

B. 打开“录取新生.txt”文件，将文件内容保存到一个新的 Excel 工作簿中，使用 Excel 的筛选功能找出所有录取到艺术系的江西籍新生，然后使用这个工作簿作为数据源，使用邮件合并功能，生成每位新生的录取通知书

C. 直接用“录取新生.txt”文件作为邮件合并的数据源，在邮件合并过程中使用“排序”功能，设置排序条件，先按照录取院系的升序，再按照考生来源省份的升序进行排序，得到满足条件的考生录取通知书

D. 直接用“录取新生.txt”文件作为邮件合并的数据源，在邮件合并的过程中使用“筛选”功能，设置筛选条件“录取院系等于艺术系，考生来源省份等于江西省”，生成满足条件的考生录取通知书

62. 使用 Word 编辑文档时，如果希望在“查找”对话框的“查找内容”文本框中只输入

一个较短的英文单词，便能依次查找分散在文档各处较长的英文单词，如输入“Look”，便能查找到“looked”“looking”等，最优的操作方法是(　　)。

A. 在“查找”选项卡“搜索选项”组中勾选“全字匹配”复选框

B. 在“查找”选项卡“搜索选项”组中勾选“使用通配符”复选框

C. 在“查找”选项卡“搜索选项”组中勾选“同音(英文)”复选框

D. 在“查找”选项卡“搜索选项”组中勾选“查找单词的所有形式(英文)”复选框

63. 使用 Word 创作一份文档，在文档中需要多次使用某表格，最优的操作方法是，第一次创建完表格后，(　　)。

A. 按 Ctrl+C 键，将表格放置在剪贴板中，在后面文档需要的地方使用 Ctrl+V 键粘贴

B. 选中该表格，执行“插入”选项卡“文本”组中的“文档部件”“将所选内容保存到文档部件库”命令，在后面文档需要的地方使用“文档部件”“构建基块管理器”插入该表格

C. 选中该表格，执行“插入”选项卡“文本”组中的“文档部件”“将所选内容保存到文档部件库”命令，在后面文档需要的地方使用“插入”选项卡“文本”组中的“对象”按钮插入该表格

D. 复制表格内容为 Excel 表格并保存，在后面文档需要的地方使用“插入”选项卡“文本”组中的“对象”按钮插入该表格

64. 在 A.docx 文档中保存了名为“一级标题”的样式，如果要在 B.docx 文档中的某些文本上也能使用该样式，最优的操作方法是(　　)。

A. 在 A.docx 文档中，打开“样式”对话框，找到“一级标题”样式，查看该样式的设置内容并记下，在 B.docx 文档中创建相同内容的样式并应用到该文档的段落文本中

B. 在 A.docx 文档中打开“样式”对话框，单击“管理样式”按钮后，使用“导入导出”按钮，将 A.docx 中的“一级标题”样式复制到 B.docx 文档中，在 B.docx 文档中使用该样式

C. 将 B.docx 文档中的内容复制粘贴到 A.docx 文档中，这样就可以直接使用 A.docx 文档中的“一级标题”样式了

D. 在 A.docx 文档选中应用了“一级标题”样式的文本，双击“格式刷”按钮，复制该样式到剪贴板，然后打开 B.docx 文档，单击需要设置样式的文本

65. 某 Word 文档中有一个 5 行 4 列的表格，如果要将另外一个文本文件中的 5 行文字复制到该表格中，并且使其正好成为该表格一列的内容，最优的操作方法是(　　)。

A. 在文本文件选中这 5 行文字，复制到剪贴板，然后回到 Word 文档，将光标置于指定列的第一个单元格，将剪贴板内容粘贴过来

B. 一行一行地将文本文件中的 5 行文字复制、粘贴到 Word 文档表格对应列的 5 个单元格中

C. 在文本文件选中这 5 行文字，复制到剪贴板，然后回到 Word 文档，选中对应列的 5 个单元格，将剪贴板内容粘贴过来

D. 在文本文件选中这 5 行文字，复制到剪贴板，然后回到 Word 文档，选中该表格，将剪贴板内容粘贴过来

66. 张经理对用 Word 制作的工作报告进行修改，希望在原始文档中显示修改的内容和状态，最优的操作方法是(　　)。

A. 利用“审阅”选项卡的批注功能，为文档中每一处要修改的地方添加批注，将自己的意见写到批注框里

B. 利用“插入”选项卡“文本”组提供的功能，为文档中每一处要修改的地方添加文档部件，将自己的意见写到文档部件中

C. 利用“审阅”选项卡“修订”组提供的功能，选择带“显示标记”的文档的修订查看方式后，按下“修订”按钮，然后在文档中直接修改内容

D. 利用“插入”选项卡的修订标记功能，为文档中每一处要修改的地方插入修订符号，然后在文档中直接修改内容

67. 用 Word 编辑一份书稿，要求目录和正文的页码分别采用不同的格式，且均从第 1 页开始，最优的操作方法是(　　)。

A. 将目录和正文分别存在两个文档中，分别设置页码

B. 在目录与正文间插入分节符，在不同的节中设置不同的页码

C. 在目录与正文间插入分页符，在分页符前后设置不同的页码

D. 在 Word 文档中不设置页码，将其转换为 PDF 格式时再增加页码

68. 某论文分别请两位老师审阅，每位老师分别用 Word 的修订功能对该论文进行了修改。现在需要将两份经过修订的文档合并为一份，最优的操作方法是(　　)。

A. 在一份修订较多的文档中，用手动方式将另一份修订较少文档中的修改内容补充进来

B. 请一位老师在另一位老师修订后的文档中再进行一次修订

C. 利用 Word 比较功能，将两位老师的修订合并到一个文档中

D. 将修订较少的文档舍弃，只保留修订较多的那份论文作为终稿

69. 修改一份用 Word 编制的书稿，保存后再打开时，希望能快速找到上次最后修改的位置，最优的操作方法是(　　)。

A. 打开书稿后，通过使用滚动条找到该位置

B. 记住一个关键词，再次打开书稿时，通过“查找”功能找到该关键词

C. 记住当前页码，下次打开书稿时，通过“查找”功能定位页码

D. 在当前位置插入一个书签，通过“查找”功能定位书签

70. 在 Word 中编辑一篇文稿，纵向选择一块文本区域的最快捷操作方法是(　　)。

A. 按下 Ctrl 键不放，拖动鼠标分别选择所需的文本

B. 按下 Alt 键不放，拖动鼠标选择所需的文本

C. 按下 Shift 键不放，拖动鼠标选择所需的文本

D. 按 Ctrl+Shift+F8 组合键，然后拖动鼠标选择所需的文本

71. 在 Word 中编辑一篇文稿时，快速选取一个较长段落文字区域的最快捷的操作方法是(　　)。

A. 直接用鼠标拖动选择整个段落

B. 在段首单击，按下 Shift 键不放再单击段尾

C. 在段落的左侧空白处双击鼠标

D. 在段首单击，按下 Shift 键不放再按 End 键

72. 使用 Word 编写与互联网相关的文章，文中频繁出现“@”符号，如果希望在输入“(a)”后，它能自动变为“@”，最优的操作方法是(　　)。

A. 将“(a)”定义为自动更正选项

B. 先全部输入为“(a)”，最后再一次性替换为“@”

C. 将“(a)”定义为自动图文集

D. 将“(a)”定义为文档部件

73. 在 Word 中修改一篇长文档时不慎移动了光标位置，若希望返回最近编辑过的位置，最快捷的操作方法是(　　)。

A. 使用滚动条找到最近编辑过的位置并单击

B. 按 Ctrl+F5 组合键

C. 按 Shift+F5 组合键

D. 按 Alt+F5 组合键

74. 用 Word 编写一份会议通知，如果希望通知结尾处的日期能随系统日期的变化而自动更新，最快捷的操作方法是(　　)。

A. 使用插入日期和时间功能，插入特定格式的日期并设置为自动更新

B. 通过插入对象功能，插入一个可以链接到原文件的日期

C. 直接手动输入日期，然后将其格式设置为可以自动更新

D. 通过插入域的方式插入日期和时间

75. 在一篇 Word 文档中创建了一个页眉，如果希望在其他文档中能直接使用该页眉格式，最优的操作方法是(　　)。

A. 下次创建新文档时，直接从该文档中将页眉复制到新文档中

B. 将该文档保存为模板，下次可以在该模板的基础上创建新文档

C. 将该页眉保存在页眉文档部件库中，以备下次调用

D. 将该文档另存为新文档，并在此基础上修改

76. 如果要在 Word 文档中插入一个用 Excel 制作好的表格，并希望 Word 文档中的表格内容随 Excel 源文件数据的变化而自动变化，最快捷的操作方法是(　　)。

A. 在 Word 中通过“插入”→“对象”功能，插入一个可以链接到原文件的 Excel 表格

B. 复制 Excel 数据源，然后在 Word 中通过“开始”→“粘贴”→“选择性粘贴”命令进行粘贴链接

C. 复制 Excel 数据源，然后在 Word 文档右键快捷菜单上选择带有链接功能的粘贴选项

D. 在 Word 中通过“插入”→“表格”→“Excel 电子表格”命令，链接 Excel 表格

77. 下列操作中，不能在 Word 文档中插入图片的操作是(　　)。

A. 使用“插入对象”功能

B. 使用“插入交叉引用”功能

C. 使用复制、粘贴功能

D. 使用“插入图片”功能

78. 在Word中编辑一篇包含12个章节的书稿,如果希望每一章都能自动从新的一页开始,最优的操作方法是(　　)。

A. 在每一章最后插入分页符

B. 在每一章最后连续按Enter键，直到下一页面开始处

C. 将每一章标题的段落格式设为“段前分页”

D. 将每一章标题指定为标题样式，并将样式的段落格式修改为“段前分页”

79. 在Word文档编辑状态下将光标定位于任一段落位置后设置1.5倍行距的结果是(　　)。

A. 全部文档没有任何改变

B. 全部文档按1.5倍行距调整段落格式

C. 光标所在行按1.5倍行距调整格式

D. 光标所在段落按1.5倍行距调整格式

80. 小李的打印机不支持自动双面打印，但他希望将一篇在Word中编辑好的论文连续打印在A4纸的正反两面上，最优的操作方法是(　　)。

A. 先单面打印一份，然后找复印机进行双面复印

B. 先指定打印所有奇数页，将纸张翻过来后再指定打印偶数页

C. 打印时先设置“手动双面打印”，等Word提示打印第二面时，将纸张翻过来继续打印

D. 先在文档中选择所有奇数页并在打印时设置“打印所选内容”，将纸张翻过来后再选择打印偶数页

81. 在Word中编辑文档时，希望表格及其上方的题注总是出现在同一页上，最优的操作方法是(　　)。

A. 当题注与表格分离时，在题注前按Enter键增加空白段落以实现目标

B. 在表格最上方插入一个空行，将题注内容移动到该行中，并禁止该行跨页断行

C. 设置题注所在段落与下段同页

D. 设置题注所在段落孤行控制

82. 利用Word对一份报告的字体、段落、样式等格式进行设置后，希望这组格式可以作为标准，应用到其他类似的文档中，最优的操作方法是(　　)。

A. 将当前报告中的格式保存为主题，在其他文档中应用该主题

B. 将当前报告保存为模板，删除其中的内容后，每次基于该模板创建新文档

C. 通过“格式刷”将当前报告中的格式复制到新文档的相应段落中

D. 将当前报告的格式另存为样式集，并为新文档应用该样式集

83. 将一篇来自互联网的以html格式保存的文档内容插入到Word文档中，最优的操作方法是(　　)。

A. 通过“复制”→“粘贴”功能，将其复制到Word文档中

B. 通过“插入”→“文件”功能，将其插入到Word文档中

C. 通过“文件”→“打开”功能，直接打开html格式的文档

D. 通过“插入”→“对象”→“文件中的文字”功能，将其插入到Word文档中

84. 若希望 Word 中所有超链接的文本颜色在被访问后变为绿色，最优的操作方法是(　　)。

A. 通过新建主题颜色，修改已访问的超链接的字体颜色

B. 通过修改“超链接”样式的格式，改变字体颜色

C. 通过查找和替换功能，对已访问的超链接的字体颜色进行替换

D. 通过修改主题字体，改变已访问的超链接的字体颜色

85. 在 Word 文档中为图表插入“图 1”“图 2”等题注时，删除标签与编号之间自动出现的空格的最优操作方法是(　　)。

A. 在新建题注标签时，直接将其后面的空格删除

B. 选择整个文档，利用查找和替换功能，逐个将题注中的西文空格替换为空

C. 一个一个地手动删除该空格

D. 选择所有题注，利用查找和替换功能将西文空格全部替换为空

86. 在一部 Word 书稿中定义并应用了各级标题的标准样式后，希望以该标准样式替换掉其他书稿的同名样式，最优的操作方法是(　　)。

A. 将原书稿保存为模板，基于该模板创建或复制新书稿的内容并应用标准样式

B. 利用格式刷，将标准样式的格式从原书稿复制到新书稿的某一同级标题，然后通过更新样式以匹配所选内容

C. 通过管理样式功能，将书稿中的标准样式复制到新书稿中

D. 依据标准样式中的格式，直接在新书稿中修改同名样式中的格式

二、判断题

1. 在“查找和替换”对话框中可以使用 更多(M) >> 按钮，按格式查找和替换内容。(　　)

2. 单击 Word 窗口状态栏的“页面”位置，会弹出对话框，让用户定位文档位置。(　　)

3. 段落是指文档中两次回车键之间的所有内容，不包括这些内容后面的回车键。(　　)

4. 模板是预先设置好格式的特殊文档，不能对用模板建立的文档再设置格式。(　　)

5. 选定表格的一行或一列后，按 Delete 键可以删除这一行或这一列。(　　)

6. Word 会根据表格中字体的大小自动调整表格的行高和列宽。(　　)

7. 在表格的某个单元格中还能再插入表格。(　　)

8. 在绘制的形状图形当中可以添加文字。(　　)

9. 在“打印”窗口的“打印自定义范围”框中输入页码范围时，页码间的标点符号必须是英文标点符号。(　　)

10. 在 Word 2010 中可以实现手动双面打印。(　　)

11. 用户可以删除自己创建的样式，但是不能删除系统内置的样式。(　　)

12. 使用“分栏”对话框，可以在各栏间设置分隔线。(　　)

三、填空题

1. 要显示或隐藏段落标记，应当执行“文件”→“选项”命令，打开“Word”选项对话框，在“显示”选项卡去掉“______________”。

2. 在 Word 中，要想输入①㈡⑶等符号，应当使用“________”→“符号”命令。

3. 选定某段落后，单击“开始”选项卡“段落”组中的 按钮右侧的下箭头，可以为段落设置__________。

4. 若要对当前文档中的表格设置表线的宽度，可以执行“页面布局”→“页面边框”命令，打开“边框和底纹”对话框，进入“__________”选项卡进行设置。

5. 在“另存为”对话框中，“地址栏”中显示的是________________。

6. 若要将磁盘中某个Word文档的内容插入到当前文档中，应当使用“插入”→“________”→“____________”命令。

7. 在 Word 中，打开文档的快捷键是__________+______，保存文档的快捷键是__________+______。

8. Word 2010为用户提供了____________、____________、____________、____________、____________视图方式。

9. 分节符有__________、__________、__________、__________四种类型。

10. 在“页面设置”对话框中，可以通过选中“___________”，为奇偶页设置不同的页眉和页脚。

11. 选定整个表格后，单击右键，执行快捷菜单中的“________________”命令，可以删除整个表格。

12. 在Word中创建的表格最多可以有________行、_______列。

13. 在Word中插入的剪贴画默认对应的文件的扩展名是_________。

14. 可以利用Word的__________功能，编辑录取通知书之类的文档。

15. _____是隐藏在文档中由一组__________组成的指令，Word会执行这组指令，并将得到的结果显示在文档中。

16. 在Word的编辑状态下，已将表格线设为可以打印的实线，如果要去掉表格线，应当在“表格工具/________”选项卡中单击“边框”按钮，进行设置。

四、操作题

【操作题1】

素材文件夹中有一个“实验6操作题1Word素材.docx”文件，利用素材文件夹中提供的相关素材、参考样例文档，对“实验6操作题1Word素材.docx”进行修订与编排，最终的文档不应超过9页。

1. 将“实验6操作题1Word素材.docx”文件另存为“实验6操作题1Word.docx”文件，后续操作均基于此文件进行。

2. 按照下列要求，对文档内容进行修改完善。

① 参考“示例图1”，根据“图1 ASM法兰密封设计体系”上方表格中的内容绘制图形，令图中的所有形状均位于一幅绘图画布中，画布宽度不大于7.8cm、高度小于6.9cm，之后删除原表格。

② 在“图4 4个上紧头工具同时上紧方案”上方红色底纹标出的位置插入考生文件夹下的图片“实验6操作题1图4.jpg”，缩放为原大小的70%，将其上方的紫色文本作为图片的注释，以独立文本框的形式放置在图片圆形的右侧，效果可参考“实验6操作题1图4示例.jpg”，并令其始终与图片锁定在一起。

③ 参考“示例图2”，在“4.3.1 理论计算公式”下方红色底纹标出的位置以内嵌方式插入公式。

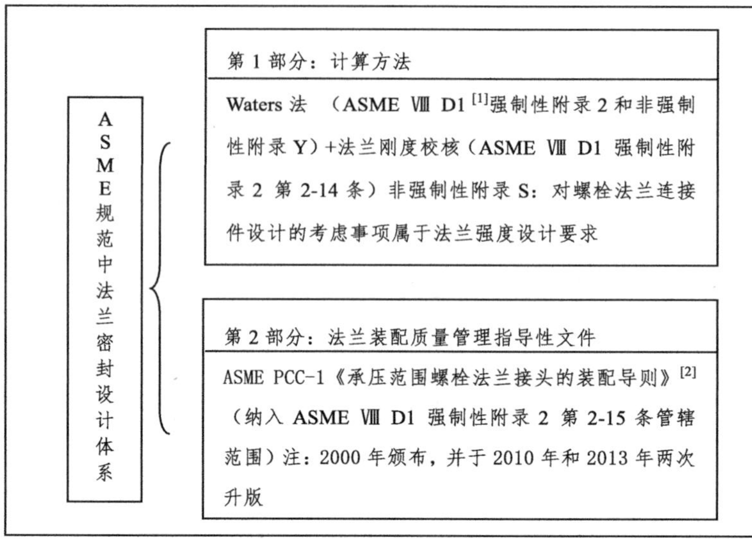

示例图 1

$$T=\frac{F}{2}\left(\frac{p}{\pi}+\frac{\mu_t d_2}{\cos\beta}+D_e\mu_n\right)$$

示例图 2

④ 在“表 1 螺栓预紧应力表”下方红色底纹标出的位置插入 Excel 对象“实验 6.1 表 1-螺栓预紧应力表 xlsx”中 B2:H29 单元格区域内的数据内容，要求插入的表格高 11.4 厘米、宽 6.85 厘米并包含原格式，且要求在 Excel 中的修改可及时更新到 Word 文档中。

⑤ 将标注“表 2 紧固方法和载荷控制技术选择”下方以逗号分隔的紫色文本转换为一个表格，套用一个表格样式，令其始终与页面等宽且表格中的文本垂直水平均居中排列。

3. 按照下列要求，对稿件的格式进行设置和修改。

① 在文档“实验 6.1Word.docx”中按下表要求对指定样式进行修改，并为指定段落应用样式及自动多级列表内容。

内容	样式	格　式	多级列表
红色文本段落	标题 1	四号字、黑体、不加粗、标准深蓝色，段前 0.2 行、段后 0.2 行，行距最小值 12 磅，左对齐，其他格式不变	1、2……n，左侧对齐位置 0，文本缩进 0.9 厘米
蓝色文本段落	标题 2	小四号字、黑体、不加粗、标准深蓝色，段前 6 磅，段后 3 磅，行距最小值 12 磅，其他格式不变	1.1、1.2、2.1、2.2……n.1、n.2，左侧对齐位置 0，文本缩进 0.9 厘米
绿色段落文本	标题 3	五号字、黑体、不加粗，标准深蓝色，段前 6 磅、段后 3 磅，行距最小值 12 磅，其他格式不变	1.1.1、1..1.2、2.1.1、2.1.2……n.1.1、n.1..2，左侧对齐位置 0.75 厘米，文本缩进 1.5 厘米
……	正文 1	中文为宋体，西文为 Times New Roman，首行缩进 2 字符，1.25 倍行距，段后 6 磅，两端对齐，其他格式不变	

内容	样式	格　式	多级列表
……	正文 2	中文为楷体，西文为 Times New Roman，均为 11 磅，首行缩进 2 字符，1.25 倍行距，段后 3 磅，两端对齐，其他格式不变	

② 稿件中有 5 个图片及 22 个表格，分别在表格上方和图片下方的说明文字左侧添加形如“表 1”“表 2”“图 1”“图 2”的题注，其中表格和图片分别连续编号且可自动更新，要求题注段落始终与相关图片或表格位于同一页面中。

③ 将文中以黄色底纹标出的引用表格或图片题注号的位置以自动引用代替原来的手动序号。最后，将“题注”样式的格式修改为宋体、加粗、小五号字、居中。

4. 按下列要求，对稿件的页面布局进行设置。

① 设置纸张大小为 A4，对称页边距，上边距 2.5 厘米、下边距 2 厘米，内侧边距 2.0 厘米、外侧边距 1.5 厘米，装订线 1 厘米，页眉页脚距边界均为 1.0 厘米。

② 自“关键词”所在段落之后将文档分为等宽两栏，其中图 4、图 5、表 2 及其题注不分栏。最后一页内容无论多少均应平均分为两栏排列。

③ 插入格式为“-1-”“-2-”、整篇文档起始页码值为 15 且连续的页码，页码位置及页眉内容按下表要求进行添加，其中文档的各种属性已经提前设置好，不得自行修改。

页眉位置	左侧内容	中间内容	右侧内容
首页	文档的主题属性		两行文本，内容为： 石油化工设备技术，2016.37(4) Petro-ChemicalEquipment Technology
偶数页	页码	文档的主题属性	
奇数页	文档的备注属性	文档作者 文档的标题属性	

【解题步骤】

1. 步骤 1：打开素材文件夹下的“实验 6 操作题 1 Word 素材.docx”文件。

步骤 2：单击“文件”选项卡的“另存为”命令，弹出“另存为”对话框，在该对话框中将文件名改为“实验 6 操作题 1Word.docx”，将其保存于素材文件夹中。

2. 步骤 1：将光标置于“如图 1 所示：”之后，按 Enter 键产生一个空白段落。单击“插入”选项卡“插入”组中的“形状”按钮，在下拉列表中选择“新建绘图画布”命令。

步骤 2：选中插入的绘图画布对象，在“绘图工具/格式”选项卡“大小”组中单击右下角的对话框启动器按钮，弹出“布局”对话框，在“大小”选项卡取消“锁定纵横比”复选框的选中状态，将“高度”调整为小于 6.9 厘米的任意高度，如 6.5 厘米；将“宽度”调整为不大于 7.8 厘米的任意宽度，如 7.8 厘米，单击“确定”按钮。

步骤 3：参考示例图 1 图片的排版效果，单击“绘图工具/格式”选项卡“插入形状”组“基本形状”中的“垂直文本框”选项，在绘图画布左侧绘制垂直文本框对象；将表格中的文本“ASME 规范中法兰密封设计体系”复制到该文本框中，单击“绘图工具/格式”选项卡

“文本”组中的“对齐文本”按钮，在下拉列表选择“居中”选项，设置文本框中的文本居中对齐。

步骤 4：单击“插入形状”组“基本形状”中的左大括号形状，在绘图画布中画一个左大括号，选中它，单击“绘图工具/格式”选项卡“形状样式”组中的“形状轮廓”按钮，在下拉列表中选择“主题颜色黑色，文字 1”选项，将“粗细”设置为 0.75 磅。

步骤 5：单击“插入形状”组“基本形状”中的“文本框”按钮，在绘图画布中画一个文本框，复制下方表格中第 2 列第 1 行和第 2 行内容，在刚画的文本框中单击右键，在弹出的快捷菜单中选择“粘贴选项/保留源格式”选项；选中文本框对象，单击右键，在弹出的快捷菜单中选择“设置形状格式”选项，弹出“设置形状格式”对话框，将“线条颜色”设置为“无”，最后单击“关闭”按钮，关闭对话框。

步骤 6：选中文本框中所有文字对家，在“开始”选项卡“字体”组中适当缩小文字字号，如将“字号”设置为“六号”，然后适当调整文本框的大小，使所有文本都可以显示。

步骤 7：按上述同样方法，在下方插插入文本框对象，将下方表格第 2 列中第 3 行和第 4 行内容复制粘贴到文本框中，将文本框的边框线条颜色设置为“无线条”，字号同样设置为“六号”，然后适当调整文本框的大小，使所有文本都可以显示。

步骤 8：选中表格对象，单击右键，在弹出的快捷菜单中选择“删除表格”命令。

步骤 9：删除“图 4 4 个上紧头工具同时上紧方案”上方红色底纹标出的文字，按回车键新增一个段落；单击“插入”选项卡“插图”组中的“图片”按钮，弹出“插入图片”对话框，浏览并选中素材文件夹中的“实验 6 操作题 1 图 4.jpg”文件，单击“插入”按钮。

步骤 10：选中插入的图片对象，单击“图片工具/格式”选项卡“大小”组右下角的对话框启器按钮，弹出“布局”对话框，在“大小”选项卡“缩放”组中将“高度”调整为 70%，最后单击“确定”按钮，关闭对话框。

步骤 11：单击“插入”选项卡“文本”组中的“文本框”按钮，在下拉列表中选择“绘制文本框”命令，在图片第二排圆形的右侧绘制一个矩形文本框，将下方的紫色文字剪切到该文本框中，参考“实验 6 操作题 1 图 4 示例.jpg”文件，在“开始”选项卡“字体”组中将字号调整为“小五”号字，将“段落”中的“首行缩进”调整为“1 字符”，选中文本框对象，单击右键，在弹出的快捷菜单中选择“设置形状格式”命令，弹出“设置形状格式”对话框，将“线条颜色”设置为“无颜色”，单击“关闭”按钮。

步骤 12：选中图片对象，单击“图片工具/格式”选项卡“排列”组的“自动换行”按钮，在下拉列表中选择“四周型环绕”，然后单击右侧的“下移一层”按钮，单击“排列”组中的“选择窗格”按钮，在右侧出现“选择和可见性”窗格，同时选中文本框和图片对象，单击“图片工具/格式”选项卡“排列”组中的“组合”按钮，最后单击“排列”组中的“自动换行”按钮，在下拉列表中选择“嵌入型”选项。

步骤 13：删除“4.3.1 理论计算公式”下方红色底纹标出的文本，单击“插入”选项卡下“符号”组中的“公式”按钮，在下拉列表中选择“插入新公式”命令。

步骤 14：参考示例图 2，在公式文本框中输入“T=”；单击“公式工具/设计”选项卡“结构”组中的“分数”按钮，在下拉列表中选择“分数(竖式)”格式，在分母中输入“2”，在分子中输入“F”；将光标置于分式的水平位置，单击“结构”组中的“括号”按钮，在下拉列表中选择“圆括号”选项；把光标置于“圆括号”中，单击“结构”组中的

“分数”按钮，在下拉列表中选择“分数(竖式)”格式，把光标置于分母中，单击“符号”功能组中的“π”，在分子中输入“p”；把光标置于分式的水平位置，输入“+”，继续单击“结构”组中的“分数”按钮，在下拉列表中选择“分数(竖式)”格式，把光标置于分母中，单击“结构”组中的“函数”按钮，在下拉列表中选择“余弦函数”选项，在“cos”后单击“符号”组右侧的“全部”按钮，展开符号项列表框中所有内容，选择“β”，将光标置于分子中，单击“结构”组中的“上下标”按钮，在下拉列表中选择“下标”符号，把光标置于左上角位置，单击“符号”组中的“其他”按钮，展开符号列表中的所有符号，单击输入“μ”符号，在下标位置输入“t”；把光标置于“μ”的水平位置，单击“结构”组中的“上下标”按钮，在下拉列表中选择“下标”符号，把光标置于左上角位置，输入“d”，在下标位置输入“2”；把光标置于分数的水平位置，输入“+”，然后单击“结构”组中的“上下标”按钮，在下拉列表中选择“下标”符号，将光标置于左上角位置，输入“D”，在下标位置输入“e”，把光标置于“D”的水平位置，单击“结构”组中的“上下标”按钮，在下拉列表中选择“下标”符号，将光标置于左上角位置，单击“符号”组中的“其他”按钮，展开符号列表中的所有符号，单击输入“μ”符号，在下标位置输入“n”。

注意：插入公式后，单击公式控件右侧的“公式选项”下拉按钮，若下拉列表中显示“更改为‘显示’”命令，则表示公式为内嵌方式，否则应单击下拉列表“更改为‘内嵌’”命令，把它更改为内嵌方式。

步骤 15：删除“表 1 螺栓预紧应力表”下方红色底纹标出的文本，单击“插入”选项卡“文本”组中的“对象”按钮，在下拉列表中选择“对象”，弹出“对象”对话框，切换到“由文件创建”选项卡，单击“浏览”按钮，弹出“浏览”对话框，浏览并选中素材文件夹下的“实验 6 操作题 1 表 1-螺栓预紧应力表.xlsx”文件，单击“插入”按钮，选中对话框中的“链接到文件”复选框，单击“确定”按钮，关闭对话框。

步骤 16：选中插入的 Excel 表格对象，单击右键，在弹出的快捷菜单中选择“设置对象格式”选项，切换到“大小”选项卡，取消下方“锁定纵横比”复选框的选定状态，在“高度”绝对值中输入“11.4 厘米”，在“宽度”绝对值中输入“6.85 厘米”，单击“确定”按钮，关闭对话框。

步骤 17：选中文档中“表 2 紧固方法和载荷控制技术选择”下方以逗号分隔的紫色文本，单击“插入”选项卡“表格”组中的“表格”按钮，在下拉列表中选择“文本转换成表格”选项，弹出“将文字转换成表格”对话框，在“‘自动调整’操作”中选择“根据窗口调整表格”选项,单击“确定”按钮。

步骤 18：选中表格对象，单击“表格工具/设计”选项卡“表格样式”组中除“网格型”之外的一种表格样式；单击“表格工具/布局”选项卡“对齐方式”组中的“水平居中”按钮，设置文本在单元格中水平和垂直均居中排列。

3. 步骤 1：选中文档中第 1 段红色文本段落，单击“开始”选项卡“编辑”组中的“选择”按钮，打开下拉列表，选择“选定所有格式类似的文本”选项，选中所有红色文本标识的段落。单击“开始”选项卡“样式”组中的“标题 1”样式，然后右击“标题 1”样式，在弹出的快捷菜单中选择“修改”选项，弹出“修改样式”对话框，按题目要求，将字体设置为“黑体”，将字号设置为“四号”，取消“加粗”，将字体颜色设置为“标准色/深蓝色”；单击下方的“格式”按钮，打开下拉列表，选择“段落”选项，弹出“段落”对话框，按题目要求进行段落设置，最后单击“确定”按钮，关闭对话框。.

步骤 2：选中文档中第 1 段蓝色文本段落，单击“开始”选项卡“编辑”组中的“选择”按钮，打开下拉列表，选择“选定所有格式类似的文本”选项，选中所有蓝色文本标识的段落。单击“开始”选项卡“样式”组中的“标题 2”样式，然后右击“标题 2”样式，在弹出的快捷菜单中选择“修改”选项，弹出“修改样式”对话框，按题目要求，把字体设置为“黑体”，把字号设置为“小四号”，取消“加粗”，把字体颜色设置为“标准色/深蓝色”；用同样的方法，按题目要求设置段落，最后单击“确定”按钮，关闭对话框。

步骤 3：选中文档中第 1 段绿色文本段落，单击“开始”选项卡“编辑”组中的“选择”按钮，打开下拉列表，选择“选定所有格式类似的文本”选项，选中所有绿色文本标识的段落。单击“开始”选项卡“样式”组中的“标题 3”样式，然后右击“标题 3”样式，在弹出的快捷菜单中选择“修改样式”对话框，按题目要求，把字体设置为“黑体”，把字号设置为“五号”，取消“加粗”，把字体颜色设置为“标准色/深蓝色”；用同样的方法，按题目要求设置段落，最后单击“确定”按钮，关闭对话框。

步骤 4：单击“开始”选项卡“样式”组右下角的对话框启动器按钮，弹出“样式”窗格，单击“正文 1”样式右侧的下拉按钮，打开下拉列表，选择“修改”选项，弹出“修改样式”对话框，单击下方的“格式”按钮，打开下拉列表，选择“字体”选项，弹出“字体”对话框，把“中文字体”设置为“宋体”，把“西文字体”设置为“Times New Roman”，单击“确定”按钮，关闭对话框。继续单击“格式”按钮，打开下拉列表，选择“段落”选项，弹出“段落”对话框，按题目要求设置段落格式，单击“确定”按钮，关闭对话框。

步骤 5：单击“开始”选项卡“样式”组右下角的对话框启动器按钮，弹出“样式”窗格，单击“正文 2”样式右侧的下拉按钮，打开下拉列表，选择“修改”选项，弹出“修改样式”对话框，单击下方的“格式”按钮，打开下拉列表，选择“字体”选项，弹出“字体”对话框，把“中文字体”设置为“楷体”，把“西文字体”设置为“Times New Roman”，把“字号”设置为 11 磅，单击“确定”按钮，关闭对话框；继续单击“格式”按钮，打开下拉列表，选择“段落”选项，弹出“段落”对话框，按题目要求，设置段落格式，单击“确定”按钮，关闭对话框。

步骤 6：单击“视图”选项卡“文档视图”组中的“大纲视图”，切换到“大纲视图”界面，把“大纲”选项卡“大纲工具”组中的“显示级别”设置为“3 级”，删除原来手工输入的各级编号，然后把光标置于“ASME PCC-1 标准的构架”段落前的位置，单击“开始”选项卡“段落”组中的“多级列表”按钮，打开下拉列表，选择“定义新的多级列表”命令，弹出“定义新的多级列表”对话框，选中左侧“单击要修改的级别”列表框中的“1”，单击“更多”按钮，展开全部设置项，在“对齐位置”中输入“0 厘米”，把“文本缩进位置”设置为“0.9 厘米”；在右侧的“将级别链接到样式”下拉列表中选择“标题 1”样式；选中左侧列表框中的“2”，设置第 2 级列表，把左侧对齐位置设置为“0”，把文本缩进位置设置为“0.9 厘米”，在右侧的“将级别链接到样式”下拉列表中选择“标题 2”样式；选中左侧列表框中的“3”，设置第 3 级列表，把左侧对齐位置设置为“0.75”，把文本缩进位置设置为“1.5 厘米”，在右侧的“将级别链接到样式”下拉列表中选择“标题 3”样式。设置完成后选中左侧列表框中的级别“1”，单击“确定”按钮，关闭对话框。

步骤 7：单击“大纲”选项卡“关闭”组中的“关闭大纲视图”按钮，返回“页面视图”

界面。

步骤 8：删除图片 1 下方说明文字中的“图 1”，单击“引用”选项卡“题注”组中的“插入题注”按钮，弹出“题注”对话框，单击“新建标签”按钮，弹出“新建标签”对话框，在“标签”文本框中输入“图”，单击“确定”按钮。最后单击“确定”按钮插入题注，关闭“题注”对话框。

步骤 9：删除图片 2 下方说明文字中的“图 2”，单击“引用”选项卡“题注”组中的“插入题注”按钮，弹出“题注”对话框，直接单击“确定”按钮，用相同的方法操作后续所有的图。

步骤 10：删除表 1 上方说明文字中的“表 1”，单击“引用”选项卡“题注”组中的“插入题注”按钮，弹出“题注”对话框，单击“新建标签”按钮，弹出“新建标签”对话框，在“标签”文本框中输入“表”，单击“确定”按钮。最后单击“确定”按钮，关闭“题注”对话框。

步骤 11：删除表 2 上方说明文字中的“表 2”，单击“引用”选项卡“题注”组中的“插入题注”按钮，弹出“题注”对话框，直接单击“确定”按钮。

步骤 12：把光标置于图片或表格所在段落，单击“开始”选项卡“段落”组右下角的对话框启动器按钮，弹出“段落”对话框，切换到“换行和分页”选项卡，选中“与下段同页”复选框，单击“确定”按钮。对每一个图片和表格题注所在的段落均应设置“与下段同页”。

步骤 13：删除文档中黄底纹标识的“图 1”，单击“引用”选项卡“题注”组中的“交叉引用”按钮，弹出“交叉引用”对话框，在“引用类型”下拉列表框中选择“图”选项，在“引用内容”下拉列表框中选择“只有标签和编号”选项，在“引用哪一个题注”列表框中选择“图 1 ASM 法兰密封设计体系”选项，单击“插入”按钮。按同样的方法在文档中引用其余图和表，引用表时，要将“交叉引用”对话框中的“引用类型”选择为“表”。

步骤 14：单击“开始”选项卡“样式”组右下角的对话框启动器按钮，弹出“样式”窗格,单击“题注”样式右侧的下拉按钮，打开下拉列表，选择“修改”选项，弹出“修改样式”对话框，把“字体”设置为“宋体”，“字号”设置为“小五号”，“字形”设置为“加粗”，“对齐方式”设置为“居中”，完成后，单击“确定”按钮，关闭对话框。

4. 步骤 1：单击“页面布局”选项卡“页面设置”组右下角的对话框启动器按钮，弹出“页面设置”对话框，在“纸张”选项卡把“纸张大小”设置为“A4 纸”；在“页边距”选项卡，把“多页”设置为“对称页边距”，“上边距”设置为“2.5 厘米”，“下边距”设置为“2 厘米”，“内侧边距”设置为“2.0 厘米”，“外侧边距”设置为“1.5 厘米”，“装订线”设置为“1 厘米”；在“版式”选项卡，把“页眉”和“页脚”距边界均设置为“1.0 厘米”，单击“确定”按钮。

步骤 2：选中正文中自“长期以来—”到“二是 2 头工具同时上紧方案，见图 5。”段落内容，单击“页面布局”选项卡“页面设置”组中的“分栏”按钮，在下拉列表中进择“更多分栏”命令，在弹出的对话框中选择“两栏”，选中“栏宽相等”复选框，单击“确定”按钮。再选中图 5 下方到表 2 上方的内容，按相同的方法为这些内容分栏。最后选中表 2 下方到文档结束内容(文档最后一段空段不要选，以保证最后一页内容平均分为两栏排列)，按照相同的方法为这些内容分栏。

步骤3：双击文档首页的页眉位置，进入页眉编辑界面，选中“页眉和页脚工具/设计”选项卡“选项”组中的“首页不同”和“奇偶页不同”复选框；把光标置于首页页眉，单击“页眉和页脚工具/设计”选项卡“页眉和页脚”组中的“页眉”按钮，打开下拉列表，选择“空白(三栏)”选项，在插入的空白三栏页眉处，选中最左侧占位符，单击“页眉和页脚工具/设计”选项卡“插入”组中的“文档部件”按钮，打开下拉列表，选择“文档属性/主题”选项，删除中间占位符控件，在右侧占位符文本框中输入“石油化工设备技术，2016.37(4) Petro-ChemicalEquipment Technology”，选中输入的文本，单击“开始”选项卡“段落”组中的“中文版式”按钮，打开下拉列表，选择“双行合一”命令，弹出“双行合一”对话框，把光标置于“文字”文本框中“Peto-”前的位置，按Enter键进行换行。

步骤4：把光标置于下一页偶数页页眉位置，单击“页眉和页脚工具/设计”选项卡“页眉和页脚”组中的“页眉”按钮，打开下拉列表，选择“空白(三栏)”选项，在插入的空白三栏页眉处，选中最左侧占位符，单击“页眉和页脚”组中的“页码”按钮，打开下拉列表，选择“设置页码格式”选项，弹出“页码格式”对话框，在对话框中将“编号格式”设置为“-1-, -2-”形式，将“起始页码”设置为“15”，单击“确定”按钮。选中偶数页页眉位置左侧的占位符文本框，单击“页眉和页脚”组中的“页码”按钮，打开下拉列表，选择“当前位置/普通数字1”选项。

步骤5：选中偶数页页眉中间位置的占位符文本框，单击“插入”组中的“文档部件”按钮，打开下拉列表，选择“文档属性/主题”选项；选中页眉右侧的占位符文本框，单击“插入”组中的“文档部件”按钮，打开下拉列表，选择“文档属性/备注”选项。

步骤6：把光标置于下一页奇数页页眉位置，单击“页眉和页脚工具/设计”选项卡“页眉和页脚”组中的“页眉”按钮，打开下拉列表，选择“空白(三栏)”选项，在插入的空白三栏页眉处，选中左侧的占位符文本框，单击“插入”组中的“文档部件”按钮，打开下拉列表，选择“文档属性/备注”选项；选中页眉中间位置的占位符文本框，单击“插入”组中的“文档部件”按钮，打开下拉列表，选择“域”，弹出“域”对话框，将“类别”设置为“文档信息”，在“域名”列表框中选中“Author”，单击“确定”按钮，然后在插入的作者姓名后输“.”；继续单击“插入”组中的“文档部件”按钮，打开下拉列表，选择“域”选项，弹出“域”对话框，把“类别”设置为“文档信息”，在“域名”列表框选中“Tite”，单击“确定”按钮。

步骤7：选中右侧的占位符文本框，单击“页眉和页脚”组中的“页码”按钮，打开下拉列表，选择“当前位置/普通数字1”选项。

步骤8：由于文档中部分文字被设置了两栏，文档内容被分为多节，在节与节之间跳转时，需要重新修改页码的格式。页眉设置完成后，单击“页眉和页脚工具/设计”选项卡中的“关闭页眉和页脚”按钮。检查最终文档的页数，应不超过9页，若超过再进一步调整(如调整图片的高度，最后单击“保存”按钮，保存文档。

【操作题2】

按下列要求制作家长会通知书。

1. 将素材文件夹中的“实验6 操作题2Word素材.docx”文件另存为“实验6 操作题2Word.docx”，除特殊指定外，后续操作均在此文件中进行。

2. 将纸张大小设置为A4纸，上、左、右边距均设置为2.5厘米，下边距设置为2厘米，页眉、页脚分别距边界1厘米。

3. 插入“空白(三栏)”型页眉，在左侧的内容控件中输入学校名称“育才中学”，删除中间控件的内容，在右侧插入素材文件夹中的“实验6操作题2Logo.gif”图片，代替原来的内容控件，适当剪裁图片的长度，使它和学校名称一起占用一行。将页眉下方的分隔线设置为标准红色、225磅、上宽下细的双线型。插入“瓷砖型”页脚，输入学校地址“市北区南京路55号，邮编：266320”。

4. 对包含绿色文本的成绩报告单表格进行下列操作：根据窗口大小自动调整表格宽度，让语文、数学、英语、物理、化学5科成绩所在的列等宽。

5. 把通知最后的蓝色文本转换为一个6行6列的表格，参照考生文件夹中的“实验6操作题2回执样例.png”文档进行版式设置。

6. 在“尊敬的”和“学生家长”之间插入学生姓名，在“期中考试成绩报告单”的相应单元格中分别插入学生姓名、学号、各科成绩、总分以及各门课程的班级平均分，要求通知中所有成绩均保留两位小数。学生姓名、学号、成绩等信息存放在素材文件夹的“实验6操作题2学生成绩表.xlsx”工作簿中(提示:各门课程平均分位于成绩表的最后一行)。

7. 按照中文的行文习惯，对家长会通知书主文档“实验6操作题2Word.docx”中的红色标题及黑色文本内容的字体、字号、颜色、段落间距、缩进、对齐方式等进行设置，使其看起来美观且易于阅读。要求整个通知只占用一页。

8. 仅为其中学号为C121401~C121405、C121416~C121420、C121440~C121444的15位学生生成家长会通知书，要求每个学生的家长通知书占1页。将所有通知书页面另外保存在一个名为“实验6操作题2正式家长会通知.docx”的文档中。(如果有必要,应删除“实验6操作题2正式家长会通知.docx”文档中的空白页面。)

9. 文档制作完成后，分别保存为素材文件夹中的“实验6操作题2Word.docx”和“实验6操作题2正式家长会通知.docx”。

【解题步骤】

1. 步骤：打开素材文件夹中的“实验6操作题2Word素材.docx”文件，单击“文件”选项卡中的“另存为”命令，弹出“另存为”对话框，将文件名设置为“实验6操作题2Word.docx”，保存在素材文件夹中。

2. 步骤1：单击“页面布局”选项卡“页面设置”组右下角的对话框启动器按钮，弹出“页面设置”对话框。

步骤2：选择“纸张”选项卡，将“纸张大小”设置为“A4"；选择“页边距”选项卡,把“上”“左”“右”微调框中的数值设置为2.5厘米，把“下”微调框中的数值设置为2厘米；选择“版式”选项卡，把“距边界”对应的“页眉”“页脚”分别设置1厘米，单击“确定”按钮，关闭对话框。

3. 步骤1：单击“插入”选项卡“页眉和页脚”组中的“页眉”下拉按钮，打开下拉列表，选择“空白(三栏)”选项。

步骤2：在页眉左侧内容控件中输入“育才中学”，选中中间内容控件，按Delete键删除其内容，选中右侧内容控件,单击“插入”选项卡“插图”组中的“图片”按钮，在弹出的“插入图片”对话框中选择素材文件夹中的“实验6操作题2Logo.gif”图片文件，单击“插入”按钮。

步骤 3：适当调整插入图片的长度，使其与学校名称共同占用一行。

步骤 4：将光标置于页眉位置，单击“开始”选项卡“段落”组中的“下框线”下拉按钮，在下拉列表中选择“边框和底纹”命令，弹出“边框和底纹”对话框。

步骤 5：在“边框”选项卡“设置”组中选择“自定义”选项，在“样式”中选择“上宽下细”双线型线条样式，在“颜色”中选择标准红色，在“宽度”中选择 2.25 磅，在“应用于”中选择“段落”选项，在右侧的“预览”中单击“下边框”，设置完后单击“确定”按钮。

步骤 6：单击“插入”选项卡“页眉和页脚”组中的“页脚”下拉按钮，打开下拉列表，选择“瓷砖型”选项，在“键入公司地址”内容控件中输入“市北区南京路 55 号，邮编：266320”。

步骤 7：单击“页眉和页脚工具/设计”选项卡“关闭”组中的“关闭页眉和页脚”按钮。

4. 步骤 1：选中整个表格，单击“表格工具/布局”选项卡“单元格大小”组中的“自动调整”下拉按钮，打开下拉列表，选择“根据窗口自动调整表格”选项。

步骤 2：选中表格中的语文、数学、英语、物理、化学 5 科成绩所在的列，单击“表格工具/布局”选项卡“单元格大小”组中的“分布列”按钮。

5. 步骤 1：设置表格样式。

① 选中最后的蓝色文本，单击“插入”选项卡“表格”组中的“表格”下拉按钮，打开下拉列表，单击“文本转换成表格”选项，打开“将文字转换成表格”对话框，选中“文字分隔位置”中的“制表符”单选按钮，单击“确定”按钮。

② 参考“实验 6 操作题 2 回执样例.png”文件，选中表格的第 1 行，单击“表格工具/布局”选项卡“合并”组中的“合并单元格”按钮，将表格第 1 行的所有单元格合并为一个单元格。

③ 参考“实验6操作题2回执样例.png”文件，合并其他单元格，适当调整各行的高度及宽度，使其与参考样式文件一致。

④ 把光标置于第 6 行第 1 列单元格内，单击“表格工具/布局”选项卡“对齐方式”组中的“文字方向”按钮，把文字方向设置为纵向。

⑤ 选中整个表格，单击“表格工具/布局”选项卡“对齐方式”组中的“水平居中”按钮，按同样的方式选中第 5 行，单击“靠下右对齐”按钮。

步骤 2：设置表格边框颜色及样式。

① 选中表格第 2 行到第 6 行的所有单元格，单击“表格工具/设计”选项卡“表格样式”组中的“边框”下拉按钮打开下拉列表，单击“边框和底纹”选项，弹出“边框和底纹”对话框。

② 选择“边框”选项卡，选择“设置”栏中的“方框”按钮，将“样式”设置为“ ”，“颜色”设置为标准色中的“紫色”“宽度”设置为“3.0 磅”，在右侧的“应用于”中选择“单元格”选项。

说明：参考样例是一张图片，未指出边框的具体宽度，上述步骤只是提供了其中的一种设置方式。

③ 单击左侧“设置”组中的“自定义”按钮，将样式设置为“单实线”，“颜色”设置

为标准色中的紫色，“宽度”设置为“0.5 磅”，单击右侧“预览”中的“中心位置”选项，添加内框线，在右侧的“应用于”中选择“单元格”，完成后单击“确定”按钮。

步骤 3：设置表格标题。

① 选中表格第 1 行，单击“表格工具/设计”选项卡“绘图边框”组中的“擦除”按钮，鼠标指针变成“橡皮擦”形状，逐次单击表格第 1 行的“上”“左”“右”边框线，擦除它们。

② 选中表格中的标题行文字，单击“开始”选项卡“字体”组中的“字体颜色”下拉按钮，将字体颜色设置为“黑色”，适当加大文字的字号。

③ 把表格中其余字体颜色设置为“黑色”，选中表格中“是否参加”行的所有单元格，单击“开始”选项卡“字体”组中的“加粗”按钮。

6. 步骤 1：把光标置于“尊敬的”和“学生家长”之间，单击“邮件”选项卡“开始邮件合并”组中的“开始邮件合并”下拉按钮打开下拉列表，选择“邮件合并分步向导”选项，打开“邮件合并”任务窗格。

步骤 2：进行邮件合并的第 1 步操作。保持默认设置，单击“下一步：正在启动文档”超链接。

步骤 3：进行邮件合并的第 2 步操作。保持默认设置，单击“下一步：选取收件人”超链接。

步骤 4：进行邮件合并的第 3 步操作。单击“浏览”超链接，打开“选取数据源”对话框，在素材文件夹中选择“实验 6 操作题 2 学生成绩表.xlsx"，单击“打开”按钮，弹出“选择表格”对话框，选中“初三 14 班期中成绩”工作表，单击“确定”按钮，弹出“邮件合并收件人”对话框，保持默认设置，单击“确定”按钮返回 Word 文档窗口，单击“下一步：撰写信函”超链接。

步骤 5：进行邮件合并的第 4 步操作。

① 在“撰写信封”区域中单击“其他项目”超链接，弹出“插入合并域”对话框，在“域”列表框中选择“姓名”域，单击“插入”按钮，单击“关闭”按钮。

② 将光标置于“期中考试成绩报告单”表格“姓名”对应的单元格中，单击右侧的“其他项目”，弹出“插入合并域”对话框，在“域”列表框中选择“姓名”选项，单击“插入”按钮，单击“关闭”按钮。

③ 用同样的方法，把光标置于各个需要插入域的单元格中，插入合并域。

④ 选中“语文”域名，单击右键，在弹出的快捷菜单中选择“切换域代码”选项，此时域名位置切换为域代码形式，将域代码修改为“{MERGEFIELD"语文"\#"0.00"}”（注意，要在英文输入状态下进行输入），然后右击，在弹出的快捷菜单中选择“更新域”选项或按 Shift+F9 键将其切换为域名形式，这样即可设置“语文”成绩值保留两位小数。

说明：个别笔记本计算机在使用快捷键的时候,需同时按下 Fn 功能键。

⑤ 用同样的方法设置其余各个域名中的域代码。

⑥ 将“初三 14 班期中成绩”工作表中最后一行的平均分复制到表格最后一行相应的单元格中。

7. 步骤 1：设置字体格式。

① 选中红色的“家长会通知”标题文字和“期中考试成绩报告单”文字，单击“开始”

选项卡“字体”组右下角的对话框启动器按钮，打开“字体”对话框，设置合适的字体、字号及颜色。

② 选中黑色文本，用上述同样的方法设置合适的字体、字号及颜色。

步骤 2：设置段落格式。

① 选中红色标题文字，单击“开始”选项卡“段落”组的“居中”按钮。

② 选中正文第 2 段到第 7 段（“时光荏苒……身体健康，万事如意！”），单击“开始”选项卡“段落”组右下角的对话框启动器按钮，打开“段落”对话框，设置合适的段落间距、缩进及对齐方式，确保整个通知书只占用一页。如将“特殊格式”设置为“首行缩进”，缩进“磅值”设置为“2 字符”，将行距设置为“1.5 倍行距”，正文最后两段落款文字设置为“右对齐”。

8. 步骤 1：单击“邮件”选项卡“开始邮件合并”组中的“编辑收件人列表”按钮，弹出“邮件合并收件人”对话框，取消“全选”复选框的选中状态，只选择“学号”为C121401~C121405、C121416~C121420、C121440~C121444 的 15 位同学，单击“确定”按钮。

步骤 2：单击“邮件”选项卡“完成”组中的“完成并合并”下拉按钮，打开下拉列表，选择“编辑单个信函”选项，弹出“合并到新文档”对话框，选中“全部”选项，单击“确定”按钮。

步骤 3：在弹出的文档中单击“保存”按钮，将文件命名为“实验 6 操作题 2 正式家长会通知.docx”，保存到素材文件夹中，然后关闭该文档。

9. 步骤：单击“保存”按钮，保存“实验 6 操作题 2Word.docx”文件，关闭 Word 窗口。

【操作题 3】

某学术杂志的编辑小徐需要对一篇关于艺术史的 Word 格式的文章进行编辑和排版，按照如下要求，帮助她完成相关工作。

1. 在考生文件夹下，将“实验 6 操作题 3Word 素材.docx 文件另存为“实验 6 操作题 3Word.docx”，后续操作均基于此文件。

2. 取消文档中的行号显示；将纸张大小设置为 A4，上、下页边距为 2.7 厘米，左、右页边距为 2.8 厘米，页眉和页脚距离边界皆为 1.6 厘米。

3. 接受审阅者文晓雨对文档的所有修订，拒绝审阅者李东阳对文档的所有修订。

4. 为文档添加摘要属性，作者为“林凤生”，然后再添加如下所示的自定义属性。

名称	类型	取值
机密	是或否	否
分类	文本	艺术史

5. 删除文档中的全角空格和空行，检查文档并删除不可见内容。在不更改“正文”样式的前提下，设置所有正文段落的首行缩进 2 字符。

6. 为文档插入“透视”型封面，其中标题占位符中的内容为“鲜为人知的秘密”，副标题占位符中的内容为“光学器材如何助力西方写实绘画”，摘要占位符中的内容为“借助光学器材作画的绝非丰维米尔一人，参与者还有很多，其中不乏名家大腕，如杨·凡·埃克、霍尔拜因、伦勃朗、哈里斯和委拉斯开兹等等，几乎贯穿了15世纪之后的西方绘画史。”上述内容的文本位于文档开头的段落中，将所需部分移动到相应占位符中后，删除多余的字符。

7. 删除文档中所有以“a”和“b”开头的样式；为文档应用名为“正式”的样式集，并阻止快速样式集切换；修改标题 1 样式的字体为黑体，文本和文本下方的边框线颜色为蓝色，并与下段同页；将文档中字体颜色为红色的 6 个段落设置为标题 1 样式。

8. 保持纵横比不变，将图 1 到图 10 的图片宽度都调整为 10 厘米，居中对齐并与下段同页；对所有图片下方颜色为绿色的文本应用题注样式，并居中对齐。

9. 将文档中所有脚注转换为尾注，编号在文档正文中使用上标样式，并为其添加“[]”，如“[1]、[2]、[3]”；将尾注上方的尾注分隔符(横线)替换为文本“参考文献”。

10. 在文档正文之后(尾注之前)按照如下要求创建索引，完成效果可参考素材文件夹中的“实验 6 操作题 3 索引参考.png”图片：

① 索引开始于一个新的页面。

② 标题为“画家与作品名称索引”。

③ 索引条目按照画家名称和作品名称进行分类，条目内容储存在文档“实验 6 操作题 3 画家与作品.docx”文档中，其中 1~7 行为作品名称，以下的为画家名称。

④ 索引样式为“流行”，分为两栏，按照拼音排序，类别为“无”。

⑤ 索引生成后将文档中的索引标记项隐藏。

11. 在文档右侧页边距插入样式为“大型(右侧)”的页码，首页不显示页码，第 2 页从 1 开始显示，然后更新索引。

【解题步骤】

1. 步骤：打开素材文件夹中的“实验 6 操作题 3Word 素材.docx”文件，单击“文件”选项卡中的“另存为”命令，弹出“另存为”对话框，在该对话框中将文件名修改为“实验 6 操作题 3Word”，将其保存在素材文件夹中。

2. 步骤 1：单击“页面布局”选项卡“页面设置”组中的“行号”选项，在下拉列表中选择“无”选项。

步骤 2：单击“页面布局”选项卡“页面设置”组右下角的“页面设置”按钮，打开“页面设置”对话框，在“页边距”选项卡中，将上、下边距设置为 2.7 厘米；将左、右边距设置为 2.8 厘米；在“纸张”选项卡中，将纸张大小设置为“A4”；在“版式”选项卡中，将页眉、页脚距边界设置为 1.6 厘米。

步骤 3：单击“确定”按钮，关闭“页面设置”对话框。

3. 步骤 1：单击“审阅”选项卡“修订”组中的“显示标记”命令，在下拉列表中将鼠标移向“审阅者”选项，在右侧出现的级联菜单中，取消选择“李东阳”，仅“文晓雨”被选中。

步骤 2：单击“更改”组中的“接受”按钮，在下拉列表中选择“接受所有显示的修订”选项。

步骤 3：单击“修订”组中的“显示标记”命令，在下拉列表中将鼠标指向“审阅者”选项，在右侧出现的级联菜单中选中“李东阳”选项。

步骤 4：单击“更改”组中的“拒绝”按钮，在下拉列表中选择“拒绝对文档的所有修订”选项。

4. 步骤 1：单击“文件”选项卡，在“信息”窗格中，单击最右侧页面中的“属性”选项，在下拉列表中选择“高级属性”，弹出“实验 6 操作题 3Word. docx 属性”对话框，切换到“摘要”选项卡，在“作者”行中输入“林凤生”。

步骤 2：打开“自定义”选项卡,在“名称”行中输入“机密”，单击“类型”行右侧的下三角按钮，在下拉列表中选择“是或否”选项，单击“取值”行中的“否”单选按钮，最后单击“添加”按钮，将值添加到下方的“属性”框中。

步骤 3：按照上述操作，将第 2 条属性添加到“属性”框中。设置完后，单击“确定”关闭对话。

5. 步骤 1：单击“开始”选项卡“编辑”组中的“替换”按钮，弹出“查找和替换”对话框，将输入法切换成全角状态，在“查找内容”框中按空格键。

步骤 2：单击“全部替换”按钮，在弹出的对话框中单击“确定”按钮。

步骤 3：单击“开始”选项卡“编辑”功能组中的“替换”按钮，弹出“查找和替换”对话框，单击下方的“更多”按钮，展开所有选项。

步骤 4：将光标置于“查找内容”文本框中，单击下方的“特殊格式”按钮，在下拉列表中选择“段落标记”选项，连续选择两次该选项用于查找两个连续的回车。

步骤 5：将光标置于“替换为”框中，单击下方的“特殊格式”按钮，在下拉列表中选择“段落标记”选项。

步骤 6：单击“全部替换”按钮，在弹出的对话框中单击“确定”按钮，关闭“查找和替换”对话框。

步骤 7：打开“文件”选项卡,在“信息”窗格中，单击“检查问题”按钮，在下拉列表中选择“检查文档”选项，弹出“文档检查器”对话框，单击对话框中的“检查”按钮。检查结束后，单击对话框中“不可见内容”右侧的“全部删除”按钮，最后单击“关闭”按钮关闭“文档检查器”对话框。

步骤 8：将光标置于正文的任一段落中，单击“开始”选项卡“编辑”组中的“选择”按钮，在下拉列表中选择“选择格式相似的文本”选项。此时，文档中所有正文文本全部选中，再单击“段落”组中右下角的“段落”按钮，弹出“段落”对话框，在“缩进和间距”选项卡中，将“特殊格式”设置为“首行缩进”，“磅值”为“2 字符”，单击“确定”按钮关闭对话框。

6. 步骤 1：将光标置于文档的起始位置，单击“插入”选项卡“页”组中的“封面”按钮，在下拉列表中选择“透视”选项，此时在文档第 1 页前插入了一个封面页。

步骤 2：按照题目的要求，将第 1 页开始位置的文本“鲜为人知的秘密”剪贴到标题占位符文本框中，第 1 页开始位置的文本“光学器材如何助力西方写实绘画”剪贴到副标题占位符文本框中，将文本“借助光学器材作画的绝非维米尔一人，参与者还有很多，其中不乏名家大腕，如杨•凡•埃克、霍尔拜因、伦勃朗、哈里斯和委拉斯开兹等，几乎贯穿了 15 世纪之后的西方绘画史。”剪贴到摘要占位符文本框中。

步骤 3：将文档开头段落中多余的文字删除。

7. 步骤 1：单击“开始”选项卡“样式”组中右下角的“样式”按钮，单击“样式”对话框。单击底部的“管理样式”按钮，弹出“管理样式”对话框，单击“导入/导出”按钮，弹出“管理器”对话框。

步骤 2：在对话框左侧样式列表中选择所有以字母 a 和 b 开头的样式(此处可以先单击选中

第 1 个然后按住键盘上的 Shift 键，再单击选中最后一个)，然后单击中间的“删除”按钮，弹出“Microsoft Word”对话框，单击“全是”按钮，即可将文档中所有以字母 a 和 b 开头的样式全部删除。最后单击“关闭”按钮，关闭“管理器”对话框。

步骤 3：单击“开始”选项卡“样式”组中的“更改样式”按钮，在下拉列表中，将鼠标指向“样式集”，在级联菜单中选择“正式”。

步骤 4：单击“样式”组右下角的“样式”按钮，弹出“样式”对话框，单击“管理样式”按钮，弹出“管理样式”对话框，在“限制”选项卡中，勾选下方的“阻止快速样式集切换”复选框。最后单击“确定”按钮，关闭“管理样式”对话框。

步骤 5：单击“样式”组右下角的“样式”按钮，弹出“样式”对话框，单击“管理样式”按钮，弹出“管理样式”对话框，在“编辑”选项卡中，在“选择要编辑的样式”列表框中，选中“标题 1”样式，单击“修改”按钮，弹出“修改样式”对话框，在对话框中将“字体”设置为“黑体”，将“字体颜色”设置为“标准色/蓝色”；再单击下方的“格式”按钮，在下拉列表中选择“边框”，弹出“边框和底纹”对话框，在对话框中将“颜色”设置为“蓝色”，在右侧的“预览”框中，单击下边框，应用蓝色边框线，单击“确定”按钮关闭“边框和底纹”对话框，返回到“修改样式”对话框。继续单击下方的“格式”按钮，在下拉列表中选择“段落”命令，弹出“段落”对话框，切换到“换行和分页”选项卡，勾选“分页”组中的“与下段同页”复选框，单击“确定”，最后关闭所有对话框。

步骤 6：将光标置于使用红色标识的段落中，单击“开始“选项卡“编辑“组中的“选择”按钮，在下拉列表中选择“选择格式相似的文本”，选中文档中 6 个字体颜色为红色的段落。然后单击“开始”选项卡“样式”组中的“标题 1”样式，为选中的 6 个段落应用“标题 1”样式。

8. 步骤 1：选中文档中的第一张图片，在“图片工具/格式”选项卡的“大小”组中的“宽度”文本框中输入“10”。

步骤 2：单击“开始”选项卡“段落”组中的“对话框启动器”按钮，打开“段落”对话框。在对话框的“缩进和间距”选项卡中，将“对齐方式”修改为“居中”；切换到“换行和分页”选项卡，勾选“与下段同页”复选框，单击“确定”按钮。

步骤 3：按照上述同样的操作，设置其他 9 张图片。

步骤 4：选中文档中图片下方的绿色文本段落，单击“开始”选项卡“编辑”组中的“选择”按钮，在下拉列表中选择“选择格式相似的文本”，选中文档中 10 个字体颜色为绿色的段落。

步骤5：单击“开始”选项卡“样式”组中的“题注”样式，为选中的10个段落应用“题注”样式，然后单击“段落”组中的“居中”按钮，设置居中对齐效果。

9. 步骤1：单击“引用”选项卡“脚注”组右下角的“对话框启动器”按钮，弹出“脚注和尾注”对话框，单击“转换”按钮，弹出“转换注释”对话框，默认选中“脚注全部转换成尾注”选项，单击“确定”按钮，最后单击“关闭”按钮，关闭“脚注和尾注”对话框。

步骤 2：单击“开始”选项卡“编辑”组中的“替换”按钮，弹出“查找和替换”对话框，将光标放于“查找内容”文本框中，单击“特殊格式”按钮，在出现的快捷菜单中选择“尾注标记”；将光标放于“替换为”文本框中，输入“[]”，再将光标移到括号中间，单击下方的“特殊格式”按钮，在出现的快捷菜单中选择“查找内容”，单击“格式”按钮，在快捷菜单中选择“字体”，弹出“替换字体”对话框，在“效果”组中勾选“上标”复选框，单击“确定”按钮,最后单击“全部替换”按钮完成替换。

步骤 3：单击“视图”选项卡“文档视图”组中的“草稿”，进入草稿视图，在“草稿视图”页面中，单击“引用”选项卡“脚注”组中的“显示备注”按钮，页面下方会出现一个分割窗口，在该窗口中单击“尾注”右侧的下拉箭头，在下拉列表中选择“尾注分隔符”，此时分割窗口中仅显示“尾注分隔符”，将光标放置在分隔符之前，使用键盘上的“Delete”键将其删除，然后输入文本“参考文献”。最后单击“视图”选项卡“文档视图”外国语组中的“页面视图”，返回到页面视图。

10. 步骤 1：将光标置于文档正文之后(尾注之前)，单击“页面布局”选项卡“页面设置”组中的“分隔符”按钮，在下拉列表中选择“分页符”，光标位于新的一页起始位置。

步骤 2：输入索引标题“画家与作品名称索引”，输入完成后，按键盘上的回车键产生一个新段落。

步骤 3：单击“引用”选项卡“索引”组中的“插入索引”按钮，弹出“索引”对话框，单击对话框下方的“自动标记”按钮，弹出“打开索引自动标记文件”对话框，浏览并选中素材文件夹中的“实验 6 操作题 3 画家与作品.docx”文件，单击“打开”按钮。

步骤 4：单击“引用”选项卡“索引”组中的“插入索引”按钮，弹出“索引”对话框，在对话框中将“格式”设置为“流行”，将“栏数”设置为“2”，将“类别”设置为“无”，将“排序依据”设置为“拼音”，最后单击“确定”按钮。

步骤 5：单击“视图”选项卡“文档视图”组中的“大纲视图”按钮，切换到“大纲视图”，在大纲视图中，将光标置于“阿尔诺菲尼夫妇肖像，11”之前，使用回车键产生一个新的段落，输入文本“画家”，再将光标置于最后一个段落“杨•凡•埃克，4，11”之后，使用回车键产生一个新的段落，输入文本“作品”，参考素材文件夹下的“实验 6 操作题 3 索引参考.png”文件中的内容顺序，将相应的内容剪切到“作品”标题之后。

步骤 6：单击“视图”选项卡“文档视图”组中的“草稿”按钮，切换到“草稿视图”，在草稿视图中，选中“画家”标题下的“布鲁内斯基，2”至“杨•凡•埃克，4，11”段落，使用上方的“首行缩进”标记调整“作品”标题下的段落位置,可以参考“实验6操作题3索引参考. png”文件中的效果。

步骤 7：设置完成后，单击“文档视图”组中的“页面视图”按钮，切换到“页面视图”。

步骤 8：单击“开始”选项卡“段落”组中的“显示/隐藏编辑标记”按钮，隐藏所有标记项。

11. 步骤 1：单击“插入”选项卡“页眉和页脚”组中的“页码”按钮，在下拉列表中选择“页边距”，在右侧展开的级联菜单中选择“普通数字/大型(右侧)”，单击“页眉和页脚工具/设计”选项卡“关闭”组中的“关闭页眉和页脚”按钮。

步骤 2：将光标置于索引目录内，单击右键，在弹出的快捷菜单中选择“编辑域”，弹出“域”对话框，在该对话框中勾选“更新时保留原格式”复选框，最后单击“确定”按钮，关闭对话框。

步骤 3：单击快速访问工具栏中的“保存”按钮，保存文档后关闭文档。

【操作题4】

某单位财务处小张为单位设计“经费联审结算单”模板，如下表所示，见素材文件夹中的“实验6操作题4结算单.docx”文件，以提高日常报账和结算单审核效率。“实验6操作题4数据源.xlsx”文件中包含了报账单据信息，需使用“实验6操作题4结算单.docx”自动批量生成所有结算单，其中，对于结算金额5000元(含5000元)以下的单据，“经办单位意见”栏填写“同意，送账务审核。”否则，填写“情况属实，请领导审批。”另外，因结算金额低于500元的单据不再单独审核，需在批量生成结算单据时将这些单据记录自动跳过。生成的批量单据以“批量结算单”为文件名保存在素材文件夹中。

经费联审结算单

单位：　　　　　　　　经办人：　　　　　　　　日期：

<table>
<tr><td>预算科目</td><td colspan="3"></td></tr>
<tr><td>项目代码</td><td></td><td>单据张数</td><td></td></tr>
<tr><td>开支内容</td><td></td><td>金额
（小写）</td><td></td></tr>
<tr><td>报销金额
（大写）</td><td colspan="3"></td></tr>
<tr><td>经办单位
意　　见</td><td colspan="3"></td></tr>
<tr><td>财务部门
意　　见</td><td colspan="3"></td></tr>
<tr><td>转　　账</td><td colspan="3">转入　　　　单位　　　　科目</td></tr>
<tr><td>资产科目</td><td></td><td>预　借　款</td><td></td></tr>
<tr><td>资产金额</td><td></td><td>结算后退（补）</td><td></td></tr>
<tr><td>公务卡号</td><td></td><td>公务卡（借/贷）</td><td></td></tr>
<tr><td>支　票　号</td><td></td><td>银　行（借/贷）</td><td></td></tr>
<tr><td>借　据　号</td><td></td><td>现　金（借/贷）</td><td></td></tr>
</table>

【解题步骤】

步骤1：打开素材文件夹中的“实验6操作题4结算单.docx”文件。

步骤2：单击“邮件”选项卡“开始邮件合并”组中的“选择收件人”按钮，在下拉列表中选择“使用现有列表”，弹出“选取数据源”对话框，选择素材文件夹中的“实验6操作题4数据源.xlsx”文件，单击“打开”按钮，弹出“选择表格”对话框，单击“确定”按钮。

步骤3：将光标定位于“单位：”右侧，在“邮件”选项卡的“编写和插入域”组中单击“插入合并域”按钮，在下拉列表中选择“单位”域，用同样的方法插入“经办人”“日期”“预算科目”“项目代码”“单据张数”“开支内容”“金额(小写)”“报销金额(大写)”域。

步骤4：将光标定位于“经办单位意见”右侧的单元格中，在“邮件”选项卡的“编写和插入域”组中单击“规则”按钮，在下拉列表中选择“如果……那么……否则”，弹出“插入Word域：IF”对话框，按示例图3所示设置相关内容。

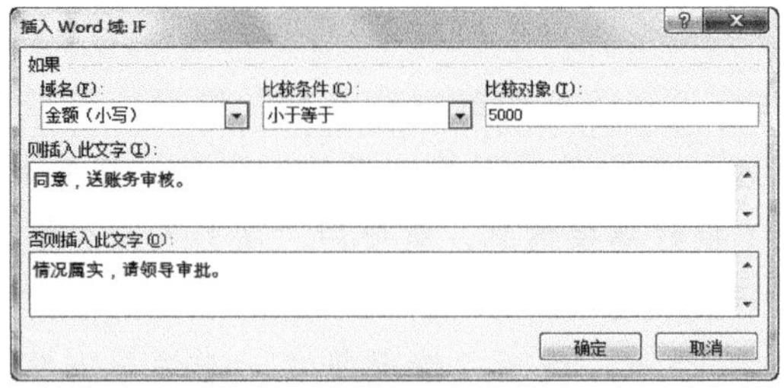

示例图 3

步骤 5：再次单击“规则”按钮，在下拉列表中选择“跳过记录条件”，按示例图 4 所示设置相关内容。

示例图 4

步骤 6：单击“邮件”选项卡“完成”组中的“完成并合并”按钮，在下拉列表中选择“编辑单个文档”命令，弹出“合并到新文档”对话框，选择“全部”，单击“确定”按钮。

步骤 7：单击“文件”选项卡中的“另存为”命令，在弹出的“另存为”对话框中，将新生成的文档以“批量结算单”为文件名保存在素材文件夹中。

第 7 章 电子表格

上机实习 7.1 工作表基本操作

实习目的

1. 熟练掌握 Excel 2010 工作表的创建和数据的输入、编辑。
2. 熟练掌握设置工作表格式的操作。
3. 掌握设置共享工作簿的操作。

实习内容及步骤

一、工作表的操作 1

【例 7.1】 启动 Excel，对工作表进行以下操作：在 Sheet2 工作表之前插入一个新的 Sheet4 工作表；将新插入的 Sheet4 工作表移到 Sheet3 工作表之后；删除 Sheet4 工作表；将 Sheetl 工作表改名为“学生学籍册”。

操作步骤如下：

① 启动 Excel，在 Sheet2 工作表标签上按鼠标右键，单击快捷菜单中的 插入(I)... 命令，打开“插入”对话框，选择“常用”选项卡，单击列表框中的“工作表”图标，再单击 确定 ，在 Sheet2 工作表之前插入 Sheet4 新工作表。

【说明】按住 Ctrl 键单击多个连续的工作表标签，可以同时选定它们，再单击“开始”选项卡“单元格”组中的 插入 ▾ → 插入工作表(S) 按钮，可以一次插入多个工作表。

② 用鼠标把 Sheet4 工作表标签拖到 Sheet3 工作表标签之后，拖动过程中鼠标指针变成状，并在工作表标签栏上方出现一个黑色三角形▼，以指示放置的目标位置。

【说明】按住 Ctrl 键的同时拖动工作表标签(拖动过程中鼠标指针变成状，指针图标中有一个加号+，表示这时进行的是复制操作），可以复制工作表。

③ 单击 Sheet4 工作表标签，选定该工作表，按鼠标右键，打开快捷菜单，单击 删除(D) 命令，删除 Sheet4 工作表。

【说明】若要删除多个工作表，可以同时选定它们后打开快捷菜单进行操作。若要删除的工作表中有数据，系统会弹出要求确认的对话框，单击 删除 ，该工作表即被删除。

④ 在 Sheet1 工作表标签上按鼠标右键，在弹出的快捷菜单中单击 重命名(R) 命令，该工作表标签呈反色显示，表示它处于可编辑状态，输入新名称“学生学籍册”，然后按回车键，完成重命名操作。

⑤ 以“实验 7.1 学生学籍 1”为文件名，在自己的文件夹中保存工作簿。

二、在工作表中输入数据

【例 7.2】在“实验 7.1 学生学籍 1”工作簿文件的“学生学籍册”工作表中输入表 7.1 所示的数据，把“学号”列、“出生年月”列的数据类型分别设置为“文本”“日期”，对“性别”列设置数据有效性控制，用条件格式突出显示语文成绩大于 99 分的成绩。

表 7.1 学生学籍表

学号	姓名	性别	出生年月	语文	数学	英语	理综	合计
20180101	王海英	女	2000/2/3	100	105	103	200	
20180102	李谦	男	1999/12/15	98	96	98	197	
20180103	薛全	男	2000/7/22	96	93	98	190	
20180104	周梅	女	2000/5/17	101	104	102	205	
20180105	刘明	男	1999/10/21	95	93	91	188	
20180106	俞和芳	女	2000/5/22	104	99	98	192	
20180107	郑同培	男	2000/4/18	103	96	97	193	
20180108	郭丽	女	1999/11/7	94	93	91	182	
20180109	赵海升	男	2000/7/20	89	95	93	195	
20180110	张黎明	男	2000/5/19	92	96	94	202	

操作步骤如下：

① 打开“实验 7.1 学生学籍 1”工作簿，在“学生学籍册”工作表的 A1 单元格中输入“学生学籍册”，合并 A1:I1 单元格区域，并让输入的文字居中显示。

② 在第 2 行从左到右依次输入“学号”“姓名”“性别”“出生年月”“语文”数学”“英语”“理综”“合计”，让 A2:I2 单元格区域中的文字在单元格内居中显示。

③ 选定 A3:A12 单元格区域，在其上按鼠标右键打开快捷菜单，单击“设置单元格格式”命令，打开“设置单元格格式”对话框，把该区域的数据类型设置为“文本”，用同样的方法把 D3:D12 单元格区域的数据类型设置为“日期”。

④ 在 A3 单元格输入“20180101”，拖动 A3 单元格的填充柄到 A12 单元格，在 A4:A12 单元格区域填充“20180102”“20180103”……“20180110”数据；然后根据表 7.1 所示，在 B3:B12 单元格区域输入各位学生的姓名。

⑤ 选定 C3:C12 单元格区域；单击“数据”选项卡“数据工具”组中的“数据有效性”按钮，打开下拉菜单，单击“数据有效性”命令，打开“数据有效性”对话框，单击对话

框中“允许”框右侧的向下箭头，打开下拉列表，选中“序列”选项，在“来源”框中输入“男,女”(用英文逗号分隔各项)，单击确定，返回工作表界面。

⑥ 选中 C3 单元格，单击其右侧的向下的箭头，打开数据序列下拉列表，选中“女”，在 C3 单元格中输入“女”。用同样的方法输入 C4:C12 单元格中的数据。

⑦ 输入各位学生的“出生年月”“语文”“数学”“英语”“理综”成绩。

⑧ 选定 E3:E12 单元格区域，单击“开始”选项卡“样式”组中的“条件格式”按钮，打开下拉菜单，单击“突出显示单元格规则”→“大于”命令，打开“大于”对话框，在其中的文本框中输入“99”。

⑨ 单击确定，得到如图 7.1 所示的结果。

L20 | f_x

	A	B	C	D	E	F	G	H	I
1	学生学籍册								
2	学号	姓名	性别	出生年月	语文	数学	英语	理综	合计
3	20180101	王海英	女	2000/2/3	100	105	103	200	
4	20180102	李谦	男	1999/12/15	98	96	98	197	
5	20180103	薛全	男	2000//7/22	96	93	98	190	
6	20180104	周梅	女	2000/5/17	101	104	102	205	
7	20180105	刘明	男	1999/10/21	95	93	91	188	
8	20180106	俞和芳	女	2000/5/22	104	99	98	192	
9	20180107	郑同培	男	2000/4/18	103	96	97	193	
10	20180108	郭丽	女	1999/11/7	94	93	91	182	
11	20180109	赵海升	男	2000/7/20	89	95	93	195	
12	20180110	张黎明	男	2000/5/19	92	96	94	202	

图 7.1　输入数据和设置的结果

⑩ 以“实验 7.1 学生学籍 2”为工作簿文件名，保存操作结果。

三、编辑工作表中的数据

【例 7.3】在“实验 7.1 学生学籍 2”工作簿中进行下述操作。

① 把“学生学籍册”工作表中的数据复制到 Sheet2 工作表中，并对 Sheet2 工作表进行下面所说的操作。

② 在 B5 单元格上方插入一个空单元格；然后再删除插入的 B5 单元格。

③ 把 B3:B12 单元格的数据复制到 K3:K12 单元格区域中，然后再删除 K3:K12 单元格区域中的数据。

④ 查找数学成绩是 93 的学生。

⑤ 把工作表中所有的“93”替换为“93.5”。

操作步骤如下：

① 打开“实验 7.1 学生学籍 2”工作簿，当前默认的工作表为“学生学籍册”工作表。按 Ctrl+A 键，选定整个工作表；按 Ctrl+C 键，将选定区域中的内容复制到剪贴板上；单击 Sheet2 工作表标签，使其成为当前工作表，选中 A1 单元格，按 Ctrl+V 键，“学生学籍册”工作表中的数据就复制到 Sheet2 工作表中了。

② 在 B5 单元格上按鼠标右键，打开快捷菜单，单击“插入”命令，打开“插入”对话框；在“插入”对话框中选择插入方式为 ◉活动单元格下移(D)，单击确定，在 B5 单元格插入一个空单元格；继续在 B5 单元格上按鼠标右键，打开快捷菜单，单击“删除”命令，打开“删除”对话框；在“删除”对话框中选择删除方式为 ◉下方单元格上移(U)，单击确定，

删除刚插入的空单元格。

③ 选定 B3:B12 单元格区域，在其上按鼠标右键，打开快捷菜单，单击“复制”命令；选定 K3 单元格，按Ctrl+V键，把 B3:B12 单元格区域的数据复制到 K3:K12 单元格区域中；现在 B3:B12 单元格区域被一个不断闪烁的虚线框包围着，说明该区域中的内容还保留在剪贴板中，按Esc键，取消该状态；选定 K3:K12 单元格区域，按Del键，删除该单元格区域中的数据。

④ 选定“数学”列的 F3:F12 单元格区域，单击“开始”选项卡“编辑”组中的“查找和选择”按钮，打开下拉菜单，单击“查找”命令，打开“查找和替换”对话框的“查找”选项卡，在“查找内容”文本框中输入“99”，单击查找下一个(F)，即开始查找，找到目标后，再单击查找下一个(F)，继续查找下一个目标。

⑤ 取消选定 F3:F12 单元格区域的状态；单击“开始”选项卡“编辑”组中的“查找和选择”按钮，打开下拉列表，单击“替换”命令，打开“查找和替换”对话框的“替换”选项卡；在“查找内容”文本框中输入“93”，在“替换为”文本框中输入“93.5”，单击全部替换(A)。

【注意】这样操作，将把工作表中的 193 也替换成 193.5，如果希望只替换 93 分的成绩，可以单击查找下一个(F)，找到后再单击替换(R)或继续单击查找下一个(F)，以确定是否替换。

⑥ 以“实验 7.1 学生学籍 3”为工作簿文件名，保存操作结果。。

四、工作表的操作 2

【例 7.4】在“实验 7.1 学生学籍 3”工作簿中进行保护工作表、同时操作多个工作表、控制工作窗口的操作。

操作步骤如下：

① 打开“实验 7.1 学生学籍 3”工作簿，进入默认的“学生学籍册”工作表。

② 单击“审阅”选项卡“更改”组中的“保护工作表”按钮，打开“保护工作表”对话框；在“取消工作表保护时使用的密码”框中输入密码，本例输入“1234”；单击确定，弹出“确认密码”对话框，再次输入“1234”，单击确定，完成设置。

③ 关闭工作簿后再次打开它，在“学生学籍册”工作表中输入数据，这时会弹出提示框，提示不能对保护了的工作表进行输入操作；单击“审阅”选项卡“更改”组中的“撤消工作表保护”按钮，弹出“撤消工作表保护”对话框，输入密码，单击确定，撤消对工作表的保护。

④ 同时选定“学生学籍册”工作表和 Sheet2 工作表，然后单击“学生学籍册”工作表标签，把它设置为当前工作表，把 E12 单元格的数据由“92”改为“95”，然后进入 Sheet2 工作表，可以发现 E12 单元格的数据也变成了 95。

⑤ 单击“视图”选项卡“窗口”组中的“新建窗口”按钮，打开一个新窗口显示工作簿；单击“窗口”组中的“并排查看”按钮，以上下排列两个窗口的方式查看工作表。

⑥ 单击“窗口”组中的“切换窗口”按钮，打开下拉列表，列表中包含分别对应两个窗口的选项，单击其中某一项，可以选择它作为当前窗口；单击“窗口”组中的“隐藏”按钮，当前窗口被隐藏起来，只显示没有被隐藏的另一窗口，现在再单击“切换窗口”按钮，打开下拉列表，列表中只包含一个选项了。

⑦ 关闭工作簿，不保存操作结果。

五、格式化工作表

【例 7.5】 格式化“实验 7.1 学生学籍 2”工作簿中的“学生学籍册”工作表，要求如下。

① 设置第 1 行的高度为 20，第 2 到第 12 行的高度为 15。

② 设置 A 列的宽度为 9，B 列的宽度为 7，D 列的宽度为 11，C、E、F、G、H、I 列的宽度为 5。

③ 把 A1 单元格的文字设置黑体、14 磅；第 2 行数据格式为黑体、12 磅；第 3 到第 15 行数据的格式为宋体、12 磅。

④ 将“出生日期”列中的数据由“YYYY/MM/DD”格式改为“YYYY 年 MM 月”格式。

⑤ 清除 E3:E12 单元格区域中的条件格式显示。

⑥ 为工作表的数据部分添加实线边框。

⑦ 在 B3 单元格中插入批注“班长”。

操作步骤如下：

① 打开“实验 7.1 学生学籍 2”工作簿，使“学生学籍册”工作表成为当前工作表；单击第 1 行的行标，选定第 1 行，在选定行上按鼠标右键，打开快捷菜单，单击“行高”命令，打开“行高”对话框，输入 20，单击 确定 ，把第 1 行的高度设置为 20；单击第 2 行行标，按住鼠标左键拖动到第 12 行，同时选定第 2 行到第 12 行，用同样的方法，把它们的行高设置为 15。

② 单击 A 列列标，选定 A 列，在选定列上按鼠标右键，打开快捷菜单，单击“列宽”命令，打开“列宽”对话框，输入 9，单击 确定 ，把 A 列的宽度设置为 9；用同样方法，按题目要求设置其他各列的宽度。

【说明】 将鼠标指针指向行号下边线或列标右边线上，向上或向左拖动鼠标，将行高或列宽调整为 0，可隐藏行或列。

③ 选定 A1 单元格，单击“开始”选项卡“字体”组中字体框右侧的下箭头打开下拉列表，选择“黑体”，单击字号框右侧的下箭头打开下拉列表，选择“14”，设置好 A1 单元格的文字格式；用同样的方法，按题目要求，设置其他单元格区域内的文字格式。

④ 选定 D3:D12 单元格区域，在选定区域上按鼠标右键，打开快捷菜单，单击“设置单元格格式”命令，打开“设置单元格格式”对话框的“数字”选项卡，在“分类”列表框选中“日期”，在“类型”列表框选中“2001 年 3 月”，如图 7.2 所示，单击 确定 ，设置“出生年月”列的数据格式。

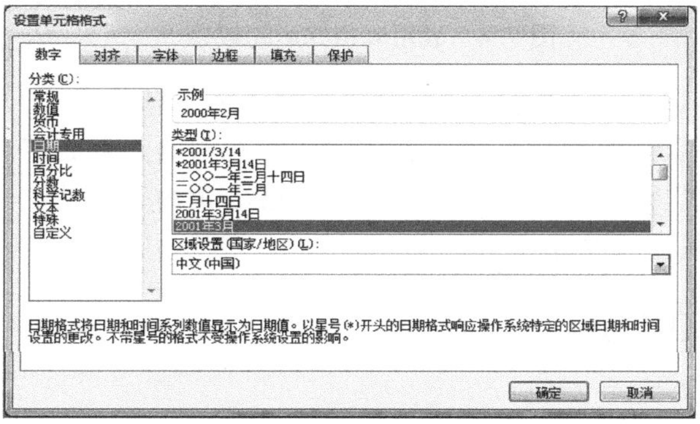

图 7.2 “数字”选项卡

⑤ 选定 E3:E12 单元格区域，单击“开始”选项卡“样式”组中的“条件格式”按钮，打开下拉菜单，单击“清除规则”命令，清除该区域的条件格式显示。

⑥ 选定 A2:I12 单元格区域，单击“开始”选项卡“字体”组中设置框线按钮 右侧的下箭头，打开下拉列表，选择其中的田 所有框线(A) 命令，为该区域的单元格设置框线。

⑦ 单击选中 B3 单元格，在其上按鼠标右键，打开快捷菜单，单击“插入批注”命令，打开批注输入框，输入“班长”，在该单元格中插入“班长”批注，此后把鼠标指针指向该单元格，将显示批注框，如图 7.3 所示。

【说明】单击“审阅”选项卡“批注”命令组中的 显示所有批注，可以在工作表中显示所有批注内容。再次单击它将隐藏批注框。

	A	B	C	D	E	F	G	H	I
1	学生学籍册								
2	学号	姓名	性别	出生年月	语文	数学	英语	理综	合计
3	20180101	王海英	[illegible]	[illegible]	100	105	103	200	
4	20180102	李谦	[illegible]	[illegible]	98	96	98	197	
5	20180103	薛全	[illegible]	[illegible]	96	93	98	190	
6	20180104	周梅	女	[illegible]	101	104	102	205	
7	20180105	刘明	男	1999年10月	95	93	91	188	
8	20180106	俞和芳	女	2000年5月	104	99	98	192	
9	20180107	郑同培	男	2000年4月	103	96	97	193	
10	20180108	郭丽	女	1999年11月	94	93	91	182	

user:
班长

图 7.3　显示批注内容

⑧ 以“实验 7.1 学生学籍 4”为文件名保存操作结果。

【例 7.6】为“实验 7.1 学生学籍 4”工作簿的“学生学籍册”工作表套用一种表格式。

操作步骤如下：

① 打开“实验 7.1 学生学籍 4”工作簿。

② 选中 A2:I12 单元格区域，单击“开始”选项卡“样式”组中的“套用表格格式”按钮，打开表样式列表，选择一种样式，弹出“套用表格式”对话框，指出为 A2:I12 单元格区域套用表格式，单击 确定 ，就可以为该区域套用一种表格式，图 7.4 显示了套用某种格式后的效果。

	A	B	C	D	E	F	G	H	I
1	学生学籍册								
2	学号	姓名	性别	出生年月	语文	数学	英语	理综	合计
3	20180101	王海英	女	2000年2月	100	105	103	200	
4	20180102	李谦	男	1999年12月	98	96	98	197	
5	20180103	薛全	男	2000年7月	96	93	98	190	
6	20180104	周梅	女	2000年5月	101	104	102	205	
7	20180105	刘明	男	1999年10月	95	93	91	188	
8	20180106	俞和芳	女	2000年5月	104	99	98	192	
9	20180107	郑同培	男	2000年4月	103	96	97	193	
10	20180108	郭丽	女	1999年11月	94	93	91	182	
11	20180109	赵海升	男	2000年7月	89	95	93	195	
12	20180110	张黎明	男	2000年5月	92	96	94	202	

图 7.4　套用表格式后的效果

③ 套用表格式后，A2:I2 单元格区域(套用表格式区域的第 1 行)中每个单元格右侧出现一个下箭头，表示可以按该列数据为依据对记录进行筛选，单击“数据”选项卡“排序和筛选”组中的“筛选”按钮，可以去掉这些单元格右侧的下箭头。

④ 关闭工作簿，保存操作结果

六、共享和修订工作簿

1. 设置工作簿共享

共享工作簿是指允许网络上的多位用户同时查看和修订的工作簿。

【例 7.7】把“实验 7.1 学生学籍 2”另存为“实验 7.1 可共享的工作簿 1”工作簿，然后把它设置为可以共享的工作簿。

操作步骤如下：

① 打开“实验 7.1 学生学籍 2”工作簿，将其另存为“实验 7.1 可共享的工作簿 1”工作簿。

② 单击“审阅”选项卡“更改”组中的“共享工作簿”按钮，打开“共享工作簿”对话框，选中“允许多用户同时编辑，同时允许工作簿合并”复选项，单击 确定 ，弹出一个提示保存的对话框，单击 确定 ，另存操作结果。

退出 Excel 后，把“实验 7.1 可共享的工作簿 1”文件放到一个共享文件夹中，就可以供多个用户共享了。

【思考】怎样取消对工作簿的共享？

2. 启用工作簿修订

【例 7.8】对“实验 7.1 可共享的工作簿 1”工作簿启用修订功能。

操作步骤如下：

① 打开“实验 7.1 可共享的工作簿 1”工作簿，单击“审阅”选项卡“更改”组中的“共享工作簿”按钮，打开“共享工作簿”对话框。

② 打开“高级”选项卡中，在“保存修订记录”框中设置修订记录保留的天数。默认情况下，Excel 将在指定天数内保留修订记录(指修订的日期、用户，进行了什么修订，不是指修订的结果)并永久清除早于该天数的任何修订记录。单击 确定 。

实际上，在设置了工作簿可以共享后，就自动启用了工作簿的修订功能。

3. 突出显示修订

【例 7.9】把“实验 7.1 可共享的工作簿 1”的“学生学籍”工作表中的王海英同学的数学成绩由 105 改为 106，并显示此修订。

操作步骤如下：

① 打开“实验 7.1 可共享的工作簿 1”工作簿。

② 单击“审阅”选项卡“更改”命令组中“修订”按钮，打开下拉菜单，单击其中的“突出显示修订”命令，打开“突出显示修订”对话框。

③ 选中“编辑时跟踪修订信息，同时共享工作簿”复选框和“在屏幕上突出显示修订”复选框，单击“时间”框右侧的打开下拉列表，设置记录修订的起始时间，在“修订人”复选框中指定为哪些用户突出显示修订，在“位置”框中选择需要突出显示修订的工作表区域的单元格引用。单击 确定 。

④ 将 F3 单元格中的“105”修改为“106”，修订位置将以不同颜色突出显示，并自动添加修订批注，如图 7.5 所示。

图 7.5 在工作表中突出显示修订内容

【思考】怎样接受或拒绝修订？怎样停止突出显示修订？怎样关闭对工作簿的修订功能？

上机实习 7.2　公式应用

实习目的

1. 熟练掌握公式的输入和使用。
2. 熟练掌握定义名称的方法和单元格的绝对引用、相对引用、混合引用。
3. 掌握常用函数的使用方法。

实习内容及步骤

一、公式一般应用

【例 7.10】素材文件夹中有一个“实验 7.2 学生学籍 5”工作簿，其中的“学生学籍册”工作表如图 7.6 所示。

	A	B	C	D	E	F	G	H	I	J
1	学生学籍册									
2	学号	姓名	性别	出生年月	语文	数学	英语	理综	合计	是否高于平均分
3	20180101	王海英	女	2000年2月	100	105	103	200		
4	20180102	李谦	男	1999年12月	98	96	98	197		
5	20180103	薛全	男	2000年7月	96	93	98	190		
6	20180104	周梅	女	2000年5月	101	104	102	205		
7	20180105	刘明	男	1999年10月	95	93	91	188		
8	20180106	俞和芳	女	2000年5月	104	99	98	192		
9	20180107	郑同培	男	2000年4月	103	96	97	193		
10	20180108	郭丽	女	1999年11月	94	93	91	182		
11	20180109	赵海升	男	2000年7月	89	95	93	195		
12	20180110	张黎明	男	2000年5月	92	96	94	202		
13										
14				最高分						
15				最低分						
16				平均分						

图 7.6　“学生学籍册”工作表

要求进行以下操作：

① 在 I3:I12 单元格区域中分别求出每个学生的四门考试合计分数。

② 分别为 E3:E12、F3:F12、G3:G12、H3:H12、I3:I12 单元格区域定义“语文”“数学”“英语”“理综”“合计”名称。

③ 在 E14、F14、G14、H14、I14 单元格中，分别求出语文、数学、英语、理综、合计成绩的最高分。

④ 在 E15、F15、G15、H15、I15 单元格中，分别求出语文、数学、英语、理综、合计成绩的最低分。

⑤ 在 E16、F16、G16、H16、I16 单元格中，分别求出语文、数学、英语、理综、合计成绩的平均分。

⑥ 在 J3:J12 单元格区域的各个单元格中分别显示每一位学生的合计成绩是否高于合计分数的平均值。

操作步骤如下：

① 打开“实验 7.1 学生学籍 5”工作簿；单击选中 I3 单元格，在编辑栏输入公式“=SUM()”，把插入点光标移到括号内，然后在工作表中拖动鼠标，选中 E3:H3 单元格区域，编辑栏中的公式变成“=SUM(E3:H3)”，单击编辑栏右侧的“√”符号，在 I3 单元格中显示出王海英同学 4 门课程的合计分数 508；拖动 I3 单元格的填充柄到 I12 单元格，求出每个学生 4 门课程的合计成绩。

② 选中 E3:E12，在选中的单元格区域上按鼠标右键，打开快捷菜单，单击“定义名称”命令，打开“新建名称”对话框，对话框的“名称”框中自动显示出“语文”两字(E3:E12 单元格所在的列标题)，单击[确定]，为该单元格区域定义“语文”名称；用同样的方法，分别为 F3:F12、G3:G12、H3:H12、I3:I12 单元格区域定义“数学”“英语”“理综”“合计”名称。

③ 选中 E14 单元格，在编辑栏中输入公式“=MAX(语文)”，单击其右侧的“√”符号，在 E14 单元格中显示出语文课程考试最高分数 104；用同样方法在 F14、G14、H14、I14 分别输入公式，求出数学、英语、理综课程考试的最高分数和考试合计成绩的最高分数。

④ 选中 E15 单元格，在编辑栏输入公式“=MIN(E3:E12)”，单击其右侧的“√”符号，在 E15 单元格中显示出语文课程考试的最低分数 89；拖动 E15 单元格的填充柄到 I15 单元格，求出数学、英语、理综课程考试的最低分数和考试合计成绩的最低分数。

⑤ 选中 E16 单元格，在编辑栏中输入公式“=AVERAGE(E3:E12)”，单击其右侧的“√”符号，在 E16 单元格中显示出语文课程考试的平均分数 97.2；拖动 E16 单元格的填充柄到 I16 单元格，求出数学、英语、理综课程考试的平均分数和考试合计成绩的平均分数。

⑥ 选中 J3 单元格，在编辑栏中输入公式“=IF(I3>$I$16, "是", " ")”，单击其右侧的“√”符号，在 J3 单元格中显示出“是”；拖动 J3 单元格的填充柄到 J12 单元格，求出其他学生的考试合计成绩是否大于平均成绩。上述操作的效果如图 7.7 所示。

	A	B	C	D	E	F	G	H	I	J
1	学生学籍册									
2	学号	姓名	性别	出生年月	语文	数学	英语	理综	合计	是否高于平均分
3	20180101	王海英	女	2000年2月	100	105	103	200	508	是
4	20180102	李谦	男	1999年12月	98	96	98	197	489	是
5	20180103	薛全	男	2000年7月	96	93	98	190	477	
6	20180104	周梅	女	2000年5月	101	104	102	205	512	是
7	20180105	刘明	男	1999年10月	95	93	91	188	467	
8	20180106	俞和芳	女	2000年5月	104	99	98	192	493	是
9	20180107	郑同培	男	2000年4月	103	96	97	193	489	是
10	20180108	郭丽	女	1999年11月	94	93	91	182	460	
11	20180109	赵海升	男	2000年7月	89	95	93	195	472	
12	20180110	张黎明	男	2000年5月	92	96	94	202	484	
13										
14				最高分	104	105	103	205	512	
15				最低分	89	93	91	182	460	
16				平均分	97.2	97	96.5	194	485.1	

图 7.7　操作效果

⑦ 以“实验 7.2 学生学籍 6”为文件名，保存操作结果。

【思考】

① 为什么在 J3 单元格中输入的列标 I 和行号 3 前面要带$符号。

② 请写出统计学生人数的公式，并实际检验效果。

③ 请写出统计合计分数高于合计平均分人数的公式，并实际检验效果。

二、在公式中调用其他工作表的数据

【例 7.11】在“实验 7.2 学生学籍 6”工作簿的第 2 个工作表——“高考成绩”工作表中显示“学生学籍册”工作表中学生的学号、姓名、合计成绩。

操作步骤如下：

① 打开“实验 7.1 学生学籍 6”工作簿的“高考成绩”工作表(目前该工作表中没有内容)；在 A1 单元格输入“高考成绩”，在 A2、B2、C2 单元格中分别输入“学号籍册!A2”“=学生学籍册!B2”“=学生学籍册!I2”(“学生学籍册”工作表内容见图 7.1)，在 A2、B2、C2 单元格中分别显示“学号”“姓名”“合计”。

② 分别在 A3、B3、C3 输入“=VLOOKUP(学生学籍册!A3, 学生学籍册!A3:I13, 1)”“=VLOOKUP(学生学籍册!A3, 学生学籍册!A3:I13, 2)”“=VLOOKUP(学生学籍册!A3, 学生学籍册!A3:I12, 9)”，同时选定 A3:C3 单元格区域，拖动单元格的填充柄到 C12 单元格，各单元格中分别显示出每个学生的学号、姓名和合计成绩，如图 7.8 所示。

	A	B	C
1	高考成绩		
2	学号	姓名	合计
3	20180101	王海英	508
4	20180102	李谦	489
5	20180103	薛全	477
6	20180104	周梅	512
7	20180105	刘明	467
8	20180106	俞和芳	493
9	20180107	郑同培	489
10	20180108	郭丽	460
11	20180109	赵海升	472
12	20180110	张黎明	484

图 7.8 在一个工作表调用另一个工作表的数据

③ 以“实验 7.2 学生学籍 7”为文件名，保存操作结果。

【例 7.12】素材文件中有一个“实验 7.2 各分店销售记录 1”工作簿，该工作簿有 3 个工作表，名称分别为“一分店销售记录”“二分店销售记录”“三分店销售记录”，各工作表数据如图 7.9 所示，要求在“一分店销售记录”工作表前插入一个“销售记录汇总”工作表，求出各分店各项销售数据的汇总数据。

	A	B	C	D	E
1	一分店销售记录(单位：万元)				
2	季度	一季度	二季度	三季度	四季度
3	粮食	65.32	57.28	63.44	62.41
4	蔬菜	178.53	160.43	180.72	176.42
5	肉类	130.45	127.45	135.27	129.45
6	水果	89.46	75.51	101.65	70.21
7	糖果	33.45	28.37	29.63	28.77

	A	B	C	D	E
1	二分店销售记录(单位：万元)				
2	季度	一季度	二季度	三季度	四季度
3	粮食	64.28	56.86	65.43	61.58
4	蔬菜	181.53	179.24	181.26	178.93
5	肉类	129.65	135.42	132.51	131.26
6	水果	86.34	78.87	79.28	85.24
7	糖果	34.21	29.45	28.33	31.26

	A	B	C	D	E
1	三分店销售记录(单位：万元)				
2	季度	一季度	二季度	三季度	四季度
3	粮食	64.25	59.65	58.22	60.58
4	蔬菜	178.56	165.32	176.64	174.52
5	肉类	130.21	129.56	133.87	130.96
6	水果	74.43	79.43	80.26	82.45
7	糖果	30.25	26.56	28.54	29.33

图 7.9 三个分店销售记录

操作步骤如下：

① 在“一分店销售记录”工作表前插入一个新工作表，把其名称改为“销售记录汇总”。

② 选定“一分店销售记录”工作表中的 A1:E7 单元格区域，把它复制到“销售汇总记录”工作表中，然后把“销售汇总记录”工作表 A1 单元格的内容改为“各分店销售记

录汇总(单位：万元)”。

③ 在“销售汇总记录”工作表的 B3 单元格中输入公式“=一分店销售记录!B3+二分店销售记录!B3+三分店销售记录!B3”，求出各个分店一季度销售的粮食汇总金额 193.85 万元。

④ 拖动 B3 单元格的填充柄到 E3 单元格，然后选定 B3:E3 单元格区域，拖动位于 E3 单元格右下角的填充柄到 E7 单元格，即可求得三个分店各项销售金额的汇总结果，如图 7.10 所示。

	A	B	C	D	E
1	各分店销售记录汇总(单位：万元)				
2	季度	一季度	二季度	三季度	四季度
3	粮食	193.85	173.79	187.09	184.57
4	蔬菜	538.62	504.99	538.62	529.87
5	肉类	390.31	392.43	401.65	391.67
6	水果	250.23	233.81	261.19	237.9
7	糖果	97.91	84.38	86.5	89.36

图 7.10　求出三个分店销售记录的汇总结果

⑤ 以“实验 7.2 各分店销售记录 2”为文件名，保存操作结果。

上机实习 7.3　制作图表

实习目的

1. 掌握创建和编辑 Excel 图表的方法。
2. 掌握创建和编辑迷你图的方法。

实习内容及步骤

一、创建图表

【例 7.13】打开“实验 7.2 各分店销售记录 1”工作簿中“一分店销售记录”工作表(见图 7.9 的左图)，按以下要求操作：

① 制作一、二、三、四季度水果销售金额的饼图图表。

② 适当移动图表位置，改变图表大小。

③ 修改图表的数据源，观察对图表的影响。

操作步骤如下：

① 打开“实验 7.2 各分店销售记录 1”工作簿中“一分店销售记录”工作表，选定“B2:E2, B6:E6”单元格区域；单击“插入”选项卡“图表”组中的 饼图，打开下拉列表，单击“三维饼图”按钮，在当前工作表中生成一个饼图图表。

② 将鼠标指针指向图表，待鼠标指针变成状时，按住鼠标左键拖动，改变图表的位置，将图表拖动到显示数据的单元格区域的右下方；将鼠标指向图表四周的尺寸控制点，待鼠标指针变成双向箭头时，拖动鼠标，改变图表大小，效果如图 7.11 的左图所示。

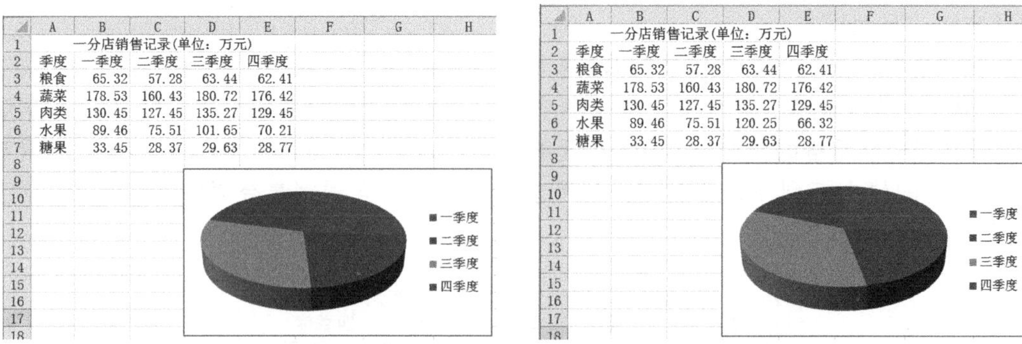

图 7.11　修改图表位置和大小和修改图表源数据后的效果

③ 把三、四季度的水果销售金额分别改为 120.25、66.32，图表发生相应的变化，反映新的数据，如图 7.11 的右图所示。

④ 以“实验 7.3 各分店销售记录 3”为文件名，保存操作结果。

二、编辑图表

选中图表后，Excel 窗口的功能区中出现“图表工具”选项卡，它包含“设计”“布局”“格式”3 个子选项卡，可以使用它们对图表进行编辑。

1. 修改图表布局

【例 7.14】在图 7.11 所示的图表中添加标题“一分店各季度水果销售金额”，为饼图中每个扇形块添加表示数值的数据标签，为图例添加红色边框。

操作步骤如下：

① 打开“实验 7.3 各分店销售记录 3”，单击图表空白区，选中图表。

② 单击“图表工具/布局”选项卡“标签”组中的“图表标题”按钮，打开下拉列表，单击列表中的“图表上方”选项，在图表区饼图上方出现一个文本框，文本框中包含的内容为“图表标题”；单击该文本框，把插入点光标移到框中，将“图表标题”改为“一分店各季度水果销售金额”，设置字体为隶书、14 磅，效果如图 7.12 的左图所示。

③ 单击“图表工具/布局”选项卡“标签”组中的“数据标签”按钮，打开下拉列表，单击列表中的“数据标签外”选项，为每个扇形块设置数据标签，显示各个扇形块表示的具体数值，如图 7.12 的右图所示。

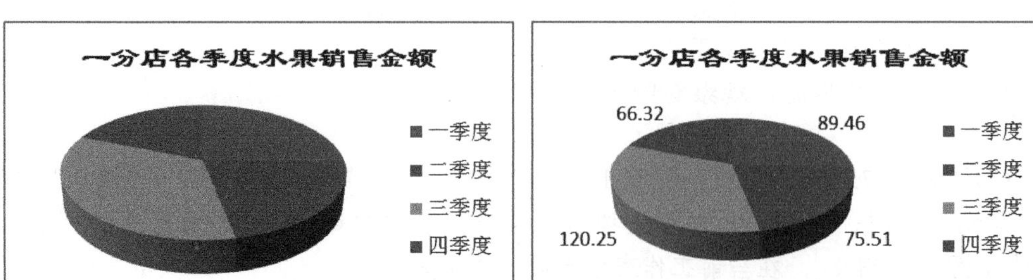

图 7.12　在图表中设置标题和数据标签

④ 单击“图表工具/布局”选项卡“当前所选内容”组上方“图表元素”框右侧的▾，打开下拉列表，单击其中的“系列 1 数据标签”选项，图表中各个数据标签分别被方框围

住，表示它们被选中了；单击“当前所选内容”组中的“设置所选内容格式”按钮，打开“设置数据标签格式”对话框，选中“值”“百分比”复选框和“数据标签外”单选按钮，单击[关闭]，在数据标签中显示各个扇形块占总体的百分比，如图7.13所示。

⑤ 单击“图表工具/布局”选项卡“当前所选内容”组上方“图表元素”框右侧的下箭头，打开下拉列表，单击其中的“图例”选项，单击“当前所选内容”组中的“设置所选内容格式”按钮，打开“设置图例格式”对话框，在左侧框选中“边框颜色”，在右侧框选中“实线”单选按钮，单击“颜色”框右侧的▾，打开下拉列表，在“主题颜色”调色板选中“红色”色块，单击[关闭]，为图例设置红色边框，如图7.14所示。

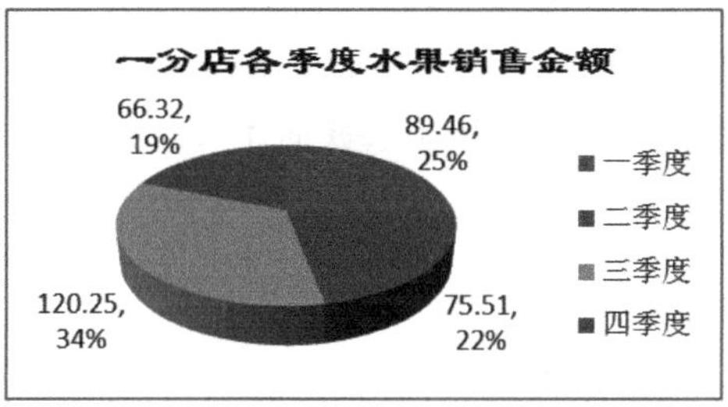

图7.13 显示各扇形块占总体的百分比

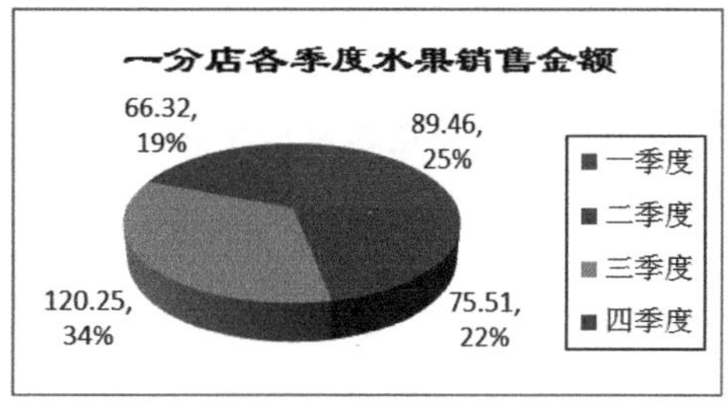

图7.14 为图例设置红色边框

⑥ 以“实验7.3各分店销售记录4”为文件名，保存操作结果。

2. 修改图表类型

【例7.15】把图7.14所示的图表改成折线图，然后修改图例文字和坐标轴上的刻度表示。

操作步骤如下：

① 打开“实验7.3各分店销售记录4”工作簿“一分店销售记录”工作表，选中图表。

② 单击“图表工具/设计”选项卡“类型”组中的“更改图表类型”按钮，打开“更改图表类型”对话框。

③ 在左侧的图表类型列表中选择 折线图，在右侧的子图表类型中选择“折线图”图标，单击[确定]，图表就由原来的饼图改成了折线图，如图7.15所示。

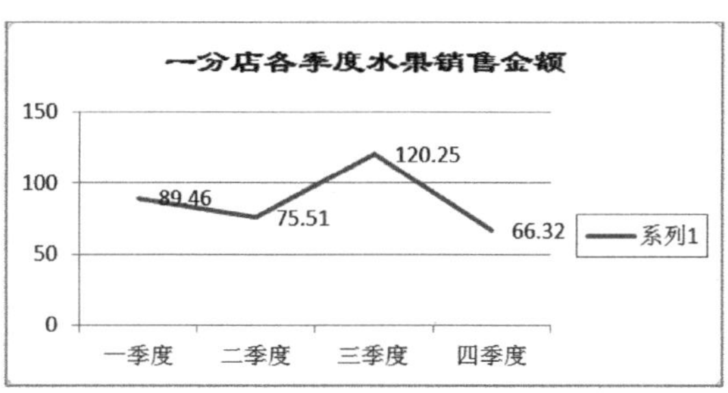

图7.15 更改类型后的图表

④ 单击“图表工具/设计”选项卡“数据”组中的“选择数据”按钮，打开“选择数据源”对话框，单击选中“图例项(系列)”框中的“系列1”。

⑤ 单击[编辑(E)]，打开“编辑数据系列”对话框，在“系列名称”框中输入“水果销售金额”，如图7.16的左图所示，单击[确定]，返回“选择数据源”对话框，再单击[确定]，关闭“选择数据源”对话框，设置图例后的效果如图7.16的右图所示。

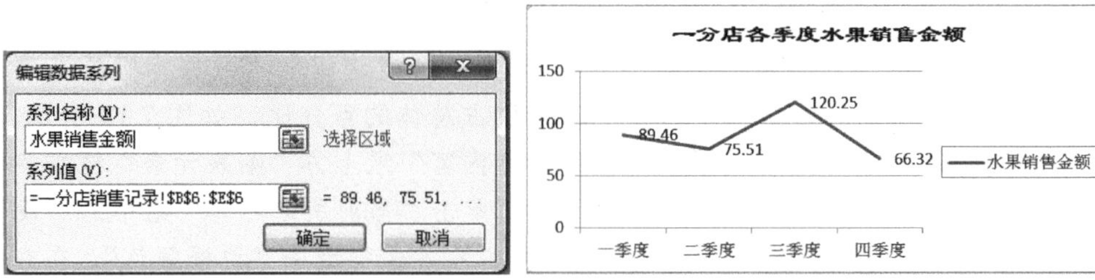

图 7.16　设置图例文字

⑥ 单击“图表工具/布局”选项卡“当前所选内容”组上方“图表元素”框右侧的下箭头，打开下拉列表，单击其中的“垂直(值)轴”选项；单击“当前所选内容”组中的“设置所选内容格式”按钮，打开“设置坐标轴格式”对话框，在“主要刻度单位”右侧选中“固定”单选按钮，再在其右侧文本框中输入“20”，单击 关闭 返回工作表界面，把垂直轴的刻度单位设置为 20，如图 7.17 所示。

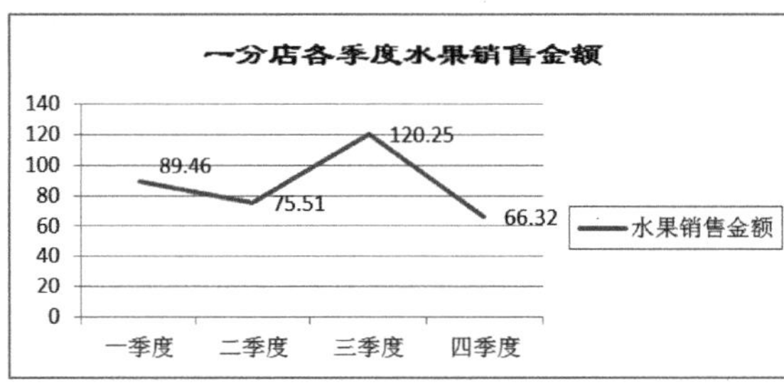

图 7.17　设置垂直轴刻度

⑦ 单击选中图表中的数据标签，用鼠标适当拖动各个标签的位置(参见图 7.18)，然后以“实验 7.3 各分店销售记录 5”为文件名，保存操作结果。

3. 格式化图表

【例 7.16】修饰图 7.17 所示的图表，为图例区填充“红色”，为图表区填充纸莎草纸纹理效果，为绘图区填充图案效果。

操作步骤如下：

① 打开“实验 7.3 各分店销售记录 5”工作簿“一分店销售记录”工作表。

② 选中图表的图例区，单击“图表工具/格式”选项卡“形状样式”组“形状样式”列表框右边框上的“其他”按钮，打开填充样式列表，选择“强烈效果–红色，强调颜色 2”填充效果，设置效果如图 7.18 所示。

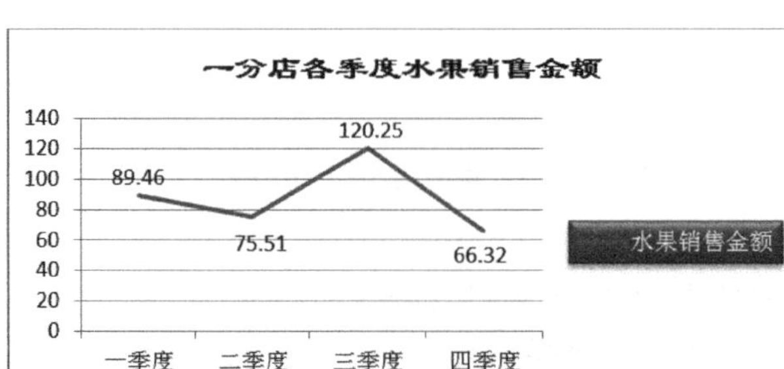

图 7.18　设置图例区格式

③ 在图表区空白处按鼠标右键，在弹出的快捷菜单中单击“设置图表区格式”命令，打开“设置图表区格式”对话框，在左边框中单击 填充 ，在右侧的“填充”框选中“图片或纹理填充”单选按钮，单击“纹理”按钮 ，在打开的下拉列表中选择“纸莎草纸”效果，单击 关闭 ，图表区就填充上了纸莎草纸效果纹理，如图 7.19 所示。

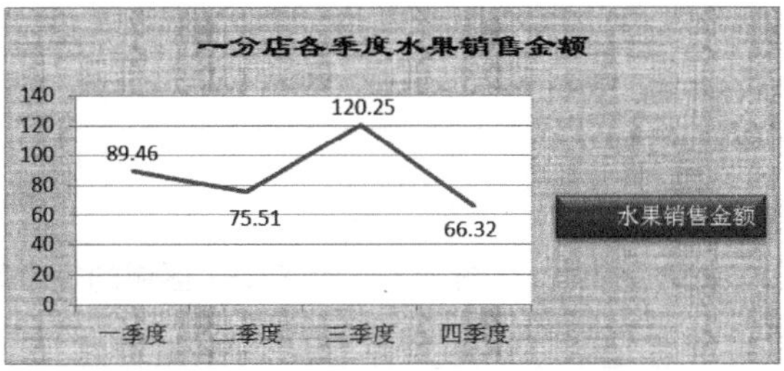

图 7.19 为图表区填充纹理后的效果

④ 在绘图区空白处按鼠标右键，在弹出的快捷菜单中单击“设置绘图区格式”命令，打开“设置绘图区格式”对话框，在左边框中单击 填充 ，在右侧的“填充”框选中“图案填充”单选按钮，打开图案列表，选中第 1 列的“30%”图标，单击 关闭 ，绘图区就填充上了相应的图案，如图 7.20 所示。

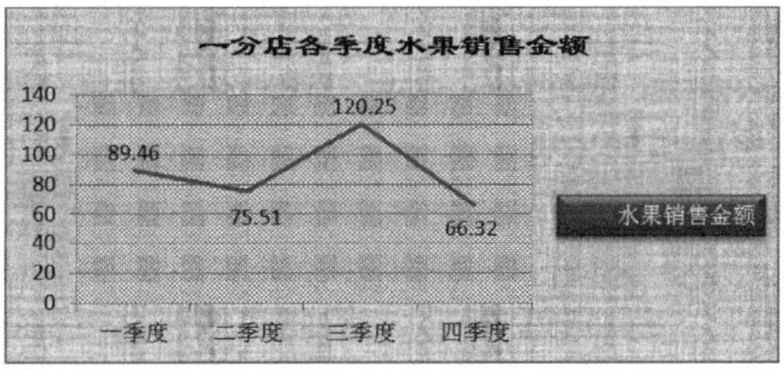

图 7.20 为绘图区填充图案后的效果

⑤ 以“实验 7.3 各分店销售记录 6”为文件名，保存操作结果。

三、创建和编辑迷你图

1. 创建迷你图

【例 7.17】在图 7.16 所示的“实验 7.2 各分店销售记录 2”工作簿的“销售汇总记录”工作表中，根据每种类型商品的销售数据插入迷你折线图，以显示各类商品每个季度的销售变化情况。

操作步骤如下：

① 打开“实验 7.2 各分店销售记录 2”工作簿的“销售汇总记录”工作表，在 F2 单元格中输入“各季度销售变化情况”，适当设置 F 列的列宽，把第 3 到第 7 行的行高设置为“25”，为数据区域设置边框，设置标题的字体，效果参见图 7.22。

② 选中 F3 单元格，单击“插入”选项卡“迷你图”组中的“折线图”按钮 折线图，弹出“创建迷你图”对话框。

③ 单击“数据范围”框右边的“收缩对话框”按钮 ，显现出工作表，选定 B3:E3 单元格区域，然后按回车键。“位置范围”框中显示的是我们已经选中的放置迷你图的 F3 单元格，如图 7.21 所示，单击 确定 ，返回工作表，F3 单元格中显示了迷你折线图。

④ 拖动 F3 单元格的填充柄到 F7 单元格，在 F4:F7 单元格区域中也插入迷你图，如图 7.22 所示。

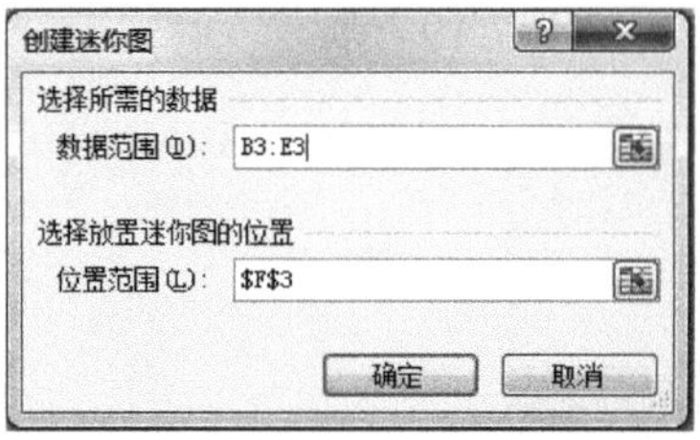

图 7.21 “创建迷你图”对话框

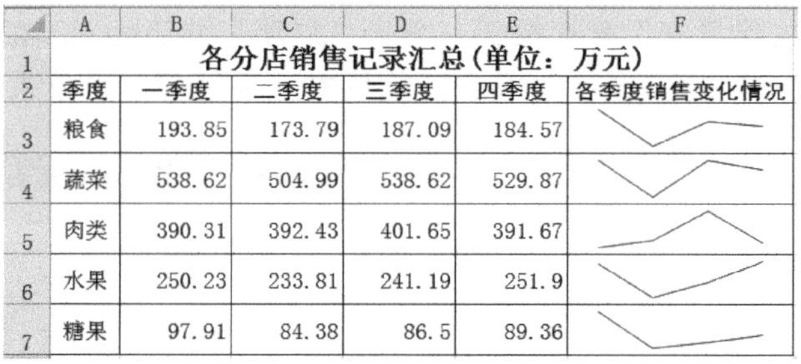

	A	B	C	D	E	F
1	各分店销售记录汇总(单位：万元)					
2	季度	一季度	二季度	三季度	四季度	各季度销售变化情况
3	粮食	193.85	173.79	187.09	184.57	
4	蔬菜	538.62	504.99	538.62	529.87	
5	肉类	390.31	392.43	401.65	391.67	
6	水果	250.23	233.81	241.19	251.9	
7	糖果	97.91	84.38	86.5	89.36	

图 7.22 在 F3:F7 区域的每个单元格中创建迷你图

⑤ 以“实验 7.5 各分店销售记录 7”为文件名，保存操作结果。

2. 编辑迷你图

【例 7.18】 编辑图 7.22 中所示的迷你图，更改折线的颜色，标记出销售最高值和最低值。

操作步骤如下：

① 打开“实验 7.5 各分店销售记录 7”工作簿的“销售汇总记录”工作表，选中 F3 单元格。

② 打开“迷你图工具/设计”选项卡，单击“样式”组中的“迷你图颜色”按钮，打开“主题颜色”调色板，选中黑色色块，F3:F7 单元格区域中 4 个迷你图的折线都变成了黑色(因为 F4:F7 单元格中的迷你图是用填充方式形成的，因此修改 F3 单元格中迷你图的格式后，F4:F7 单元格中迷你图的格式将一起发生变化)。

【注】如果要分别设置各个迷你图的格式，可以单击“分组”组中的“取消组合”按钮。

③ 选中“显示”组中的 ☑ 高点 和 ☑ 低点 复选项，迷你图折线的最高值数据节点和最低值数据节点用圆点标出。

④ 选中 F3 单元格，单击“样式”组中的“标记颜色”按钮，在打开的下拉列表中单击 高点(H) ▸ 选项，在弹出的子菜单中选择最高值节点的显示颜色，这里选择“红色”，如图 7.23 所示，所有迷你图折线中表示最高值的圆点用红色标出。

⑤ 保持 F3 单元格的选中状态，单击“样式”组中的“标记颜色”按钮，在打开的下拉列表中单击 低点(L) ▸ 选项，在弹出的子菜单中选择最低值节点的显示颜色，这里选择“蓝色”，所有迷你图折线中表示最低值的圆点用蓝色标出，效果如图 7.24 所示。

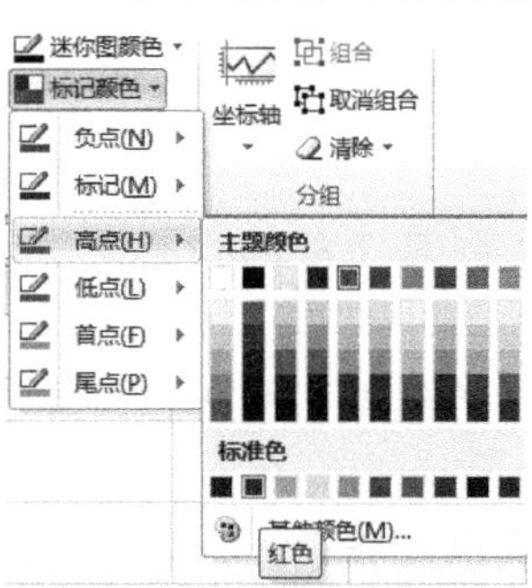

图 7.23 选择标记的颜色

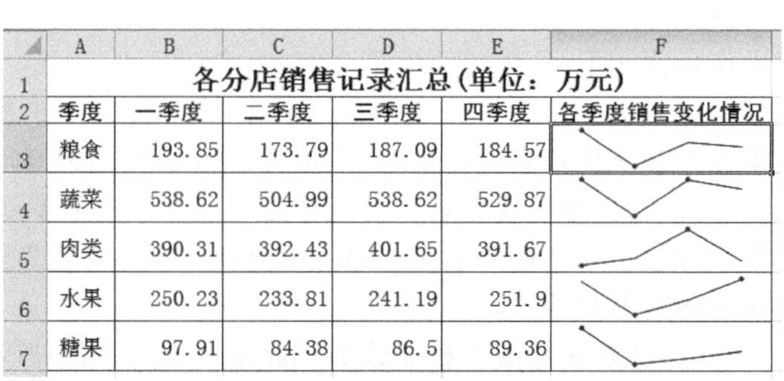

	A	B	C	D	E	F
1	各分店销售记录汇总(单位：万元)					
2	季度	一季度	二季度	三季度	四季度	各季度销售变化情况
3	粮食	193.85	173.79	187.09	184.57	
4	蔬菜	538.62	504.99	538.62	529.87	
5	肉类	390.31	392.43	401.65	391.67	
6	水果	250.23	233.81	241.19	251.9	
7	糖果	97.91	84.38	86.5	89.36	

图 7.24 显示迷你图的最高值和最低值数据节点

⑥ 以“实验 7.5 各分店销售记录 8”为文件名，保存操作结果。

上机实习 7.4 数据分析

实习目的

1. 掌握数据排序和筛选方法。
2. 掌握数据的分类汇总、分组显示、合并计算、模拟分析和运算的方法。

实习内容及步骤

一、数据排序

1. 单关键字排序

【例 7.19】 对“实验 7.2 学生学籍 6”工作簿“学生学籍册”工作表中的数据根据合计成绩按降序排序。

操作步骤如下：

① 打开“实验 7.2 学生学籍 6”工作簿“学生学籍册”工作表(见图 7.7)。

② 选中排序关键字段“合计”列中的任一数据单元格。

③ 单击“数据”选项卡“排序和筛选”组中的“降序”按钮，完成排序，结果如图 7.25 所示。不要关闭工作簿，继续完成例 7.20。

	A	B	C	D	E	F	G	H	I	J
1	学生学籍册									
2	学号	姓名	性别	出生年月	语文	数学	英语	理综	合计	是否高于平均分
3	20180104	周梅	女	2000年5月	101	104	102	205	512	是
4	20180101	王海英	女	2000年2月	100	105	103	200	508	是
5	20180106	俞和芳	女	2000年5月	104	99	98	192	493	是
6	20180102	李谦	男	1999年12月	98	96	98	197	489	是
7	20180107	郑同培	男	2000年4月	103	96	97	193	489	是
8	20180110	张黎明	男	2000年5月	92	96	94	202	484	
9	20180103	薛全	男	2000年7月	96	93	98	190	477	
10	20180109	赵海升	男	2000年7月	89	95	93	195	472	
11	20180105	刘明	男	1999年10月	95	93	91	188	467	
12	20180108	郭丽	女	1999年11月	94	93	91	182	460	

图 7.25 根据合计成绩按降序对记录排序

2. 多关键字排序

【例 7.20】 在图 7.25 所示的工作表中，李谦和郑同培的合计成绩都是 489 分，为了对合计成绩相同的学生进一步排序，要求在现有排序的基础上，再根据语文成绩按降序排序。

操作步骤如下：

① 在图 7.25 所示的数据清单中，单击任一单元格。

② 单击“数据”选项卡“排序和筛选”组中的“排序”按钮，打开“排序”对话框，对话框的“主要关键字”框中显示“合计”，“次序”框中显示“降序”，表示当前数据清单中的数据已经按合计成绩的降序排列了。

③ 单击[添加条件(A)]按钮，添加用来排序的次要关键字。在“次要关键字”下拉列表中选择“语文”，在“次序”下拉列表中选择“降序”。

④ 单击[确定]即可完成排序，结果如图 7.26 所示。从图中可以看出，原来郑同培排在李谦的后面，现在排在李谦的前面了。关闭工作簿，不保存操作结果。

	A	B	C	D	E	F	G	H	I	J
1	学生学籍册									
2	学号	姓名	性别	出生年月	语文	数学	英语	理综	合计	是否高于平均分
3	20180104	周梅	女	2000年5月	101	104	102	205	512	是
4	20180101	王海英	女	2000年2月	100	105	103	200	508	是
5	20180106	俞和芳	女	2000年5月	104	99	98	192	493	是
6	20180107	郑同培	男	2000年4月	103	96	97	193	489	是
7	20180102	李谦	男	1999年12月	96	96	100	197	489	是
8	20180110	张黎明	男	2000年5月	92	96	94	202	484	
9	20180103	薛全	男	2000年7月	96	93	98	190	477	
10	20180109	赵海升	男	2000年7月	89	95	93	195	472	
11	20180105	刘明	男	1999年10月	95	93	91	188	467	
12	20180108	郭丽	女	1999年11月	94	93	91	182	460	

图 7.26　按两个关键字排序的结果

【注意】如果在排序后保存了工作簿，则再次打开工作簿，不能简单地恢复到排序前的状态。因此，如果要保存原来的状态，在排序前应先对原工作簿进行备份。

二、数据筛选

1. 自动筛选

【例 7.21】在“实验 7.2 学生学籍 6”工作簿“学生学籍册”工作表中，筛选出考试合计成绩高于平均分的男生记录；然后撤消筛选，再筛选出数学考试成绩最高的 3 个学生记录。

操作步骤如下：

① 打开“实验 7.2 学生学籍 6”工作簿“学生学籍册”工作表(见图 7.7)，选定数据清单中的任一单元格。

② 单击“数据”选项卡“排序和筛选”组中的“筛选”按钮，工作表第 2 行各个字段名单元格右侧出现▼按钮。

③ 单击“是否高于平均分”字段右侧的▼，打开下拉列表，只选中“是”复选框，单击列表下方的[确定]。

④ 单击“性别”字段右侧的▼，打开下拉列表，只选中“男”复选框，单击列表下方的[确定]，筛选记录的结果如图 7.27 所示。

	A	B	C	D	E	F	G	H	I	J
1	学生学籍册									
2	学号	姓名	性别	出生年月	语文	数学	英语	理综	合计	是否高于平均分
6	20180107	郑同培	男	2000年4月	103	96	97	193	489	是
7	20180102	李谦	男	1999年12月	96	96	100	197	489	是

图 7.27　筛选出的学生记录

⑤ 单击数据清单中的任意一个单元格，再单击“排序和筛选”组中的“筛选”按钮，各个字段名单元格右侧的▼消失，表示退出了数据筛选状态。

⑥ 保持选中数据清单中任一单元格的状态，单击“数据”选项卡“排序和筛选”组中的“筛选”按钮。

⑦ 单击“数学”字段右侧的▼，打开下拉列表，单击 数字筛选(F) →10 个最大的值(T)... ，打

开“自动筛选前 10 个”对话框。设置筛选方式为“最大”，将筛选项目数设置为“3”，如图 7.28 所示，单击 确定 ，即筛选出数学成绩最高的 3 条记录，如图 7.29 所示。关闭工作簿，不保存操作结果。

图 7.28 “自动筛选前 10 个”对话框

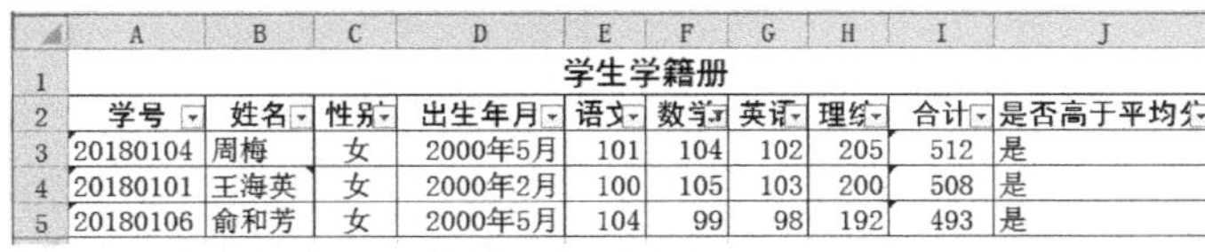

	A	B	C	D	E	F	G	H	I	J
1	学生学籍册									
2	学号	姓名	性别	出生年月	语文	数学	英语	理综	合计	是否高于平均分
3	20180104	周梅	女	2000年5月	101	104	102	205	512	是
4	20180101	王海英	女	2000年2月	100	105	103	200	508	是
5	20180106	俞和芳	女	2000年5月	104	99	98	192	493	是

图 7.29 筛选出的数学成绩最高的 3 条记录

2. 自定义筛选

【例 7.22】在“实验 7.2 学生学籍 6”工作簿“学生学籍册”工作表中，筛选出英语成绩在 94 分到 100 分之间(含 94 分和 100 分)的学生记录。

操作步骤如下：

① 打开“实验 7.2 学生学籍 6”工作簿“学生学籍册”工作表(见图 7.7)，选中数据清单中的任一单元格，单击“数据”选项卡“排序和筛选”组中的“筛选”按钮。

② 单击“英语”字段名单元格右侧的▾，打开下拉列表，选择 数字筛选(F) → 自定义筛选(F)... ，打开“自定义自动筛选方式”对话框。

③ 在“英语”下方的列表框中选择“大于或等于”，在其右边的文本框中输入“94”；选中“与”单选按钮，在下方的下拉列表框中选择“小于或等于”，在其右边的文本框中输入“100”，如图 7.30 所示。

④ 单击 确定 ，即可筛选出符合题目要求的学生记录，如图 7.31 所示。关闭工作簿，不保存操作结果。

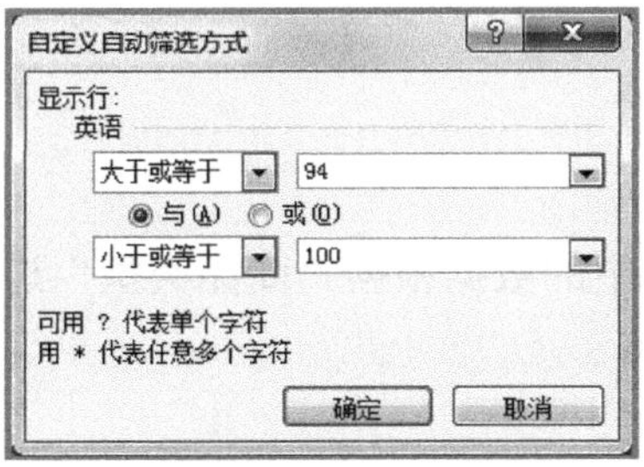

图 7.30 “自定义自动筛选方式”对话框

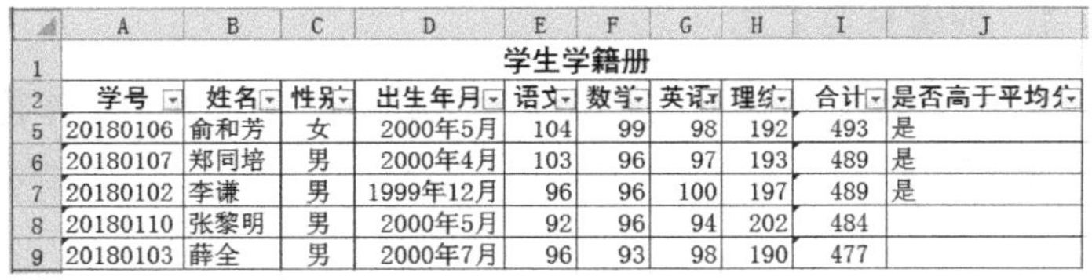

	A	B	C	D	E	F	G	H	I	J
1	学生学籍册									
2	学号	姓名	性别	出生年月	语文	数学	英语	理综	合计	是否高于平均分
5	20180106	俞和芳	女	2000年5月	104	99	98	192	493	是
6	20180107	郑同培	男	2000年4月	103	96	97	193	489	是
7	20180102	李谦	男	1999年12月	96	96	100	197	489	是
8	20180110	张黎明	男	2000年5月	92	96	94	202	484	
9	20180103	薛全	男	2000年7月	96	93	98	190	477	

图 7.31 筛选出的记录

3. 高级筛选

【例 7.23】在“实验 7.2 学生学籍 6”工作簿“学生学籍册”工作表中，筛选出英语成绩在 100 分以上或理综成绩在 195 分以上的学生记录。

操作步骤如下：

① 打开“实验 7.2 学生学籍 6”工作簿“学生学籍册”工作表(见图 7.7)。

② 在 A14、B14 单元格中分别输入“英语”“理综”，在 A15 单元格中输入“>=100”，在 B16 单元格中输入“>=195”，参见图 7.33 的左下角。

③ 选中数据清单中的任一单元格。单击“数据”选项卡“排序和筛选”组中的“高级”按钮 高级，弹出“高级筛选”对话框。

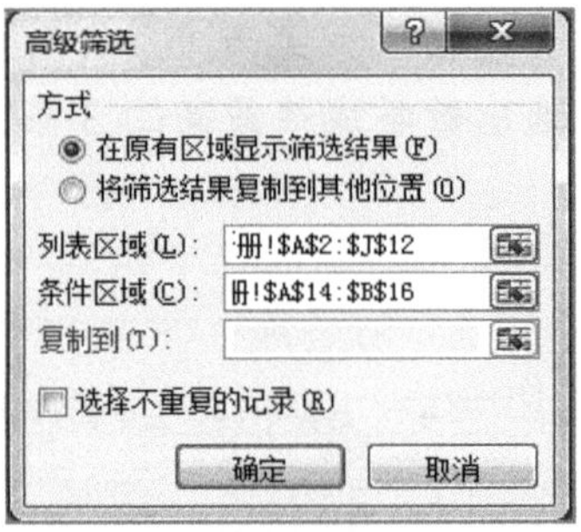

图 7.32　设置筛选的列表区域和条件区域

④ 把插入点光标移到“列表区域”框中，然后在工作表中拖动鼠标，选中 A2:J12 单元格区域；再把插入点光标移到“条件区域”框中，然后在工作表中拖动鼠标，选中 A14:B16 单元格区域，结果如图 7.32 所示。单击 确定 ，筛选结果如图 7.33 所示。

	A	B	C	D	E	F	G	H	I	J
1	学生学籍册									
2	学号	姓名	性别	出生年月	语文	数学	英语	理综	合计	是否高于平均分
3	20180101	王海英	女	2000年2月	100	105	103	200	508	是
4	20180102	李谦	男	1999年12月	98	96	98	197	489	是
6	20180104	周梅	女	2000年5月	101	104	102	205	512	是
11	20180109	赵海升	男	2000年7月	89	95	93	195	472	
12	20180110	张黎明	男	2000年5月	92	96	94	202	484	
13										
14	英语	理综		最高分	104	105	103	205	512	
15	>=100			最低分	89	93	91	182	460	
16		>=195		平均分	97.2	97	96.5	194	485.1	

图 7.33　高级筛选结果

⑤ 以“实验 7.4 学生学籍 8”为文件名，保存操作结果。

【思考】为什么要在 A15 和 B16 这两个不同行的单元格中分别输入“>=100”和“>=195”，如果把这两个式子输入在 A15 和 B15 单元格中，表示什么筛选条件？

三、分类汇总

1. 创建分类汇总

【例 7.24】对素材文件夹中“7.4 商品销售 1”工作簿中的数据根据“商品类型”进行分类汇总。

操作步骤如下：

① 打开“7.4 商品销售 1”工作簿，Sheet1 工作表中的数据如图 7.34 所示。

	A	B	C	D	E	F	G
1	东风超市商品销售记录（单位：万元）						
2	商品类型	商品名称	一季度	二季度	三季度	四季度	全年
3	粮食	大米	1.53	1.42	1.66	1.53	6.14
4	蔬菜	大白菜	2.67	1.22	0.98	1.88	6.75
5	水果	苹果	1.42	0.89	1.89	1.92	6.12
6	粮食	小米	0.56	0.44	0.38	0.47	1.85
7	蔬菜	茄子	0.89	0.67	1.63	1.02	4.21
8	水果	梨	0.23	0.21	0.94	0.78	2.16
9	蔬菜	西红柿	1.22	1.35	1.42	1.36	5.35
10	水果	桃	0	0.43	0.65	0.78	1.86
11	粮食	面粉	2.2	2.56	2.43	2.22	9.41
12	蔬菜	土豆	2.01	1.76	1.6	1.79	7.16
13	水果	葡萄	0.11	0.23	0.78	0.65	1.77
14	蔬菜	青椒	0.55	0.54	0.62	0.43	2.14

图 7.34　工作表中的数据

② 在根据“商品类型”进行分类汇总前，首先要按该字段对数据排序，按前面例题的相关叙述进行操作，对数据清单中的记录按“商品类型”字段的值按降序排序。

③ 单击“数据”选项卡“分级显示”组中的“分类汇总”按钮，弹出“分类汇总”对话框。在“分类字段”框选择“商品类型”；在“汇总方式”框选择“求和”；在“选定汇总项”列表框选中“一季度”“二季度”“三季度”“四季度”“全年”五项；选中“替换当前分类汇总”和“汇总结果显示在数据下方”复选项。

④ 单击“确定”，汇总结果如图 7.35 所示。

	A	B	C	D	E	F	G
1	东风超市商品销售记录(单位：万元)						
2	商品类型	商品名称	一季度	二季度	三季度	四季度	全年
3	水果	苹果	1.42	0.89	1.89	1.92	6.12
4	水果	梨	0.23	0.21	0.94	0.78	2.16
5	水果	桃	0	0.43	0.65	0.78	1.86
6	水果	葡萄	0.11	0.23	0.78	0.65	1.77
7	**水果 汇总**		1.76	1.76	4.26	4.13	11.91
8	蔬菜	大白菜	2.67	1.22	0.98	1.88	6.75
9	蔬菜	茄子	0.89	0.67	1.63	1.02	4.21
10	蔬菜	西红柿	1.22	1.35	1.42	1.36	5.35
11	蔬菜	土豆	2.01	1.76	1.6	1.79	7.16
12	蔬菜	青椒	0.55	0.54	0.62	0.43	2.14
13	**蔬菜 汇总**		7.34	5.54	6.25	6.48	25.61
14	粮食	大米	1.53	1.42	1.66	1.53	6.14
15	粮食	小米	0.56	0.44	0.38	0.47	1.85
16	粮食	面粉	2.2	2.56	2.43	2.22	9.41
17	**粮食 汇总**		4.29	4.42	4.47	4.22	17.4
18	**总计**		13.39	11.72	14.98	14.83	54.92

图 7.35　汇总结果

⑤ 以“7.4 商品销售 2”为文件名，保存操作结果。

2. 分级显示分类汇总结果和取消分类汇总

分类汇总后，每个类之间自动增加一行分类汇总结果记录，见图 7.35 的第 7、第 13、第 17 行，与此同时还显示出总计结果，见图 7.35 的第 18 行。工作表左侧出现分级显示控制栏。在分级显示控制栏中，单击级别显示控制按钮 1 2 3，可以显示各级汇总的结果或总计结果，图 7.36 的左图和右图是分别单击 2 和 1 后的效果。

	A	B	C	D	E	F	G
1	东风超市商品销售记录(单位：万元)						
2	商品类型	商品名称	一季度	二季度	三季度	四季度	全年
7	**水果 汇总**		1.76	1.76	4.26	4.13	11.91
13	**蔬菜 汇总**		7.34	5.54	6.25	6.48	25.61
17	**粮食 汇总**		4.29	4.42	4.47	4.22	17.4
18	**总计**		13.39	11.72	14.98	14.83	54.92

	A	B	C	D	E	F	G
1	东风超市商品销售记录(单位：万元)						
2	商品类型	商品名称	一季度	二季度	三季度	四季度	全年
18	**总计**		13.39	11.72	14.98	14.83	54.92

图 7.36　分级显示汇总结果

打开“分类汇总”对话框，单击对话框中的“全部删除(R)”，就可以取消分类汇总，使数据清单恢复到分类汇总前的状态。

四、分组显示

可以对记录较多的工作表按某个字段的值分组显示数据，使数据显得更有条理。在分组显示前，先要对用来分组的字段排序。

【例 7.25】把“7.4 商品销售 1”工作簿 Sheet1 工作表中的数据复制到 Sheet2 工作表中，然后在 Sheet2 工作表中按“商品类型”对记录分组，显示各种商品每个季度和全年的销售额，并显示每个分组全年销售额合计，如图 7.37 所示。

	A	B	C	D	E	F	G
1	东风超市商品销售记录(单位：万元)						
2	商品类型	商品名称	一季度	二季度	三季度	四季度	全年
3	水果	苹果	1.42	0.89	1.89	1.92	6.12
4	水果	梨	0.23	0.21	0.94	0.78	2.16
5	水果	桃	0	0.43	0.65	0.78	1.86
6	水果	葡萄	0.11	0.23	0.78	0.65	1.77
7				水果类商品全年销售合计			11.91
8	蔬菜	大白菜	2.67	1.22	0.98	1.88	6.75
9	蔬菜	茄子	0.89	0.67	1.63	1.02	4.21
10	蔬菜	西红柿	1.22	1.35	1.42	1.36	5.35
11	蔬菜	土豆	2.01	1.76	1.6	1.79	7.16
12	蔬菜	青椒	0.55	0.54	0.62	0.43	2.14
13				蔬菜类商品全年销售合计			25.61
14	粮食	大米	1.53	1.42	1.66	1.53	6.14
15	粮食	小米	0.56	0.44	0.38	0.47	1.85
16	粮食	面粉	2.2	2.56	2.43	2.22	9.41
17				粮食类商品全年销售合计			17.4

图 7.37　按商品类型分组显示数据

操作步骤如下：

① 打开“7.4 商品销售 1”工作簿 Sheet1 工作表(见图 7.34)，将 Sheet1 工作表中的全部数据复制到 Sheet2 工作表中。

② 选中“商品类型”列的任一单元格，单击“数据”选项卡“排序和筛选”组中的“降序”按钮 Z↓A，工作表中的记录按“商品类型”字段的值降序排列。

③ 按照图 7.38 所示，在每组数据的下方插入汇总行，输入摘要说明，输入汇总计算公式，求出每类商品的全年汇总销售额。

	A	B	C	D	E	F	G
1	东风超市商品销售记录						
2	商品类型	商品名称	一季度	二季度	三季度	四季度	全年
3	水果	苹果	1.42	0.89	1.89	1.92	6.12
4	水果	梨	0.23	0.21	0.94	0.78	2.16
5	水果	桃	0	0.43	0.65	0.78	1.86
6	水果	葡萄	0.11	0.23	0.78	0.65	1.77
7				水果类商品全年销售合计			11.91
8	蔬菜	大白菜	2.67	1.22	0.98	1.88	6.75
9	蔬菜	茄子	0.89	0.67	1.63	1.02	4.21
10	蔬菜	西红柿	1.22	1.35	1.42	1.36	5.35
11	蔬菜	土豆	2.01	1.76	1.6	1.79	7.16
12	蔬菜	青椒	0.55	0.54	0.62	0.43	2.14
13				蔬菜类商品全年销售合计			25.61
14	粮食	大米	1.53	1.42	1.66	1.53	6.14
15	粮食	小米	0.56	0.44	0.38	0.47	1.85
16	粮食	面粉	2.2	2.56	2.43	2.22	9.41
17				粮食类商品全年销售合计			17.4

图 7.38　输入摘要说明，进行汇总计算

④ 选定显示“水果”组明细数据的 A3:G6 单元格区域(不包括汇总行)，单击“数据”选项卡“分组显示”组中 创建组 按钮，打开“创建组”对话框，选中“行”单选按钮，如图 7.39 所示。

⑤ 单击 确定 ，将选定的 A3:G6 单元格区域创建为一组，同时窗口左侧出现分级符号，如图 7.40 所示。

图 7.39　“创建组”对话框

	A	B	C	D	E	F	G
1	东风超市商品销售记录						
2	商品类型	商品名称	一季度	二季度	三季度	四季度	全年
3	水果	苹果	1.42	0.89	1.89	1.92	6.12
4	水果	梨	0.23	0.21	0.94	0.78	2.16
5	水果	桃	0	0.43	0.65	0.78	1.86
6	水果	葡萄	0.11	0.23	0.78	0.65	1.77
7				水果类商品全年销售合计			11.91
8	蔬菜	大白菜	2.67	1.22	0.98	1.88	6.75
9	蔬菜	茄子	0.89	0.67	1.63	1.02	4.21
10	蔬菜	西红柿	1.22	1.35	1.42	1.36	5.35
11	蔬菜	土豆	2.01	1.76	1.6	1.79	7.16
12	蔬菜	青椒	0.55	0.54	0.62	0.43	2.14
13				蔬菜类商品全年销售合计			25.61
14	粮食	大米	1.53	1.42	1.66	1.53	6.14
15	粮食	小米	0.56	0.44	0.38	0.47	1.85
16	粮食	面粉	2.2	2.56	2.43	2.22	9.41
17				粮食类商品全年销售合计			17.4

图 7.40　将“水果”类商品创建成一组

⑥ 依次为“蔬菜”“粮食”类商品创建分组，结果如图 7.37 所示。

⑦ 以“7.4 商品销售 3”为文件名，保存操作结果。

和分类汇总的控制显示操作一样，单击图 7.37 所示的分组显示窗口左侧的分级控制工具按钮，也可以确定各分级显示的明细数据。

在创建了分组显示的工作表中单击，在“数据”选项卡的“分组显示”组中单击 取消组合 按钮的▾，在打开的下拉列表中单击 清除分级显示(C)，就可以清除所创建的分组显示，数据清单恢复到分级显示之前的状态。

五、合并计算

在例 7.12 中，我们使用公式计算了三个结构相同的工作表(见图 7.9)数据的汇总数据，还可以使用合并计算的功能，进行数据汇总。

【例 7.26】打开“实验 7.2 各分店销售记录 2”工作簿，使用“合并计算”功能，求出三个分店销售商品的汇总数据。

操作步骤如下：

① 打开“实验 7.2 各分店销售记录 2”工作簿，把 A1:E7 单元格区域的数据复制到 G1:K7 单元格区域中，如图 7.41 所示。

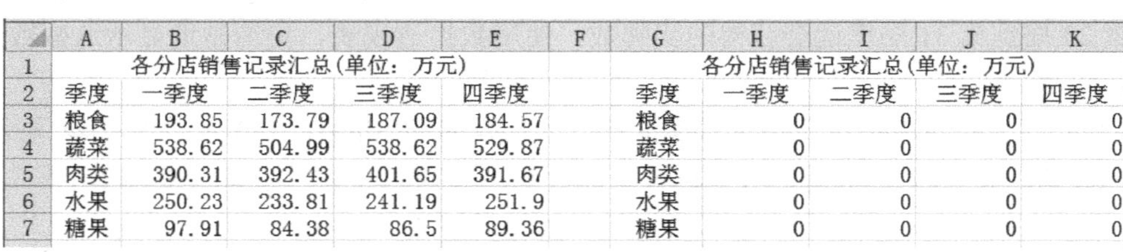

	A	B	C	D	E	F	G	H	I	J	K
1	各分店销售记录汇总(单位：万元)						各分店销售记录汇总(单位：万元)				
2	季度	一季度	二季度	三季度	四季度		季度	一季度	二季度	三季度	四季度
3	粮食	193.85	173.79	187.09	184.57		粮食	0	0	0	0
4	蔬菜	538.62	504.99	538.62	529.87		蔬菜	0	0	0	0
5	肉类	390.31	392.43	401.65	391.67		肉类	0	0	0	0
6	水果	250.23	233.81	241.19	251.9		水果	0	0	0	0
7	糖果	97.91	84.38	86.5	89.36		糖果	0	0	0	0

图 7.41　复制数据

【思考】为什么图 7.41 的 H3:K7 单元格中显示的数据都是 0?

② 选定 H3:K7 单元格区域，按 Del 键，删除该区域各单元格中原来包含的公式；单击“数据”选项卡“数据工具”组中的“合并计算”按钮，打开“合并计算”对话框。

③ 在“函数”下拉列表中选择“求和”，单击“引用位置”框右端的“收缩对话框”按钮，显示出工作表，选定“一分店销售记录”工作表中的 B3:E7 单元格区域后按回车

键，返回“合并计算”对话框，单击 添加(A) 按钮，在对话框的“所有引用位置”框中添加一分店销售记录!$B$3:$E$7。

④ 用同样的操作，依次把“二分店销售记录”“三分店销售记录”工作表的B3:E7单元格区域添加到“所有引用位置”列表框中，如图7.42所示。

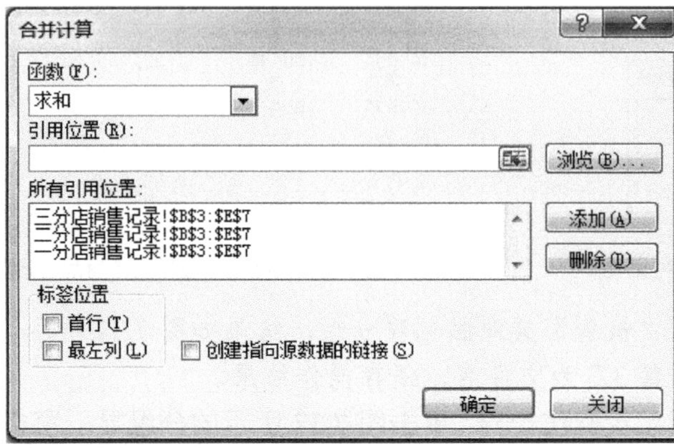

图7.42　设置合并计算的引用位置

⑤ 选中 ☑创建指向源数据的链接(S)，单击 确定，得到合并计算结果，如图7.43所示。从图中可以看出，H3:K7单元格区域中的数据和B3:E7单元格区域中的数据完全相同。

	A	B	C	D	E	F	G	H	I	J	K
1	各分店销售记录汇总(单位：万元)						各分店销售记录汇总(单位：万元)				
2	季度	一季度	二季度	三季度	四季度		季度	一季度	二季度	三季度	四季度
3	粮食	193.85	173.79	187.09	184.57		粮食	193.85	173.79	187.09	184.57
4	蔬菜	538.62	504.99	538.62	529.87		蔬菜	538.62	504.99	538.62	529.87
5	肉类	390.31	392.43	401.65	391.67		肉类	390.31	392.43	401.65	391.67
6	水果	250.23	233.81	241.19	251.9		水果	250.23	233.81	241.19	251.9
7	糖果	97.91	84.38	86.5	89.36		糖果	97.91	84.38	86.5	89.36

图7.43　合并计算后的结果

⑥ 以“实验7.4各分店销售记录3”为文件名，保存操作结果。

六、数据透视表

【例7.27】素材文件夹中有一个“实验7.4中国历届奥运奖牌数1”工作簿，记录了中国参加第23届到第31届奥运会获得的奖牌数，使用数据透视表，更清楚地显示这些数据。

操作步骤如下：

① 打开“实验7.4中国历届奥运奖牌数1”工作簿的Sheet1工作表，图7.44显示了它的部分数据，其中各行分别显示了在各届奥运会上所获的金牌、银牌、铜牌数。

② 单击“插入”选项卡“表格”组中的“数据透视表”按钮，打开下拉列表，单击列表中的“数据透视表”选项，打开“创建数据透视表”对话框。

③ 在“创建数据透视表”对话框的“请选择要分析的数据”栏选中“选择一个表或区域”单选按钮，把插入点光标移到“表/区域”框内，然后选择Sheet1工作表中的A1:D28单元格区域；在“选择放置数据透视表的位置”栏选中“新工作表”单选按钮，如图7.45所示。

	A	B	C	D
1	届次	年份	奖牌	数量
2	23	1984	金牌	15
3	23	1984	银牌	8
4	23	1984	铜牌	9
5	24	1988	金牌	5
……				
23	30	2012	金牌	38
24	30	2012	银牌	27
25	30	2012	铜牌	23
26	31	2016	金牌	26
27	31	2016	银牌	18
28	31	2016	铜牌	26

图 7.44　中国历届奥运会获得奖牌数

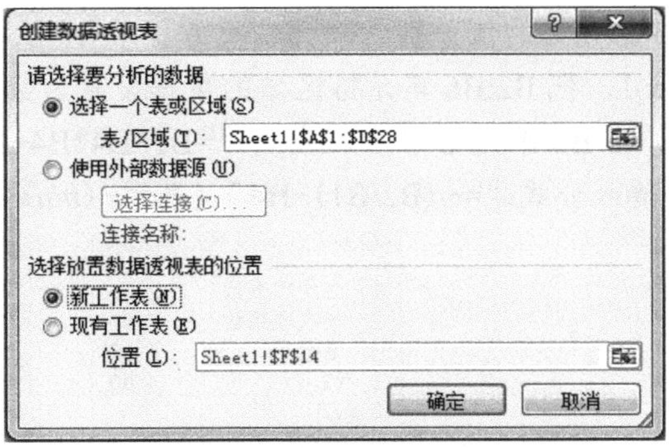

图 7.45　“创建数据透视表”对话框

④ 单击 确定 ，关闭对话框，Excel 自动在 Sheet1 工作表前插入一个新的 Sheet4 工作表，并在其中的 A3 单元格插入一个空的“数据透视表 1”，同时弹出“数据透视表字段列表”对话框。

⑤ 在“数据透视表字段列表”对话框中，把“选择要添加到报表的字段”列表框中的“年份”“届次”字段拖到下方的“行标签”框中，把“奖牌”字段拖到“列标签”框中，把“数量”字段拖到“数值”框中，即可形成数据透视表，如图 7.46 所示。

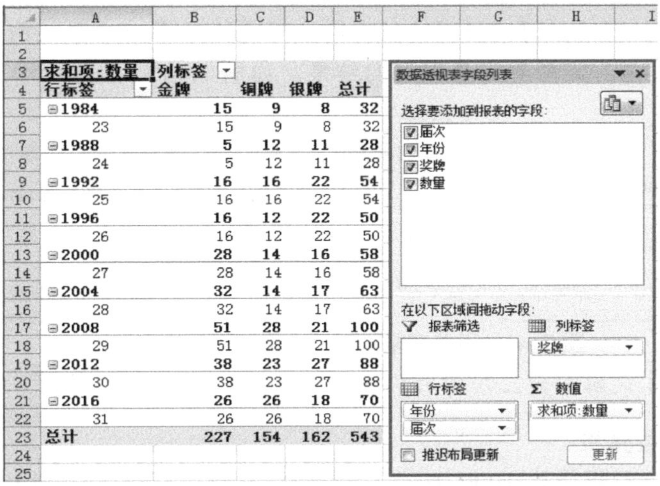

求和项:数量	列标签			
行标签	金牌	铜牌	银牌	总计
⊟1984	15	9	8	32
23	15	9	8	32
⊟1988	5	12	11	28
24	5	12	11	28
⊟1992	16	16	22	54
25	16	16	22	54
⊟1996	16	12	22	50
26	16	12	22	50
⊟2000	28	14	16	58
27	28	14	16	58
⊟2004	32	14	17	63
28	32	14	17	63
⊟2008	51	28	21	100
29	51	28	21	100
⊟2012	38	23	27	88
30	38	23	27	88
⊟2016	26	26	18	70
31	26	26	18	70
总计	227	154	162	543

图 7.46　利用“数据透视表字段列表”对话框设置数据透视表

⑥ 单击数据透视表外任一单元格，隐藏“数据透视表字段列表”对话框(再次单击数据透视表的任一单元格，该对话框可以重新显示出来了)。

⑦ 以“实验 7.4 中国历届奥运奖牌数 2”为文件名，保存操作结果。

七、单变量求解和模拟运算

1. 单变量求解

【例 7.28】 利用单变量求解，求一元二次方程 $ax^2+bx+c=0(a\neq0)$的两个根。

【分析】假设方程的两个根是 x_1、x_2，先用单变量求解，求出方程的一个根 x_1，然后利用 $x_1+x_2=-(b/a)$，求出方程的另一个根 x_2。

操作步骤如下：

① 启动 Excel，在 Sheet1 工作表的有关单元格中输入数据，如图 7.47 的左图所示(B1、

B2、B3 单元格的值分别为一元二次方程中 a、b、c，B4、B5 单元格的值分别为方程的两个根 x_1、x_2)，把 B2:B6 单元格区域的数据设置为数值类型，小数位数设置为 2 位。

② 在 B6 单元格中输入公式“=B1*B4*B4+B2*B4+B3”（表示 ax^2+bx+c 的值），在 B5 单元格输入公式“=-(B2/B1)-B4”（表示$-(b/a)-x_1$ 的值），结果如图 7.47 的右图所示。

	A	B
1	二次项系数	2.00
2	一次项系数	-7.00
3	常数项	6.00
4	x1	4.00
5	x2	
6	方程	

	A	B
1	二次项系数	2.00
2	一次项系数	-7.00
3	常数项	6.00
4	x1	4.00
5	x2	-0.50
6	方程	10.00

图 7.47　在相关单元格输入数据和公式后的效果

③ 单击“数据”选项卡“数据工具”组中的“模拟分析”按钮，打开下拉菜单，单击菜单中的“单变量求解”命令，打开“单变量求解”对话框，把插入点光标移到“目标单元格”框中，在工作表选中 B6 单元格，“目标单元格”框中出现“$B$6”；在“目标值”框中输入“0”（表示让 $ax^2+bx+c=0$）；把插入点光标移到“可变单元格”框中，在工作表选中 B4 单元格，“可变单元格”框中出现“$B$4”（表示当 $ax^2+bx+c=0$ 时，x_1 应该等于的值），如图 7.48 的左图所示。

④ 单击[确定]，在工作表中的 B4、B5 两个单元格中求出方程的两个根，并显示“单变量求解状态”对话框，解释单变量求解的结果，如图 7.48 的右图所示。

图 7.48　用单变量求解，求得方程的两个根

⑤ 以“实验 7.4 求解一元二次方程”为文件名，保存操作结果。

2. 单变量模拟运算表

【例 7.29】某公司要贷款 1000 万元，年限为 10 年，目前的年利率为 5%(即 0.05)，分月偿还。要求如下：利用 PMT 函数计算出每月的偿还额；使用单变量模拟运算表分析，当利率变动时，对公司还贷的影响。

操作步骤如下：

① 新建工作簿，把 Sheet1 工作表的 B2:B5 单元格区域的数据设置为数值类型，小数位数设置为 4 位，在其中输入有关参数，如图 7.49 的左图所示。

② 在 B5 单元格输入计算月偿还额的公式：“=PMT(B3/12, B4*12, B2)”，结果如图 7.49 的右图所示。

	A	B
1	还款分析(单位：万元)	
2	贷款	1,000.0000
3	年利率	0.0500
4	年限	10.0000
5	月偿还	

	A	B
1	还款分析(单位：万元)	
2	贷款	1,000.0000
3	年利率	0.0500
4	年限	10.0000
5	月偿还	(10.6066)

图 7.49　当年利率为 5%时，计算每月偿还数额

【说明】PMT 函数有三个参数。第 1 个参数是利率，因为要按月计算偿还额，所以要将年利率除以 12，将其转换成月利率；第 2 个参数是还款期数；第 3 个参数为贷款额。该函数的计算结果用红色显示(10.6066)，即在年利率为 5%，年限为 10 年的条件下，每月需偿还 10.6066 万元。

使用 PMT 函数还可以进行其他类似的计算。例如，如果要以按月定额存款方式在 20 年中存款 100 000 元，假设存款年利率为 4%，则可以用 PMT 函数计算月存款额，公式为："=PMT(4%/12, 20*12, 100000)"，计算结果为 272.65，即向年利率 4%的存款账户每月存入 272.65 元，20 年后连本带利可获得 100 000 元。

③ 把 A7:B15 单元格区域作为模拟运算表存放的区域，把该区域的数据设置为数值类型，小数位数设置为 4 位，在 A8:A15 单元格中输入变化的利率数据，在 B7 单元格中输入计算月偿还额的公式"=PMT(B3/12, B4*12, B2)"，结果如图 7.50 的左图所示。

④ 选定模拟运算表的存放区域 A7:B15 单元格区域，单击"数据"选项卡"数据工具"组中的"模拟分析"按钮，打开下拉菜单，单击菜单中的"模拟运算表"命令，打开"模拟运算表"对话框，在对话框的"输入引用列的单元格"框中输入"$B$3"，如图 7.50 的中图所示；单击 确定 ，得到模拟运算表的计算结果，如图 7.50 的右图所示。

图 7.50　设置进行模拟运算的数据、引用的单元格和运算结果

【说明】在"模拟运算表"对话框中，"引用列的单元格"是指模拟运算表的模拟数据(最左列的数据，本例中为 A8:A15 单元格区域)要代替的公式中的单元格地址。本例的模拟运算表使用的是关于利率的模拟数据，所以指定$B$3，即年利率所在的单元格为引用列的单元格。为了方便，通常称其为模拟运算表的列变量。这时单元格区域 B8:B15 中各单元格的公式为"{=TABLE(, B3)}"，表示 A8:B15 单元格区域是一个以 B3 为列变量的模拟运算表。与一般的计算公式相似，当改变模拟数据时，会自动重新计算模拟运算表中数据。

⑤ 以"实验 7.4 模拟运算表"为文件名，保存操作结果。

3. 双变量模拟运算表

【例 7.30】 接例 7.29，分析不同的利率和不同的贷款期限对还款额的影响。

操作步骤如下：

① 打开"实验 7.4 单变量模拟运算"工作簿，将 Sheet1 工作表中 A1:B5 单元格区域的数据复制到 Sheet2 工作表中。

② 把 A7:E15 单元格区域作为模拟运算表存放区域，把该区域的数据设置为数值类型，小数位数设置为 4 位，在 A8:A15 单元格中输入变化的利率数据，在 A7 单元格中输入计算月偿还额的计算公式“=PMT(B3/12, B4*12, B2)”，在 B7:E7 单元格中输入变化的贷款年限，参见图 7.51 的右图。

③ 选定 A7:E15 单元格区域，然后按上例叙述，打开“模拟运算表”对话框。

④ 在“模拟运算表”对话框的“输入引用行的单元格”框中输入“$B$4”；在“输入引用列的单元格”框中输入“$B$3”，如图 7.51 的左图所示。

⑤ 单击 确定 ，得到模拟运算表的计算结果，如图 7.51 的右图所示。其中 B8:E15 单元格区域的计算公式为“{=TABLE(B4, B3)}”，表示 A7:E15 单元格区域是一个以 B4 为行变量，B3 为列变量的模拟运算表。

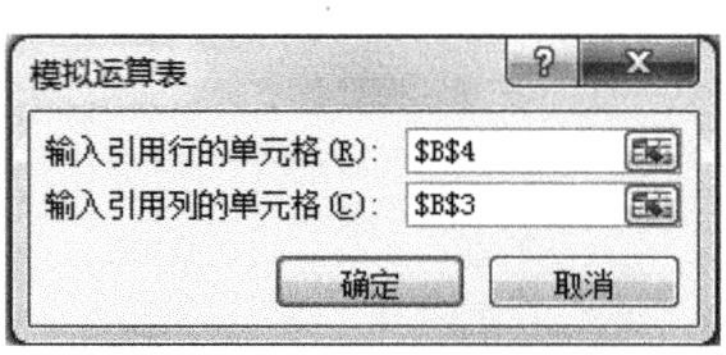

	A	B	C	D	E
1	还款分析(单位：万元)				
2	贷款	1,000.0000			
3	年利率	0.0500			
4	年限	10.0000			
5	月偿还	(10.6066)			
6					
7	(10.6066)	9.0000	10.0000	11.0000	12.0000
8	0.0250	(10.3496)	(9.4270)	(8.6729)	(8.0453)
9	0.0300	(10.5769)	(9.6561)	(8.9038)	(8.2779)
10	0.0350	(10.8074)	(9.8886)	(9.1383)	(8.5145)
11	0.0400	(11.0410)	(10.1245)	(9.3767)	(8.7553)
12	0.0450	(11.2776)	(10.3638)	(9.6187)	(9.0001)
13	0.0500	(11.5173)	(10.6066)	(9.8645)	(9.2489)
14	0.0550	(11.7600)	(10.8526)	(10.1139)	(9.5017)
15	0.0600	(12.0057)	(11.1021)	(10.3670)	(9.7585)

图 7.51　设置模拟运算表引用的单元格和运算结果

上机实习 7.5　共享数据

实习目的

1. 掌握在 Excel 工作表中导入其他程序建立的数据的方法。
2. 掌握让其他程序利用 Excel 数据的方法。

实习内容及步骤

【例 7.31】素材文件夹中有一个“实验 7.5 学籍册.txt”文本文件，该文件包含 11 行内容，每一行包含 8 个数据项，各个数据项之间用逗号分隔，如图 7.52 所示，将该文件导入到 Excel 工作表中。

```
学号,姓名,性别,出生年月,语文,数学,英语,理综
20180101,王海英,女,2000/2/3,100,105,103,200
20180102,李谦,男,1999/12/15,98,96,100,197
20180103,薛全,男,2000/7/22,96,93,98,190
20180104,周梅,女,2000/5/17,101,104,102,205
20180105,刘明,男,1999/10/21,95,93,91,188
20180106,俞和芳,女,2000/5/22,104,99,98,192
20180107,郑同培,男,2000/4/18,103,96,97,193
20180108,郭丽,女,1999/11/7,94,93,91,182
20180109,赵海升,男,2000/7/20,89,95,93,195
20180110,张黎明,男,2000/5/19,92,96,94,202
```

图 7.52　“实验 7.5 学籍册.txt”文件的内容

操作步骤如下：

① 启动 Excel，选中 Sheet1 工作表的 A1 单元格。

② 单击“数据”选项卡“获取外部数据组”中的“自文本”按钮，打开“导入文本文件”对话框，在对话框中找到素材文件夹，单击选中“实验 7.5 学籍册.txt”文件。

③ 单击“导入文本文件”对话框中的“导入”按钮，打开“文本导入向导-第 1 步，共 3 步”对话框。在“请选择最合适的文件类型”栏中选择“分隔符号”单选按钮，在“导入起始行”框中指定导入的起始行为 1。

④ 单击[下一步(N) >]，打开“文本导入向导-第 2 步，共 3 步”对话框，选中“逗号”复选框，指定原文件用逗号作为分隔符号分隔各数据项。

⑤ 单击[下一步(N) >]，打开“文本导入向导-第 3 步，共 3 步”对话框，按默认情况处理，不对各列设置数据格式。

⑥ 单击[完成(F)]，打开“导入数据”对话框，设置从现有工作表的 A1 单元格开始存放导入的数据，如图 7.53 所示。

⑦ 单击[确定]，把数据导入到工作表中，如图 7.54 所示。

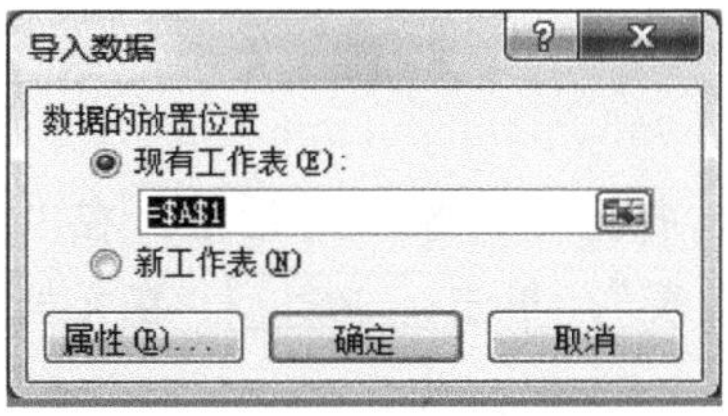

图 7.53　“导入数据”对话框

	A	B	C	D	E	F	G	H
1	学号	姓名	性别	出生年月	语文	数学	英语	理综
2	20180101	王海英	女	2000/2/3	100	105	103	200
3	20180102	李谦	男	1999/12/15	98	96	100	197
4	20180103	薛全	男	2000/7/22	96	93	98	190
5	20180104	周梅	女	2000/5/17	101	104	102	205
6	20180105	刘明	男	1999/10/21	95	93	91	188
7	20180106	俞和芳	女	2000/5/22	104	99	98	192
8	20180107	郑同培	男	2000/4/18	103	96	97	193
9	20180108	郭丽	女	1999/11/7	94	93	91	182
10	20180109	赵海升	男	2000/7/20	89	95	93	195
11	20180110	张黎明	男	2000/5/19	92	96	94	202

图 7.54　导入数据的结果

【例 7.32】 导入“中华人民共和国 2017 年国民经济和社会发展统计公报”网站中的数据。

操作步骤如下：

① 启动 Excel，选中 Sheet1 工作表的 A1 单元格。

② 单击“数据”选项卡“获取外部数据”组中的“自网站”按钮，打开“新建 Web 查询”对话框，在“地址”框输入：http://www.stats.gov.cn/tjsj/zxfb/201802/t20180228_1585631.html。

③ 单击“地址”框右侧的[转到(G)]，在对话框中打开该网站对应的网页，在其中找到一个表格，如图 7.55 所示。

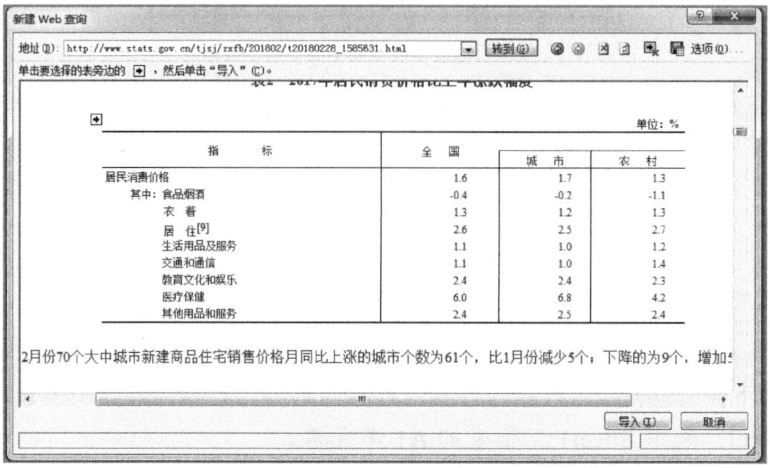

图 7.55　在网页中找到一个表格

④ 单击表格左上角的按钮，该按钮变成形状，与此同时整个表格被选中。

⑤ 单击"导入(I)"，打开图 7.53 所示的"导入数据"对话框，选择放置数据的位置，单击"确定"，这个表格就导入到工作表中了，如图 7.56 所示。

	A	B	C	D
1	单位：%			
2	指　　标	全　国		
3			城　市	农　村
4	居民消费价格	1.6	1.7	1.3
5	其中：食品烟酒	-0.4	-0.2	-1.1
6	衣　着	1.3	1.2	1.3
7	居　住[9]	2.6	2.5	2.7
8	生活用品及服务	1.1	1	1.2
9	交通和通信	1.1	1	1.4
10	教育文化和娱乐	2.4	2.4	2.3
11	医疗保健	6	6.8	4.2
12	其他用品和服务	2.4	2.5	2.4

图 7.56　导入数据的结果

【例 7.33】 在 Word 文档中插入一个 Excel 工作表中的内容。

操作步骤如下：

① 启动 Excel，选中 Sheet1 工作表的 A1 单元格。

② 单击"插入"选项卡"文本"组中的"对象"命令，打开"对象"对话框，在"新建"选项卡的"对象类型"列表选中"Microsoft Excel 工作表"，单击"确定"。在文档中插入一个 Excel 表格。

③ 打开"实验 7.1 学生学籍 5"工作簿，选定"学生学籍册"工作表中的 A2:H12 单元格区域，如图 7.57 所示，按 Ctrl+C 键。

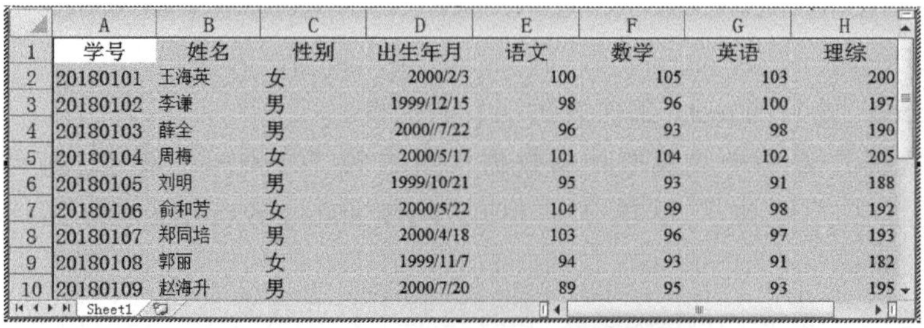

	A	B	C	D	E	F	G	H
1	学号	姓名	性别	出生年月	语文	数学	英语	理综
2	20180101	王海英	女	2000/2/3	100	105	103	200
3	20180102	李谦	男	1999/12/15	98	96	100	197
4	20180103	薛全	男	2000/7/22	96	93	98	190
5	20180104	周梅	女	2000/5/17	101	104	102	205
6	20180105	刘明	男	1999/10/21	95	93	91	188
7	20180106	俞和芳	女	2000/5/22	104	99	98	192
8	20180107	郑同培	男	2000/4/18	103	96	97	193
9	20180108	郭丽	女	1999/11/7	94	93	91	182
10	20180109	赵海升	男	2000/7/20	89	95	93	195

图 7.57　在 Excel 中选定单元格区域

④ 返回 Word 文档窗口，选中插入在文档中的表格左上角单元格，按Ctrl+V键，把选定的 Excel 单元格区域复制到表格中，如图 7.58 所示。

学号	姓名	性别	出生年月	语文	数学	英语	理综
20180101	王海英	女	2000/2/3	100	105	103	200
20180102	李谦	男	1999/12/15	98	96	100	197
20180103	薛全	男	2000/7/22	96	93	98	190
20180104	周梅	女	2000/5/17	101	104	102	205
20180105	刘明	男	1999/10/21	95	93	91	188
20180106	俞和芳	女	2000/5/22	104	99	98	192
20180107	郑同培	男	2000/4/18	103	96	97	193
20180108	郭丽	女	1999/11/7	94	93	91	182
20180109	赵海升	男	2000/7/20	89	95	93	195

图 7.58　复制 Excel 中单元格区域后的效果

此后，只要在 Word 文档中双击图 7.58 所示的表格，即可自动从 Word 界面进入 Excel 工作界面，这时就可以和在 Excel 中进行操作一样，编辑表格中的数据了。

上机实习 7.6　宏的应用

实习目的

掌握创建并运行宏的方法。

实习内容及步骤

【例 7.34】创建一个为工作表中选定区域设置边框线的宏。

操作步骤如下：

① 新建一工作簿，单击“文件”选项卡中的 选项，打开“Excel 选项”对话框。

② 单击左側窗格中的“自定义功能区”，在右侧的“自定义功能区”列表框中选择“主选项卡”，在下方的“主选项卡”列表框中选中 开发工具 复选项，单击 确定 ，“开发工具”选项卡显示在 Excel 窗口功能区中。

③ 单击“开发工具”选项卡“代码”组中的“宏安全性”按钮，打开“信任中心”对话框，单击左侧窗格中的“宏设置”，在右侧窗格选中 启用所有宏(不推荐；可能会运行有潜在危险的代码)(E) 单选项，单击 确定 。

④ 在工作表中选定一个单元格区域，单击“开发工具”选项卡“代码”组中的“录制宏”按钮，打开“录制新宏”对话框。在“宏名”框中为要录制的宏输入一个名称，本例输入“设置边框”；在“保存在”框中选择用来保存宏的位置，选择默认的“当前工作簿”。

⑤ 单击 确定 ，退出对话框，同时进入录制宏的过程，从现在开始，每一步操作均被记录到宏中。利用“开始”选项卡中的“字体”组中边框按钮，为选定的单元格区域设置“所有框线”。

⑥ 单击“开发工具”选项卡“代码”组中的“停止录制”按钮。

⑦ 将工作簿保存为可以运行宏的格式：在“开始”选项卡中单击“另存为”命令，打开“另存为”对话框，在“保存类型”下拉列表中选择“Excel 启用宏的工作簿(*.xlsm)”，输入“实验 7.5 宏”文件名后，单击 保存(S) 。

【例 7.35】 在“实验 7.1 学生学籍 2”工作簿中运行“设置边框”宏，为选定的单元格区域设置边框线。

操作步骤如下：

① 打开“实验 7.5 宏.xlsm”文件。

② 打开“实验 7.1 学生学籍 2”工作簿的“学生学籍”工作表(见图 7.1)，选定 A2:I12 单元格区域。

③ 单击“开发工具”选项卡“代码”组中的“宏”按钮，打开“宏”对话框，在“宏名”列表框中单击要运行的宏，本例单击“实验 7.5 宏.xlsm!设置边框”，如图 7.59 所示。

④ 单击 执行(R) ，Excel 自动执行宏并给选定的区域设置边框线，如图 7.60 所示。

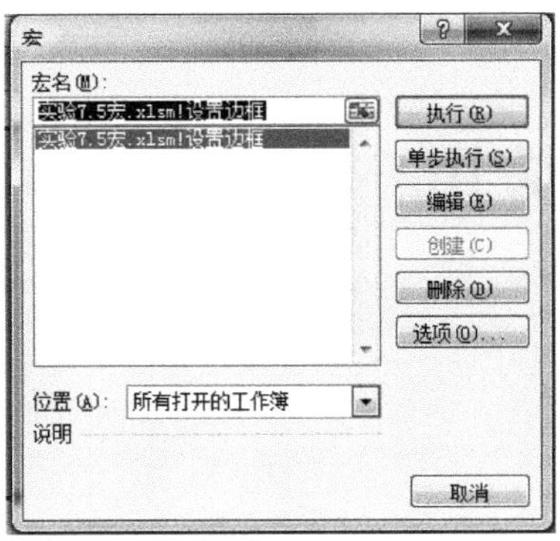

图 7.59 “宏”对话框

	A	B	C	D	E	F	G	H	I
1	学生学籍册								
2	学号	姓名	性别	出生年月	语文	数学	英语	理综	合计
3	20180101	王海英	女	2000/2/3	100	105	103	200	
4	20180102	李谦	男	1999/12/15	98	96	100	197	
5	20180103	薛全	男	2000/7/22	96	93	98	190	
6	20180104	周梅	女	2000/5/17	101	104	102	205	
7	20180105	刘明	男	1999/10/21	95	93	91	188	
8	20180106	俞和芳	女	2000/5/22	104	99	98	192	
9	20180107	郑同培	男	2000/4/18	103	96	97	193	
10	20180108	郭丽	女	1999/11/7	94	93	91	182	
11	20180109	赵海升	男	2000/7/20	89	95	93	195	
12	20180110	张黎明	男	2000/5/19	92	96	94	202	

图 7.60 执行“宏”的结果

上机实习 7.7 打印工作表

实习目的

1. 熟练掌握页面设置的操作。
2. 熟练掌握打印预览操作和打印 Excel 工作表的操作。

实习内容及步骤

【例 7.36】 打印“实验 7.2 学生学籍 6”工作簿的“学生学籍”工作表。

操作步骤如下：

① 打开“实验 7.2 学生学籍 6”工作簿的“学生学籍”工作表。

② 单击“页面布局”选项卡“页面设置”组右下角的 按钮，打开“页面设置”对

话框，打开“页边距”选项卡，在“居中方式”选项组中，选中☑水平(Z)复选项。

③ 打开“页眉/页脚”选项卡(参见图 7.62)，单击[自定义页眉(C)...]按钮，打开“页眉”对话框，在“中”框中输入“管理系 2018 届一班”，如图 7.61 所示，单击[确定]，返回“页眉/页脚”选项卡。

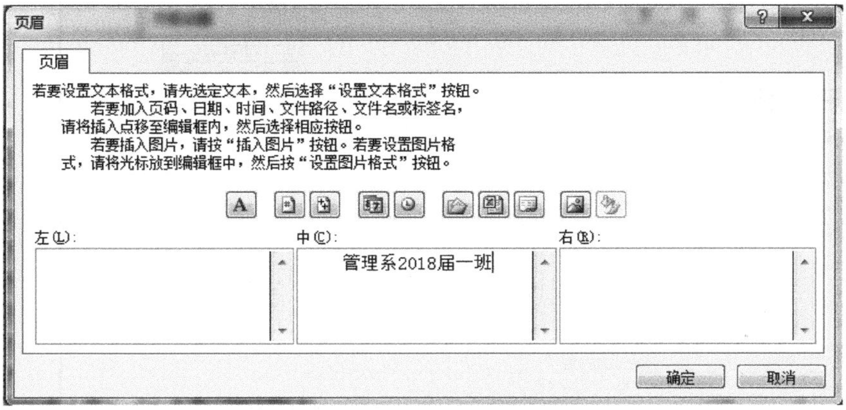

图 7.61　“页眉”对话

【说明】[A]是字体按钮，用来设置页眉和页脚中文字的字体，[页数]、[日期]、[时间]分别是“插入页数”“插入日期”“插入时间”按钮。

④ 单击[自定义页脚(U)...]，打开“页脚”对话框(类似图 7.61 所示的“页眉”对话框)，单击“右”框，再单击“插入页码”按钮[页码]，在“右”框中出现“&页码”，单击[确定]，返回“页眉/页脚”选项卡，如图 7.62 所示，单击[确定]按钮，完成页面设置。

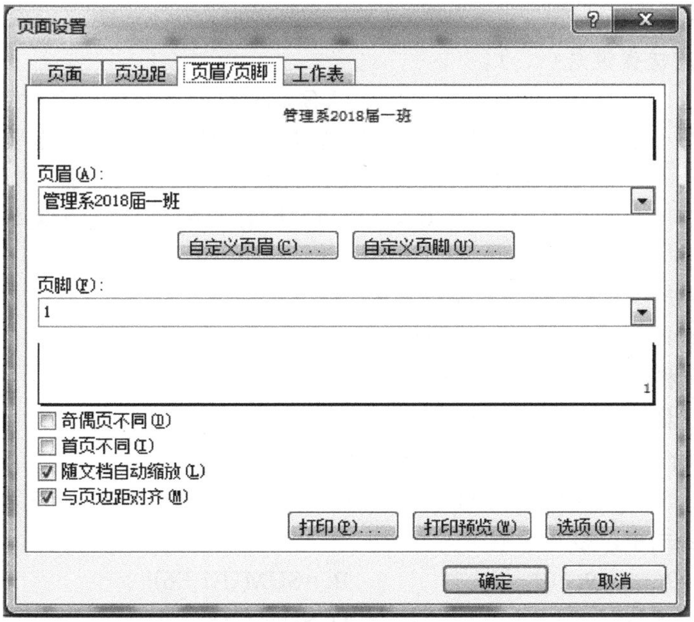

图 7.62　“页面设置”对话框

⑤ 打开“文件”选项卡，单击左侧窗格中的[打印]，预览打印效果，如图 7.63 所示。在中间窗格中的“设置”栏中进行相关设置，单击“打印”按钮，即开始打印工作表。

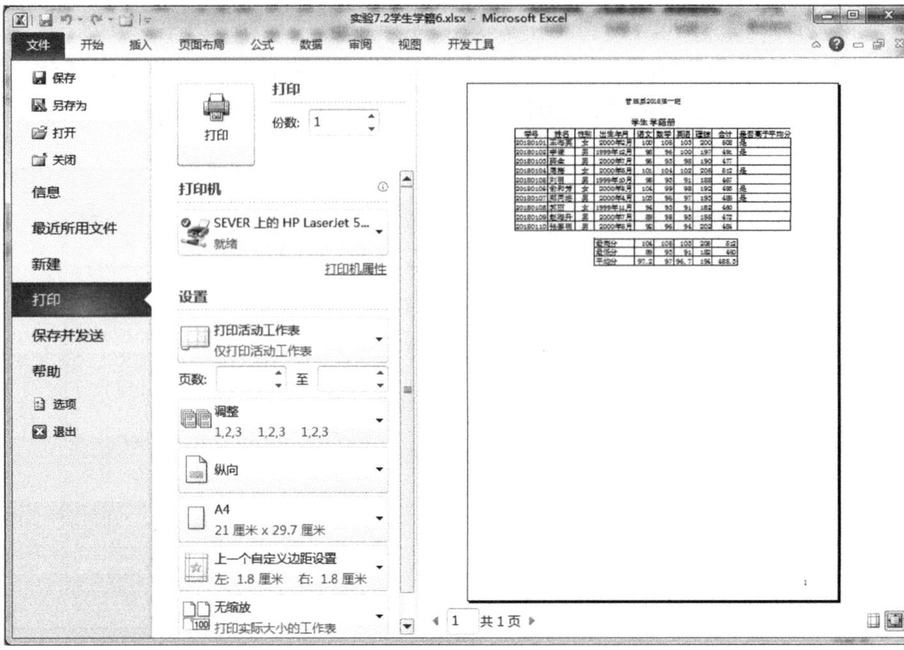

图 7.63 打印预览效果

习 题 精 选

一、单项选择题

1. 打开工作簿的快捷键是(   )。

   A. Ctrl+O　　B. Alt+O　　C. Shift+D　　D. 没有相应的快捷键

2. 要改变系统默认打开的工作表数目，可以通过(   )选项卡中的“选项”命令来设置。

   A. 开始　　B. 文件　　C. 视图　　D. 插入

3. 在 Excel 2010 中，单击“开始”选项卡“编辑”组的“清除”按钮子菜单中的“清除内容”命令的结果是(   )。

   A. 删除此单元格中的内容，但保留此单元格
   B. 删除此单元格中的内容，单元格本身也被删除
   C. 清除单元格中的格式
   D. 删除单元格中的内容和格式

4. 在单元格中输入 7/11 后，单元格中显示的是(   )。

   A. 7/11　　B. 7 月 11 日　　C. 11 月 7 日　　D. 当前系统日期和时间

5. 下列 Excel 公式中，格式正确的是(   )。

   A. =SUM(1, 2 , … , 9, 10)　　B. =SUM(E1:E6)
   C. =SUM(A1;E7)　　D. SUM("18", "25", 7)

6. 在 Excel 中，已知 B1 单元格中有公式=D2*$E3，在 D 列和 E 列之间插入一空列，在第 2 行和第 3 行之间插入一空行，则 B1 单元格中的公式调整为(   )。

   A. =D2*$E2　　B. =D2*$E3　　C. =D2*$E4　　D. =D2*$F4

7.“A1:C3 A3:E3”单元格区域中包含(　)个单元格。

A. 3　　B. 9　　C. 11　　D. 14

8. 在 Excel 工作表中，日期型数据“2018 年 8 月 21 日”的正确输入格式是(　)。

A. 2018/21/8　　B. 21.8.2013　　C. 21,8,2013　　D. 21:8:2013

9. 若在某一单元格中出现了错误值提示“#####”，可能的原因是(　)。

A. 公式中出现了 0 做除数的现象

B. 对单元格的引用无效

C. 运算结果比单元格宽或日期时间公式的结果是一个负值

D. 使用了 Excel 不能识别的文本

10. 若在某一单元格中出现了错误值提示“#NAME?”，可能的原因是(　)。

A. 公式中出现了 0 做除数的现象

B. 对单元格的引用无效

C. 运算结果比单元格宽或日期时间公式的结果是一个负值

D. 使用了 Excel 不能识别的文本

11. 若在某一单元格中出现了错误值提示“#NUM!”，可能的原因是(　)。

A. 公式或函数中的某个数据有问题

B. 对单元格的引用无效

C. 运算结果比单元格宽或日期时间公式的结果是一个负值

D. 使用了 Excel 不能识别的文本

12. 下列在 Excel 中关于“选择性粘贴”的叙述中错误的是(　)。

A. 选择性粘贴可以只粘贴格式

B. 选择性粘贴可以只粘贴公式

C. 选择性粘贴可以将源数据的排列旋转 90 度，即“转置”粘贴

D. 选择性粘贴只能粘贴数值型数据

13. 在 Excel 的筛选中，各列的筛选条件之间表示(　)。

A.“非”的关系　　B.“与”的关系　　C.“或”的关系　　D. 没有关系

14. 使用“高级筛选”命令对数据清单进行筛选时，在条件区不同行中输入两个条件，表示(　)。

A.“非”的关系　　B.“与”的关系　　C.“或”的关系　　D.“异或”的关系

15. 在 Excel 中若使用 Sheet2 工作表中的 A1:B2 单元格区域作为条件区域，在 Sheet1 工作表中进行数据筛选，则指定条件区域应该是(　)。

A. Sheet2A1:B2　　B. Sheet2!A1:B2

C. Sheet2#A1:B2　　D. A1:B2

16. 在 Excel 工作表中，向 A1 单元格中输入数值 3，A2 单元格中输入字符型数值 5('5)，则取值相同的一组公式是(　)。

A. =AVERAGE(A1:A2)　　=AVERAGE(3,"5")

B. =MIN(A1:A2)　　=MIN(3,"5")

C. =MAX(A1:A2)　　=MAX(3, "5")

D. =COUNT(A1:A2)　　=COUNT(3, "5")

17. 在“页面设置”对话框的“页面”选项卡中，不可以设置(　)。

A. 纸张方向　　B. 打印顺序　　C. 缩放比例　　D. 打印质量

18. 单击某一列的列标，再单击“页面布局”选项卡“页面设置”组中的“分隔符”→“插入分页符”命令，可以插入(　　)。

A. 水平分页符　　B. 水平和垂直分页符

C. 空列　　D. 垂直分页符

19. 用拖动的方法移动单元格中的数据时，应拖动单元格的(　　)。

A. 边框　　B. 数据　　C. 填充柄　　D. 空白位置

20. 在 Excel 中，若在某单元格中插入函数=AVERAGE($D$2,D4)，该函数中对单元格的引用属于(　　)。

A. 相对引用　　B. 绝对引用　　C. 混合引用　　D. 交叉引用

21. 要将一个单元格中的内容分成两行，应使用的快捷键是(　　)。

A. Alt+回车键　　B. 回车键　　C. Ctrl+回车键　　D. Shift+回车键

22. 对一含有标题行的工作表进行排序，当在“排序”对话框中取消选中“数据包含标题”，该标题行(　　)。

A. 将参加排序　　B. 将不参加排序

C. 位置总在第一行　　D. 位置总在倒数第一行

23. 在 Excel 中，关于“筛选”的正确叙述是(　　)。

A. 自动筛选和高级筛选都可以将结果筛选至另外的区域中

B. 执行高级筛选前必须在另外的区域中给出筛选条件

C. 自动筛选的条件只能是一个，高级筛选的条件可以是多个

D. 如果所选条件出现在多列中，并且条件间有与的关系，必须使用高级筛选

24. 在 Excel 中，函数 SUM(A1:A4)等价于(　　)。

A. SUM(A1*A4)　　B. SUM(A1+A4)

C. SUM(A1/A4)　　D. SUM(A1+A2+A3+A4)

25. 在某列单元格中快速填充 2016 年~2018 年每月最后一天日期的最优操作方法是在第一个单元格中输入“2016/1/31”，然后(　　)。

A. 使用 MONTH 函数填充其余 35 个单元格

B. 拖动填充柄，然后使用智能标记自动填充其余 35 个单元格

C. 使用格式刷直接填充其余 35 个单元格

D. 执行“开始”选项卡中的“填充”命令

26. 如果单元格的值大于 0，则在本单元格中显示“已完成”；小于 0，则在本单元格中显示“还未开始”；等于 0，则在本单元格中显示“正在进行中”，最优的操作方法是(　　)。

A. 使用 IF 函数

B. 通过自定义单元格格式，设置数据的显示方式

C. 使用条件格式命令

D. 使用自定义函数

27. 在工作表中，编码与分类信息以“编码分类”的格式显示在了一个数据列内，若要将编码与分类分为两列显示，最优的操作方法是(　　)。

A. 重新在两列中分别输入编码和分类，然后删除原来的编码与分类列

B. 在编码与分类列的相邻位置复制一列，将一列中的编码删除，另一列中的分类删除

C. 使用文本函数将编码与分类信息分开

D. 在编码与分类列右侧插入一个空列，然后利用 Excel 的分列功能将其分开

28. 以下公式中，错误的公式形式是(　　)。

A. =SUM(B3:E3)*$F$3　　B. =SUM(B3:3E)*F3

C. =SUM(B3:$E3)*F3　　D. =SUM(B3:E3)*F$3

29. 某公司需要统计各类商品的全年销量冠军，在Excel中最优的操作方法是(　　)。

A. 在销量表中直接找到每类商品的销量冠军，并用特殊的颜色标记

B. 分别对每类商品的销量进行排序，将销量冠军用特殊的颜色标记

C. 通过自动筛选功能，分别找出每类商品的销量冠军，并用特殊的颜色标记

D. 通过设置条件格式，分别标出每类商品的销量冠军

30. 在Excel中，要显示公式与单元格之间的关系，可通过方式(　　)实现。

A. “公式”选项卡“函数库”组中的有关功能

B. “公式”选项卡“公式审核”组中的有关功能

C. “审阅”选项卡“校对”组中的有关功能

D. “审阅”选项卡“更改”组中的有关功能

31. 在Excel中，设置与使用“主题”的功能是指设置(　　)。

A. 标题　　B. 一段标题文字

C. 一个表格　　D. 一组格式集合

32. 在工作表A1单元格里存放了18位二代身份证号码，在A2单元格中利用公式计算该人的年龄，最优的操作方法是在A2单元格输入(　　)。

A. =YEAR(TODAY())-MID(A1, 6, 8)

B. =YEAR(TODAY())-MID(A1, 6, 4)

C. =YEAR(TODAY())-MID(A1, 7, 8)

D. =YEAR(TODAY())-MID(A1, 7. 4)

33. 在工作表多个不相邻的单元格中输入相同的数据，最优的操作方法是(　　)。

A. 在其中一个位置输入数据，然后逐次将其复制到其他单元格

B. 在输入区域最左上方单元格中输入数据，双击填充柄，将其填充到其他单元格

C. 在其中某位置输入数据，复制后，利用Ctrl键选择其他全部输入区域，再粘贴内容

D. 同时选中所有不相邻单元格，在活动单元格中输入数据，然后按Ctrl+Enter键

34. 在工作表B列保存了11位手机号码信息，为了保护隐私，需将手机号码后4位用“*”表示，以对B2单元格操作为例，最优的操作方法是在其他单元格输入(　　)。

A. =REPLACE(B2, 7, 4, "****")

B. =REPLACE(B2, 8, 4, "****")

C. =MID(B2, 7, 4, "****")

D. =MID(B2, 8, 4, "****")

35. 在工作表中快速选中BE370单元格，最优的操作方法是(　　)。

A. 拖动滚动条

B. 执行“开始”选项卡“编辑”功能组中的“查找和选择”命令，在“查找”对话框的“查找内容”框输入“BE370”，单击“查找下一个”按钮

C. 先使用Ctrl+→键移动到BE列，再使用Ctrl+↓键移动到370行

D. 在名称框中输入BE370，然后按Enter键

36. 工作表中有一份“产品销量统计表”，为该表创建了一张柱形分析图，完成后发现该表

缺少一个产品的销售数据，现在要将缺少的数据添加到分析图中，最优的操作方法是向工作表中添加销售记录，(　)。

A. 然后选中柱状分析图，单击“设计”选项卡“类型”组中的“更改图表类型”按钮

B. 因为图表和数据产生了关联，在图表中会自动产生一个新的数据系列

C. 选中柱状分析图，按 delete 键删除它，然后重新插入一个柱状分析图

D. 选中柱状分析图，单击“设计”选项卡“数据”组中的“选择数据”按钮，重新选择数据区域

37. 仅把 A1 单元格中的批注复制到 B1 单元格中，最优的操作方法是(　)。

A. 复制 A1 单元格，到 B1 单元格执行粘贴命令

B. 复制 A1 单元格，到 B1 单元格执行选择性粘贴命令

C. 选中 A1 单元格，单击“格式刷”按钮，接着在 B1 单元格上单击

D. 复制 A1 单元格中的批注内容，在 B1 单元格中执行“插入批注”，然后将 A1 单元格中复制的批注内容粘贴过来

38. 在工作表中计算每个员工的工作年限，每满一年计一年工作年限，最优的操作方法是(　)。

A. 根据员工的入职时间计算工作年限，然后手动录入到工作表中

B. 直接用当前日期减去入职日期，然后除以 365，并向下取整

C. 使用 TODAY 函数返回值减去入职日期，然后除以 365，并向下取整

D. 使用 YEAR 函数和 TODAY 函数获取当前年份，然后减去入职年份

39. 对 A1 单元格数值的小数部分进行四舍五入运算，最优的操作方法是(　)。

A. =INT(A1)　　B. =INT(A1+0.5)

C. =ROUND(A1, 0)　　D. =ROUNDUP(A1, 0)

40. 用工作表的 D 列保存 18 位身份证号码信息，为保护隐私，需将身份证信息的第 3、4 位和第 9、10 位用“*”表示，以 D2 单元格为例，最优的操作方法是在另外单元格中输入(　)。

A. = REPLACE(D2, 9, 2, "**")+REPLACE(D2, 3, 2, "**")

B. = REPLACE(D2, 3, 2, "**", 9, 2, "**")

C. = REPLACE(REPLACE(D2, 9, 2 , "**"), 3, 2, "**")

D. =MD(D2, 3, 2, "**", 9, 2, "**")

41. 将工作表 A1 单元格中的公式“=SUM(B$2:C$4)”复制到 B18 单元格后，原公式将变为(　)。

A. =SUM(C$19:D$19)　　B. =SUM(C$2:D$4)

C. =SUM(B$19:C$19)　　D. =SUM(B$2:C$4)

42. 不可以在工作表中插入的迷你图类型是(　)。

A. 迷你折线图　　B. 迷你柱形图　　C. 迷你散点图　　D. 迷你盈亏图

43. 如果需要对当前工作表分页，将 1~18 行作为一页，余下的作为另一页，最优的操作方法是(　)，然后单击“页面布局”选项卡“页面设置”组中的“分隔符”按钮，打开下拉列表”，单击“插入分页符”。

A. 选中 A18 单元格　　B. 选中 A19 单元格

C. 选中 B18 单元格　　D. 选中 B19 单元格

44. 在工作表中创建了数据透视表后，当数据透视表对应的数据源发生变化时，快速更新数据透视表中数据的最优操作方法是(　)。

A. 单击“数据透视表工具/选项”选项卡“操作”组的“选择整个数据透视表”项

B. 单击“数据透视表工具/选项”选项卡“数据”组的“刷新”按钮

C. 选中整个数据区域，重新创建数据透视表

D. 单击“数据透视表工具/选项”选项卡“排序和筛选”组的“插入切片器”按钮

45. 在工作表中存放了第一中学和第二中学 300 个学生的考试成绩，A 列到 D 列分别为“学校”“班级”“学号”“成绩”列，利用公式计算第一中学3班的平均分，最优的操作方法是使用(　)公式。

A. = SUMIFS(D2:D301, A2:A301, "第一中学", B2:B301, "3班")/COUNTIFS (A2:A301, "第一中学", B2:B301, "3班")

B. =SUMIFS(D2:D301, B2:B301, "3班")/COUNTIFS(B2:B301, "3班")

C. = AVERAGEIFS(D2:301, A2:A301, "第一中学", B2:B301, "3班")

D. = AVERAGEIF(D2:D301, A2A301, "第一中学", B2:B301, "3班")

46. 工作表中已包含每位销售人员对应的产品销量，且产品销售单价为 308 元，计算每位销售人员销售额的最优操作方法是(　)。

A. 直接通过公式“=销量×308”，计算销售额

B. 给单价 308 定义一个名称“单价”，然后在计算销售额的公式中引用该名称

C. 将单价 308 输入到某单元格中，然后在计算销售额的公式中用绝对引用的方式引用该单元格

D. 将单价 308 输入到某单元格中，然后在计算销售额的公式中用相对引用的方式引用该单元格

47. 计算员工本年度的年终奖时，希望与存放在不同工作簿中前三年奖金发放情况进行比较，最优的操作方法是(　)。

A. 分别打开存放前三年奖金的工作簿，将它们复制到同一个工作表中进行比较

B. 通过全部重排功能，将四个工作簿平铺在屏幕上进行比较

C. 通过并排查看功能，分别将今年与前三年的数据两两进行比较

D. 打开存放前三年奖金的工作簿，需要比较时在每个工作簿窗口之间进行切换查看

48. 同时查看一个包含千行千列数据工作表不同部分的最优操作方法是(　)。

A. 将该工作簿另存几个副本，然后打开它们并重排这几个工作簿，分别查看不同的部分

B. 在工作表合适的位置冻结拆分窗格，然后分别查看不同的部分

C. 在工作表合适的位置拆分窗口，然后分别查看不同的部分

D. 在工作表中新建几个窗口，重排窗口后在每个窗口中查看不同的部分

49. 将通过 Excel 整理的调查问卷统计结果送交他人审阅，工作簿中包含统计结果和中间数据两个工作表，如果希望他人看不到存放中间数据的工作表，最优的操作方法是(　)。

A. 删除存放中间数据的工作表

B. 把存放中间数据的工作表移动到其他工作簿中保存

C. 隐藏存放了中间数据的工作表，然后设置保护工作表隐藏

D. 隐藏存放了中间数据的工作表，然后设置保护工作簿结构

50. 工作表的数据区域设置了合适的边框和底纹，如果希望工作表中默认的灰色网格线不再显示，最快捷的操作方法是(　　)。

A. 在“页面设置”对话框中设置不显示网格线

B. 在“页面布局”选项卡“工作表选项”组中设置不显示网格线

C. 在后台视图的高级选项中设置不显示工作表的网格线

D. 在后台视图的高级选项中设置工作表网格线为白色

51. 在工作表中输入大量数据后，若要在该工作表中选定一个连续且较大范围的数据区域，最快捷的方法是(　　)。

A. 选中该数据区域的某个单元格后按 Ctrl+A 组合键

B. 单击该数据区域的第一个单元格，按下 Shift 键不放再单击该区域的最后一个单元格

C. 单击该数据区域的第一个单元格，按 Ctrl+Shift+End 组合键

D. 用鼠标直接在数据区域中拖动，完成选定

52. 在工作表中已经为 400 位学生每人制作了一个成绩条，每个成绩条之间用一个空行分隔，同时选中所有成绩条及分隔空行的最快捷的操作方法是(　　)。

A. 直接在成绩条区域中拖动鼠标进行选择

B. 单击成绩条区域的某 1 个单元格，然后按 Ctrl+A 组合键两次

C. 单击成绩条区域的第 1 个单元格，然后按 Ctrl+Shift+End 组合键

D. 单击成绩条区域的第 1 个单元格，按下 Shift 键不放，单击该区域的最后一个单元格

53. 在工作表单元格中输入公式时，F$2 的单元格引用方式称为(　　)。

A. 交叉地址引用　　B. 混合地址引用

C. 相对地址引用　　D. 绝对地址引用

54. 如果希望在每个工作簿中输入数据时，字体、字号总能自动设为 Calibri、9 磅，最优的操作方法是(　　)。

A. 先输入数据，然后选中这些数据并设置其字体、字号

B. 先选中整个工作表，设置字体、字号后再输入数据

C. 先选中整个工作表并设置字体、字号后，将其保存为模板，再依据该模板创建新工作簿并输入数据

D. 通过后台视图的常规选项，设置新建工作簿时默认的字体、字号，然后再新建工作簿并输入数据

55. 为若干同类型工作表标签设置相同颜色的最优操作方法是(　　)。

A. 依次在每个工作表标签中按鼠标右键，通过“设置工作表标签颜色”命令为它们指定相同的颜色

B. 先为一个工作表标签设置颜色，然后复制多个工作表

C. 按下 Ctrl 键的同时单击工作表标签，依次选择多个工作表，然后通过右键菜单，执行“设置工作表标签颜色”命令，统一指定颜色

D. 在后台视图中，通过常规选项，设置默认的工作表标签颜色后，即可统一应用到所有的工作表

56. 将 B5 单元格中显示为“#”号的数据完整显示出来的最快捷的方法是(　　)。

A. 设置 B5 单元格自动换行

B. 将 B5 单元格与右侧的 C5 单元格合并
C. 双击 B 列列标的右边框线
D. 减小 B5 单元格数据的字号

57. 同时选中所有工作表的同一区域的最快捷的操作方法是（ ）。
A. 在第一个工作表选择区域后，切换到第二个工作表，在按下 Ctrl 键的同时，选择同一区域，用相同方法，依次在其他工作表中选择同一区域
B. 在第一个工作表中选择区域后，按下 Shift 键，单击最后一个工作表标签，所有工作表的同一区域就均被选中
C. 单击第一个工作表标签，按下 Ctrl 键，依次单击其他工作表标签，然后在其中一个工作表中选择某一区域，其他工作表的同一区域将同时被选中
D. 在名称框中以“工作表 1 名!区域地址，工作表 2 名!区域地址，…”的格式输入跨表地址后，按回车键

58. 要了解当前工作簿的工作表最多有多少行，最快捷的操作方法是（ ）。
A. 按下 Ctrl 键的同时按箭头向下的光标移动键，插入点光标跳到工作表的最末一行，查看行号或名称框中的地址
B. 按 Ctrl+Shift+End 组合键，选择到最后一行单元格，查看行号或名称框中的地址
C. 拖动工作表右侧的垂直滚动条，直到最后一行出现，查看行号
D. 选择整个工作表，通过“开始”选项卡“查找和选择”按钮下的“定位条件”功能，定位到最后一个单元格，查看行号或名称框中的地址

二、判断题

1. 单元格的清除与删除作用是相同的。（ ）
2. 在 Excel 中，不能在一个工作簿的多个工作表中同时输入数据。（ ）
3. 对工作表数据进行排序时，如果数据清单中的第一行包含列标记，在“排序”对话框中选中“数据包含标题”复选项，可以使该行排除在排序之外。（ ）
4. 在 Excel 中复制单元格时，无论原单元格中是什么内容，复制出来的内容与原单元格总是完全一致。（ ）
5. 在 Excel 中只能打印整张工作表。（ ）
6. Excel 的错误值提示前面总会出现“#”符号。（ ）
7. 在 Excel 中输入函数时，函数名区分大小写。（ ）
8. 在编辑栏中，选择要更改的单元格引用，按 F4 键，可以将相对引用切换为绝对引用，再按 F4 键可将绝对引用切换为相对引用。（ ）
9. 数据清单中各单元格数据前后不应输入空格，以免影响排序和搜索。（ ）
10. 要在“学习成绩”工作簿的 A1 单元格中，引用“花名册”工作簿中“学籍管理”工作表中的 D5 单元格，其引用格式为：[花名册]学籍管理!D5。（ ）
11. 可以使用保护工作表的方法使单元格中的数据不能被随意编辑。（ ）
12. 打印工作表时，可以选择打印整个工作簿、选定的工作表或选定的区域。（ ）
13. Excel 的排序和筛选不同，排序会重排数据清单中的数据，而筛选并不重排数据清单，只是暂时隐藏不需要的行。（ ）

三、填空题

1. 如果要在一个单元格中同时输入日期和时间，日期和时间之间需要以______隔开。

2. 在单元格中输入(2)的显示结果是______。

3. 在当前单元格中按快捷键 Ctrl+Shift+;（分号），则在当前单元格中显示的是___________。

4. 要冻结 Excel 工作表中的第 1~2 行，应先选定第____行，然后单击“视图”选项卡“窗口”组中的“冻结窗格”→“冻结拆分窗格”命令；要冻结第 A~C 列，应先选定第____列，然后再执行“冻结拆分窗格”命令。如需要冻结某工作表的前 2 行和前 3 列，需要选中_______单元格，然后再执行“冻结拆分窗格”命令。

5 在 Excel 中，Sheet2!$A$2:$C$5 表示______________________________。

6. 公式=Sheet2!A2+B5 表示____。

7. 在 Excel 中，若只需打印工作表的一部分数据，应先___________。

8. 在工作表中，要隐藏第 2 行，先要选定第____行，如果要显示被隐藏的第 2 行，需要选定第____行和第____行。

9. 人工插入的分页符可以在_________视图下移动。

10. 如果在 B5 单元格中输入了公式“=$F4+G$11”，单击该单元格，按下 Ctrl+C 组合键后，再单击 B8 单元格，然后按下 Ctrl+V 组合键，则 B8 单元格中的公式为_________；再用鼠标单击 D5 单元格，然后按下 Ctrl+V 组合键，则 D5 单元格中的公式为_________。

11. 在 Excel 某数据清单中有字段：出版社名称、年度、某书籍出版册数，若希望根据各出版社对某书籍出版册数进行汇总，则应该首先按照________进行排序，然后执行“数据”选项卡中的________命令。

12. 假设 A1:B4 单元格区域和 B3:D5 单元格区域中每个单元格中都输入数字 1，则在 E6 单元格中输入公式=SUM(A1:B4, B3:D5)后按回车键，E6 单元格中显示________；如果条件同上，在 E6 单元格中输入公式=SUM(A1:B4 B3:D5)后按回车键，此单元格中显示________。

13. 用拖动的方法移动单元格的数据时应拖动单元格的_______，自动填充数据时应拖动单元格的_______。

四、操作题

【操作题 1】

素材文件夹下有一个“实验 7 操作题 1.xlsx”工作簿，其中包含 3 个工作表，如图 7.64 和图 7.65 所示。

	A	B	C	D	E	F	G	H
1	Contoso 公司差旅报销管理							
2	日期	报销人	活动地点	地区	费用类别编号	费用类别	差旅费用金额	是否加班
3	2013年1月20E	孟天祥	福建省厦门市思明区莲岳路118号中烟大厦1702室		BIC-001		¥ 120.00	
4	2013年1月21E	陈祥通	广东省深圳市南山区蛇口港湾大道2号		BIC-002		¥ 200.00	
5	2013年1月22E	王天宇	上海市闵行区浦星路699号		BIC-003		¥ 3,000.00	
6	2013年1月23E	方文成	上海市浦东新区世纪大道100号上海环球金融中心56楼		BIC-004		¥ 300.00	
7	2013年1月24E	钱顺卓	海南省海口市琼山区红城湖路22号		BIC-005		¥ 100.00	
8	2013年1月25E	王崇江	云南省昆明市官渡区拓东路6号		BIC-006		¥ 2,500.00	
9	2013年1月26E	黎浩然	广东省深圳市龙岗区坂田		BIC-007		¥ 140.00	
10	2013年1月27E	刘露露	江西省南昌市西湖区洪城路289号		BIC-005		¥ 200.00	
11	2013年1月28E	陈祥通	北京市海淀区东北旺西路8号		BIC-006		¥ 345.00	
12	2013年1月29E	徐志晨	北京市西城区西绒线胡同51号中国会		BIC-007		¥ 22.00	
13	2013年1月30E	张哲宇	贵州省贵阳市云岩区中山西路51号		BIC-008		¥ 246.00	
14	2013年1月31E	王炫皓	贵州省贵阳市中山西路51号		BIC-009		¥ 388.00	
15	2013年2月1日	王海德	辽宁省大连中山区长江路123号大连日航酒店4层清苑厅		BIC-010		¥ 29.00	
16	2013年2月2日	谢丽秋	四川省成都市城市名人酒店		BIC-003		¥ 500.00	

图 7.64　工作簿中包含的一个工作表的部分数据

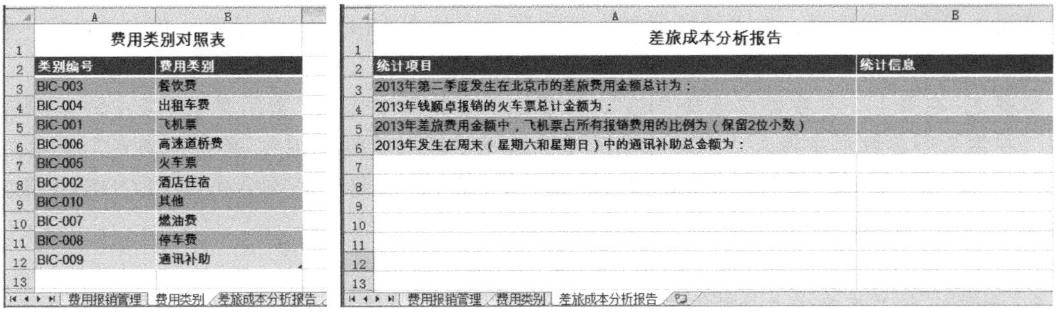

费用类别对照表

类别编号	费用类别
BIC-003	餐饮费
BIC-004	出租车费
BIC-001	飞机票
BIC-006	高速道桥费
BIC-005	火车票
BIC-002	酒店住宿
BIC-010	其他
BIC-007	燃油费
BIC-008	停车费
BIC-009	通讯补助

差旅成本分析报告

统计项目	统计信息
2013年第二季度发生在北京市的差旅费用金额总计为：	
2013年钱顺卓报销的火车票总计金额为：	
2013年差旅费用金额中，飞机票占所有报销费用的比例为（保留2位小数）	
2013年发生在周末（星期六和星期日）中的通讯补助总金额为：	

图 7.65　工作簿中包含的另外两个工作表

按照下述要求完成工作。

1. 在“费用报销管理”工作表“日期”列的所有单元格中显示每个报销日期属于星期几，例如日期为“2013 年 1 月 20 日”的单元格应显示“2013 年 1 月 20 日星期日”，日期为“2013 年 1 月 21 日”的单元格应显示为“2013 年 1 月 21 日星期一”。

2. 如果“日期”列中的日期为星期六或星期日，则在“是否加班”列的单元格中显示“是”，否则显示“否”(必须使用公式)。

3. 使用公式统计每个活动地点所在的省份或直辖市，并将其填写在“地区”列对应的单元格中，例如“北京市”“浙江省”。

4. 依据“费用类别编号”列内容，使用 VLOOKUP 函数，生成“费用类别”列内容，对照关系参考“费用类别”工作表。

5. 在“差旅成本分析报告”工作表 B3 单元格中统计 2013 年第二季度发生在北京市的差旅费用总金额。

6. 在“差旅成本分析报告”工作表 B4 单元格中统计 2013 年员工钱顺卓报销的火车票费用总额。

7. 在“差旅成本分析报告”工作表 B5 单元格中统计 2013 年差旅费用中，飞机票费用占所有报销费用的比例，并保留 2 位小数。

8. 在“差旅成本分析报告”工作表 B6 单元格中统计 2013 年发生在周末(星期六和星期日)的通讯补助总金额。

【解题步骤】

1. 步骤 1：打开素材文件夹中的“实验 7 操作题 1.xlsx”文档。

步骤 2：在“费用报销管理”工作表中选中“日期”列，按鼠标右键，在弹出的快捷菜单中选择“设置单元格格式”命令，弹出“设置单元格格式”对话框，切换到“数字”选项卡，在“分类”列表框中选择“自定义”命令，在右侧“示例”组的“类型”列表框中输入“yyyy"年"m"月"d"日 aaaa”，设置完毕后单击“确定”按钮。

2. 步骤：在“费用报销管理”工作表的 H3 单元格中输入“=IF(WEEKDAY(A3, 2)>5, "是", "否")，表示在星期六或星期日情况下显示“是”，否则显示“否”，按 Enter 键确认，然后向下填充公式到最后一个日期单元格。

WEEKDAY(serial_number, return_type)用途是返回某日期的星期数。第 1 个参数是要返回星期数的日期。第 2 个参数确定返回值类型，为 1 或省略时，1 至 7 代表星期天到星期六；为 2 时，1 至 7 代表星期一到星期天；为 3 时，0 至 6 代表星期一到星期天。

3. 步骤：在“费用报销管理”工作表的 D3 单元格中输入“=LEFT(C3, 3)”，表示取当前文字左侧的前三个字符，按 Enter 键确认，然后向下填充公式到最后一个地区单元格。

4. 步骤 1：选择 F3 单元格，单击“公式”选项卡“函数库”组中的“插入函数”按钮，弹出“插入函数”对话框，在“选择函数”下拉列表中找到 VLOOKUP 函数，单击“确定”按钮，弹出“函数参数”对话框。

步骤 2：在第 1 个参数框中选择“E3”，在第 2 个参数框中选择“费用类别”表中的 A2:B12 区域，在第 3 个参数框中输入“2”，在第 4 个参数框中输入“FALSE”，单击“确定”按钮。

注：本题也可以直接在“费用报销管理”工作表的 F3 单元格中输入公式“=VLOOKUP(E3, 费用类别!$A$2:$B$12, 2, FALSE)”后按 Enter 键。

步骤 3：拖动 F3 单元格的填充柄到 F 列最后的数据单元格。

5. 步骤：在“差旅成本分析报告”工作表 B3 单元格中输入公式“=SUMIFS(费用报销管理!G3:G401, 费用报销管理!A3:A401, ">=2013-04-01", 费用报销管理!A3:A401, "<=2013-06-30", 费用报销管理!D3:D401, "北京市")”，单击“确定”按钮。

6. 步骤：参考第 5 题，在“差旅成本分析报告”工作表 B4 单元格中输入公式“=SUMIFS(费用报销管理!G3:G401, 费用报销管理!B3:B401, "钱顺卓", 费用报销管理!F3:F401, "火车票")”，单击“确定”按钮。

7. 步骤 1：在“差旅成本分析报告”工作表的 B5 单元格中输入公式“=SUMIF(费用报销管理!F3:F401, "飞机票", 费用报销管理!G3:G401)/SUM(费用报销管理!G3:G401)”，按 Enter 键。

步骤 2：本题默认保留两位小数，若不是，在“开始”选项卡“数字”组中单击“百分比样式%”，并将单元格设置为保留 2 位小数。

8. 步骤：参考第 5 题，在“差旅成本分析报告”工作表的 B6 单元格中输入公式“=SUMIFS(费用报销管理!G3:G4011, 费用报销管理!H3:H401, "是", 费用报销管理!F3:F401, "通讯补助")”，单击“确定”按钮。

【操作题 2】

素材文件夹中有一个“实验 7 操作题 2 学生成绩.xlsx”工作簿，其中的两个工作表如图 7.66 和图 7.67 所示，“语文”“英语”……“历史”工作表的结构与“数学”工作表相同。

	A	B	C	D	E	F	G	H
1	学号	姓名	平时成绩	期中成绩	期末成绩	学期成绩	班级名次	期末总评
2	C121401		85	88	90			
3	C121402		116	102	117			
4	C121403		113	99	100			
5	C121404		99	89	96			
6	C121405		100	112	113			
7	C121406		113	105	99			
8	C121407		79	102	104			
9	C121408		96	92	89			
10	C121409		75	85	83			
11	C121410		83	76	81			
12	C121411		107	106	101			

语文 数学 英语 物理 化学 品德 历史 期末总成绩

图 7.66 “数学”工作表部分数据

	A	B	C	D	E	F	G	H	I	J	K
1	初三（14）班第一学期期末成绩表										
2	学号	姓名	语文	数学	英语	物理	化学	品德	历史	总分	总分排名
3	C121401										
4	C121402										
5	C121403										
6	C121404										
7	C121405										
	C121406										

语文 数学 英语 物理 化学 品德 历史 期末总成绩

图 7.67 “期末总成绩”工作表

另外还有一个“实验7操作题2学生档案.txt”文本文件，如图7.68所示。

学号姓名	身份证号码	性别	出生日期	年龄	籍贯
C121417马小军	110101200001051054				湖北
C121301曾令铨	110102199812191513				北京
C121201张国强	110102199903292713				北京
C121424孙令煊	110102199904271532				北京
C121404江晓勇	110102199905240451				山西
C121001吴小飞	110102199905281913				北京
C121422姚南	110103199903040920				北京
C121425杜学江	110103199903270623				北京
C121401宋子丹	110103199904290936				北京
C121439吕文伟	110103199908171548				湖南
C120802符坚	110104199810261737				山西
C121411张杰	110104199903051216				北京

图7.68 “实验7操作题2学生档案.txt”文件部分数据

期末考试结束了，班主任要对本班学生的各科考试成绩进行统计分析，并为每个学生制作一份成绩通知单发给家长。按照下列要求完成该班的成绩统计工作并按原文件名保存。

1. 打开“实验7操作题2学生成绩.xlsx”工作簿，在最左侧插入一个空白工作表，重命名为“初三学生档案”，并将该工作表标签颜色设为“紫色(标准色)”。

2. 将以制表符分隔的文本文件“实验7操作题2学生档案.txt”自A1单元格开始导入到工作表“初三学生档案”工作表中，注意不得改变原始数据的排列顺序。将第1列数据从左到右依次分成“学号”和“姓名”两列显示，最后创建一个名为“档案”，包含A1:G56数据区城、包含标题的表格，同时删除外部链接。

3. 在“初三学生档案”工作表中，利用公式及函数依次输入每个学生的性别“男”或“女”、出生日期“××××年××月××日”和年龄。可以用身份证号的倒数第2位判断性别，奇数为男性，偶数为女性；身份证号的第7~14位表示出生年月日；年龄按周岁计算，满1年才计1岁。最后适当调整工作表的行高和列宽、对齐方式等，以方便阅读。

4. 参考“初三学生档案”工作表，在“语文”工作表中输入与学号对应的“姓名”；按照平时、期中、期末成绩各占30%、30%、40%的比例，计算每个学生的“学期成绩”并填入相应单元格中；按成绩由高到低的顺序统计每个学生的“学期成绩”排名，并按“第n名”的形式填入“班级名次”列中；按照下列格式填写各门学科的“期末总评”。

语文、数学的学期成绩	其他科目的学期成绩	期末总评
>=102	>=90	优秀
>=84	>=75	良好
>=72	>=60	及格
<72	<60	不合格

5. 将“语文”工作表的格式全部应用到其他科目工作表中，包括行高(各行行高均为2默认单位)和列宽(各列列宽均为14默认单位)。并按上述第4条中的要求依次输入或统计其他科目的“姓名”“学期成绩”“班级名次”和“期末总评”。

6. 分别将各科的“学期成绩”引入到“期末总成绩”工作表的相应列中，在“期末总成绩”工作表中依次引入姓名，计算各科的平均分、每个学生的总分，按成绩由高到底的顺序统计每个学生的总分排名、并以1、2、3……形式标识名次，最后将所有成绩的数字格式设为数值，保留两位小数。

7. 在“期末总成绩”工作表中分别用红色(标准色)和加粗格式标出各科第一名的成绩。同时将前 10 名的总分成绩用浅蓝色填充。

8. 调整“期末总成绩”工作表的页面布局以便打印：纸张方向为横向，缩小打印输出，使得所有列只占一个页面宽(但不得缩小列宽)，水平居中打印在纸上。

【解题步骤】

1. 步骤 1：打开素材文件夹中的“实验 7 操作题 2 学生成绩.xlsx”文件，右击“语文”工作表标签，在弹出的快捷菜单中选择“插入”命令，在打开的“插入”对话框中选择“工作表”选项，单击“确定”按钮。

步骤 2：双击新插入的工作表标签，将其重命名为“初三学生档案”。右击该工作表标签，打开快捷菜单，选择“工作表标签颜色”，在弹出的级联菜单中选择标准色中的“紫色”。

2. 步骤 1：选中 A1 单元格，单击“数据”选项卡“获取外部数据”组中的“自文本”按钮，弹出“导入文本文件”对话框，在该对话框中选择素材文件夹下的“实验 7 操作题 2 学生档案.txt”选项，然后单击“导入”按钮

步骤 2：在弹出的对话框中选择“分隔符号”单选按钮，将“文件原始格式”设置为“54936：简体中文(GB18030)”，单击“下一步”按钮；只选中“分隔符”列表中的“Tab 键”复选项，单击“下一步”按钮；选中“身份证号码”列，单击“文本”单选按钮，单击“完成”按钮。

步骤 3：选中 B 列单元格，右击，在弹出的快捷菜单中选择“插入”选项；选中 A1 单元格，将光标置于“学号”和“名字”之间，按 3 次空格键；选中 A 列，单击“数据工具”组中的“分列”按钮，在弹出的对话框中选择“固定宽度”单选按钮，单击“下一步”按钮，在“学号”和“姓名”之间建立分列线；单击“下一步”按钮；保持默认设置，单击“完成”按钮。

步骤 4：选中 A1:G56 单元格区域，单击“开始”选项卡“样式”组中的“套用表格格式”下拉按钮，在弹出拉列表中选择一种样式。

步骤 5：在弹出的对话框中选中“表包含标题”复选框，单击“确定”按钮，然后再在弹出的对话框中选择“是”按钮。在“设计”选项卡“属性”组中将“表名称”设置为“档案”。

3. 步骤 1：选中 D2 单元格，在其中输入公式“=IF(MOD(MID(C2, 17, 1), 2)=1, "男", "女")”，按 Enter 键完成操作，利用填充功能对相关单元格进行填充。

步骤 2：选中 E2 单元格，在其中输入公式“=MID(C2, 17, 1)&"月"&MID(C2, 13, 2)&"日"”，按 Enter 键完成操作，利用填充功能对相关单元格进行填充。

步骤 3：选中 F2 单元格，在其中输入公式“=INT((TODAY()-E2)/365)”，按 Enter 键完成操作，利用填充功能对相关单元格进行填充。

步骤 4：选中 A1:G56 区域，单击“开始”选项卡“对齐方式”组中的“居中”按钮。适当调整表格的行高和列宽

4. 步骤 1：打开“语文”工作表中，选中 B2 单元格，在其中输入公式“=VLOOKUP(A2, 初三学生档案!$A$2:$B$56, 2, 0)”，按 Enter 键完成操作，利用填充功能对相关单元格进行填充。

步骤 2：选中 F2 单元格，在其中输入公式“=SUM(C2*30%)+(D2*30%)+(E2*40%)”，按 Enter 键确认操作。

步骤 3：选中 G2 单元格，在其中输入公式“="第"&RANK(F2, $F$2:$F$45)&"名"”，按 Enter 键完成操作，利用填充功能对相关单元格进行填充。

步骤 4：选中 H2 单元格，在其中输入公式“=IF(F2>=102, "优秀", IF(F2>=84, "良好", IF(F2>=72, "及格", "不及格")))”，按 Enter 键完成操作，利用填充功能对相关单元格进行填充。

5. 步骤 1：选中“语文”工作表中 A1:H45 单元格区域，按 Ctrl+C 键进行复制，打开“数

学”工作表，选中 A1:H45 单元格区域，右击，在弹出的快捷菜单中选择“粘贴选项”下的“格式”按钮。

步骤 2：继续选中工作表的 A1:H45 区域，单击“开始”选项卡“单元格”组中的“格式”下拉按钮，弹出下拉列表，选中“行高”选项，在弹出的对话框中将“行高”设置为 22，单击“确定”按钮。单击“格式”下拉按钮，弹出下拉列表，选中“列宽”选项，在弹出的对话框中将“列宽”设置为 14，单击“确定”按钮。

步骤 3：用同样的方法为其他科目的工作表设置相同的格式，包括行高和列宽。

步骤 4：将“语文”工作表中的公式粘贴到“数学”工作表对应的单元格中，然后利用填充功能对相关单元格进行填充。

步骤 5：在“英语”工作表 H2 单元格中输入公式“=IF(F2>=90, "优秀", IF(F2>=75, "良好", IF(F2>=60, "及格", "不及格")))”。按 Enter 键完成操作，然后利用填充功能对相关单元格进行填充。

步骤 6：将“英语”工作表 H2 单元格中的公式粘贴到“物理”“化学”“品德”“历史”工作表的 H2 单元格中，然后利用填充功能对相关单元格进行填充。

6. 步骤 1：打开“期末总成绩”工作表，选中 B3 单元格，在其中输入公式“=VLOOKUP(A3, 学生档案!$A$2:$B$56, 2, 0)”，按 Enter 键完成操作，然后利用填充功能将其填充至 B46 单元格。

步骤 2：在 C3 单元格中输入公式“=VLOOKUP(A3, 语文!$A$2:$F$45, 6, 0)”，按 Enter 键完成操作，然后利用填充功能将其填充至 C46 单元格。

步骤 3：在 D3 单元格中输入公式“=VLOOKUP(A3, 数学!$A$2:$F$45, 6, 0)”，按 Enter 键完成操作，然后利用填充功能将其填充至 D46 单元格。

步骤 4：使用相同的方法为其他科目填充平均分。在 J3 单元格中输入公式“=SUM(C3:I3)”，按 Enter 键完成操作，然后利用填充功能将其填充至 J46 单元格。

步骤 5：在 K3 单元格中输入公式“=RANK(J3, $J$3:$J$46, 0)”，按 Enter 键完成操作，然后利用填充功能将其填充至 K46 单元格。

步骤 6：在 C47 单元格中输入公式“=AVERAGE(C3:C46)”，按 Enter 键完成操作，然后利用填充功能将其填充至 J47 单元格。

步骤 7：选中 C3:J47 单元格区域，在选中的单元格内右击，在弹出的快捷菜单中选择“设置单元格格式”选项，在弹出的对话框中选择“数字”选项卡，将“分类”设置为“数值”，将“小数位数”设置为 2，单击“确定”按钮。

7. 步骤 1：选中 C3:C56 单元格区域，单击“开始”选项卡“样式”组中的“条件格式”按钮，在弹出的下拉列表中选择“新建规则”选项，在弹出的对话框中将“选择规则类型”设置为“仅对排名靠前或靠后的数值设置格式”，然后将“编辑规则说明”设置为“前”“1”。

步骤 2：单击“格式”按钮，在弹出的对话框将“字形”设置为加粗，将“颜色”设置为标准色中的“红色”，单击两次“确定”按钮，按同样的操作方式，对其他六门课程分别用红色和加粗标出各科第一名成绩。

步骤 3：选中 J3:J46 单元格区域，单击“开始”选项卡“样式”组中的“条件格式”按钮，在弹出的下拉列表中选择“新建规则”，在弹出的对话框中将“选择规则格式”设置为“仅对排名靠前或靠后的数值设置格式”，然后将“编辑规则说明”设置为“前”“10”。

步骤 4：单击“格式”按钮，在弹出的对话框中切换到“填充”选项卡，将“背景色”设置为标准色中的“浅蓝”，单击两次“确定”按钮。

8. 步骤 1：在“页面边距”选项卡“页面设置”组中单击右下角启动对话框的按钮，在弹出的对话框中切换至“页边距”选项卡，选中“居中方式”选项组的“水平”复选框。

步骤 2：切换至“页面”选项卡，将“方向”设置为横向；选择“缩放”选项组下的“调整为”单选按钮，将其设置为 1 页宽 1 页高，单击“确定”按钮。

【操作题 3】

素材文件夹中有一个“实验 7 操作题 3 素材.xlsx”工作簿，其中的三个工作表如图 7.69 和图 7.70 所示。

	D	E	F	G	H	I	J	K	L	M
1	车颜色	收费标准	进场日期	进场时间	出场日期	出场时间	停放时间	收费金额	拟收费金额	差值
2	深蓝色		2014年5月26日	0:06:00	2014年5月26日	14:27:04				
3	银灰色		2014年5月26日	0:15:00	2014年5月26日	5:29:02				
4	白色		2014年5月26日	0:28:00	2014年5月26日	1:02:00				
5	黑色		2014年5月26日	0:37:00	2014年5月26日	4:46:01				
6	深蓝色		2014年5月26日	0:44:00	2014年5月26日	12:42:04				
7	白色		2014年5月26日	1:01:00	2014年5月26日	2:43:01				
8	黑色		2014年5月26日	1:19:00	2014年5月26日	6:35:02				
9	深蓝色		2014年5月26日	1:23:00	2014年5月26日	11:02:03				
10	黑色		2014年5月26日	1:25:00	2014年5月26日	9:58:03				
11	深蓝色		2014年5月26日	1:26:00	2014年5月26日	15:44:05				
12	深蓝色		2014年5月26日	1:31:00	2014年5月26日	10:05:03				
13	深蓝色		2014年5月26日	1:35:00	2014年5月26日	13:43:04				

停车收费记录 / 收费标准 / 拟采用的收费标准

图 7.69 “停车收费记录”工作表

	A	B
1	收费标准	
2	车型	元/15分钟
3	小型车	1.5
4	中型车	2.0
5	大型车	2.5
6	说明：不足15分钟按15分钟收费	

停车收费记录 / 收费标准 / 拟采用的收费标准

	A	B
1	收费标准	
2	车型	元/15分钟
3	小型车	1.5
4	中型车	2.0
5	大型车	2.5
6	说明：不足15分钟的部分不收费	

停车收费记录 / 收费标准 / 拟采用的收费标准

图 7.70 “收费标准”工作表和“拟采用的收费标准”工作表

为让利消费者，收费停车场调整收费标准，将原来的“不足 15 分钟按 15 分钟收费”调整为“不足 15 分钟部分不收费”。市场部抽取了 5 月 26 日至 6 月 1 日的停车收费记录进行数据分析，以期掌握这样调整后营业额的变化情况。具体要求如下：

1. 将“实验 7 操作题 3 素材.xlsx”工作簿文件另存为“实验 7 操作题 3 停车场收费政策调整情况分析.xlsx”文件，所有的操作在新保存好的文件进行。

2. 在“停车收费记录”工作表中，把涉及金额的单元格格式均设置为保留 2 位小数的数值类型。依据“收费标准”表，利用公式将收费标准对应的金额填入“停车收费记录”工作表的“收费标准”列中；利用出场日期、时间与进场日期、时间的关系，计算“停放时间”列单元格的数据，单元格格式为时间类型的“××时××分”。

3. 依据停放时间和收费标准，计算当前收费金额并填入“收费金额”列单元格；计算采用新收费标准的预计收费金额，并填入“拟收费金额”列单元格；计算调整后的收费与当前收费之间的差值并填入“差值”列单元格。

4. 在“停车收费记录”工作表中套用表格格式：“表样式中等深浅 12”，并添加汇总行，对最后三列“收费金额”“拟收费金额”和“差值”汇总值列的数据求和。

5. 在“收费金额”列中，突出单次停车收费达到 100 元的单元格，显示为黄底红字的货币类型。

6. 新建名为“数据透视分析”的表，在该表中创建 3 个数据透视表，起始位置分别为 A3、

A11、A19 单元格。第 1 个透视表的行标签为“车型”，列标签为“进场日期”，求和项为“收费金额”，用来提供当前的每天收费情况；第 2 个透视表的行标签为“车型”，列标签为“进场日期”，求和项为“拟收费金额”，用来提供调整收费标准后的每天收费情况；第 3 个透视表的行标签为“车型”，列标签为“进场日期”，求和项为“差值”，用来提供调整收费标准后每天的收费变化情况。

【解题步骤】

1. 步骤：打开素材文件夹中的“实验 7 操作题 3 素材.xlsx”文件，按“实验 7 操作题 3 停车场收费政策调整情况分析.xlsx”为名，另存在当前文件夹中。

2. 步骤 1：选中 E、K、L、M 列单元格，单击“开始”选项卡“数字”组右侧的启动对话框按钮，打开“设置单元格格式”对话框，在“数字”选项卡“分类”框中选择“数值”，在“小数位数”右侧输入“2”，单击“确定”按钮。

步骤 2：选择“停车收费记录”表的 E2 单元格，输入公式“=VLOOKUP(C2, 收费标准!A$3B$5, 2, 0)”后按 Enter 键，然后利用填充功能填充相关单元格。

步骤 3：选中 J 列单元格，单击“开始”选项卡“数字”组中的启动对话框按钮，打开“设置单元格格式”对话框，在“分类”框中选择“时间”，将“时间”类型设置为“××时××分”，单击“确定”按钮。

步骤 4：计算停放时间。利用 DATEDIF 函数，先计算日期的差值，乘以 24，再加上进场时间和出场时间的差值，即在 J2 单元格中输入“=DATEDIF(F2, H2, "YD")*24+(I2−G2)”，按 Enter 键，使用填充功能填充相关单元格。

说明：DATEDIF(start_date, end_date, unit) 函数返回两个日期之间的年、月、日间隔数，参数 start_date 为一个日期值，代表时间段内的第 1 个日期或起始日期；参数 end_date 为一个日期值，代表时间段内的最后一个日期或结束日期；参数 unit 为函数值的返回类型。为"YD"时的返回值是两个日期间隔的天数，忽略年数差。参数中结束日期必须大于起始日期。

3. 步骤 1：计算收费金额。选中 K2 单元格，在其中输入公式“=ROUNDUP((HOUR (J2)*60+MINUTE(J2))/15, 0)*E2”，按 Enter 键，使用填充功能填充相关单元格。

说明：ROUNDUP(number, num_digits) 函数返回向上舍入后的数字，和四舍五入不一样，不管舍去的首位数字是否大于 4，都向前进 1。参数 number 表示用来向上舍入的数字，参数 num_digits 表示舍入后的数字的小数位数(即保留几位小数)。当 ROUNDUP 函数中的 num_digits 大于 0 时，表示向上舍入到指定的小数位。

步骤 2：计算拟收费金额。选中 L2 单元格，在其中输入公式“=INT((HOUR(J2)*60+MINUTE(J2))/15)*E2”，按 Enter 键，使用填充功能填充相关单元格。

步骤 3：计算差值，在 M2 单元格中输入公式“=K2−L2”，按 Enter 键，使用填充功能填充相关单元格。

4. 步骤 1：选中 A1:M550 单元格区域，单击“开始”选项卡“样式”组中的“套用表格格式”下拉按钮，在下拉样式选项中选择“表样式中等深浅 12”。

步骤 2：在 A551 单元格中输入“汇总”，选中 K551 单元格，输入公式“=SUM(K2:K550)”，按 Enter 键，完成求和运算。

步骤 3：选中 K551 单元格，使用复制公式的方法完成 L551、M551 单元格的求和运算。

5. 步骤 1：选择“收费金额”列单元格，单击“开始”选项卡“样式”组中的“条件格式”下拉按钮，在弹出的下拉列表中选中“突出显示单元格规则”和“其他规则”。

步骤 2：打开“新建规则类型”对话框，在“只为满足以下条件的单元格设置格式”中依次选中“单元格值”“大于或等于”，输入数值 100。单击下方的“格式”按钮，打开“设置单元格格式”对话框，在“字体”选项卡中设置颜色为红色，在“填充”选项卡中选择“背景色”为黄色，依次单击“确定”按钮。

步骤 3：选中“收费金额”列的黄底红字单元格，右击，在弹出的快捷菜单中选择“设置单元格格式”命令，打开“设置单元格格式”对话框，在“数字”选项卡选择“货币”类型，设置小数位数为 2。

6. 步骤 1：新建一个工作表，命名为“数据透视分析”。

步骤 2：选择“停车收费记录”工作表中的 C2:M550 单元格区域。

步骤 3：单击“插入”选项卡“表格”组中的“数据透视表”按钮，弹出“创建数据透视表”对话框，选择放置数据表的位置为“现有工作表”，选择“位置”为“数据透视分析”工作表的 A3 单元格，单击“确定”按钮，进入数据透视表设计状态。

步骤 4：在“数据透视表字段列表”对话框中拖动“车型”到行标签处，拖动“进场日期”到列标签处，拖动“收费金额”到数值区，创建提供当前每天收费情况的数据透视表。

步骤 5：用同样的方法得到第 2 个数据透视表。选择放置数据表的位置为“现有工作表”，选择“位置”为“数据透视分析”工作表的 A11 单元格，行标签为“车型”，列标签为“进场日期”，数值项为“拟收费金额”，创建提供调整收费标准后每天收费情况的数据透视表。

步骤 6：用同样的方法得到第 3 个数据透视表。选择放置数据表的位置为“现有工作表”，选择“位置”为“数据透视分析”工作表的 A19 单元格，行标签为“车型”，列标签为“进场日期”，数值项为“差值”，创建提供调整收费标准后每天收费变化情况的数据透视表。

步骤 7：保存“停车场收费政策调整情况分析.xlsx”文件。

【操作题 4】

在素材文件夹中有一个“实验 7 操作题 4 考生成绩单.xlsx”工作簿文件，其中的“期末成绩”工作表如图 7.71 所示。

	A	B	C	D	E	F	G	H	I	J	K	L
1	学号	姓名	班级	高等代数	数学分析	大学英语	大学物理	VB程序设计	C语言程序设计	Matlab	总分	平均分
2	120305	杨青	3	91.5	89	94	92	91	86	86		
3	120203	孙毅	2	93	99	92	86	86	73	92		
4	120104	杜江	1	93	99	92	78	88	86	73		
5	120301	李佳	3	99	98	92	78	91	95	78		
6	120306	胡杨	3	99	94	99	90	87	95	93		
7	120206	李北	2	100.5	94	99	88	89	78	90		
8	120302	李娜	3	78	95	94	82	90	93	84		
9	120204	刘康	2	95.5	92	96	84	95	91	92		
10	120201	刘鹏举	2	93.5	92	96	100	93	92	93		
11	120304	倪冬声	3	95	97	96	93	95	92	88		
12	120103	齐飞	1	95	85	96	98	92	92	88		
13	120105	苏放	1	88	98	99	89	73	95	91		
14	120202	孙玉	2	86	98	89	88	92	88	89		
15												

期末成绩 / Sheet2 / Sheet3

图 7.71 “期末成绩”工作表

根据下列要求对工作簿进行分析整理。

1. 利用“条件格式”进行下列设置：将大学英语和大学物理两科中低于 80 分的成绩所在的单元格以一种颜色填充，其他五科中大于或等于 95 分的成绩以另一种颜色标出，所用颜色以不遮挡数据为准。

2. 对“期末成绩”工作表中的数据列表进行如下格式化操作：将 A 列的数据类型设置为文本，将各成绩列设置为保留两位小数的数值型。改变数据列表中的行高、列宽，改变字体、字号，设置边框和底纹、设置对齐方式。

3. 利用 SUM 和 AVERAGE 函数计算每个学生的总分及平均成绩。

4. 复制“期末成绩”工作表，将副本放置于原表之后，新表重新命名为“成绩单分类汇”。

5. 通过分类汇总功能求出每个班各科的平均成绩，并将每组结果分页显示。

6. 创建一个簇状柱形图，对每个班各科平均成绩进行比较。

【解题步骤】

1. 步骤 1：打开素材文件夹中的“实验 7 操作题 4 考生成绩单.xlsx”工作簿，选中“期末成绩”工作表的 F2:G14 单元格区域，单击“开始”选项卡“样式”组中的“条件格式”下拉按钮，选择“突出显示单元格规则”中的“其他规则”命令，弹出“新建格式规则”对话框。

步骤 2：在“新建格式规则”对话框中进行设置，在“选择规则类型”中保持默认选择“只为包含以下内容的单元格设置格式”，在“编辑规则说明”下方的 3 个框中分别选择“单元格值”“小于”“80”。

步骤 3：单击“格式”按钮，打开“设置单元格格式”对话框，在“填充”选项卡选择一种填充颜色，单击“确定”按钮，返回上一对话框，单击“确定”按钮退出对话框。

步骤 4：选中 D2:E14 单元格区域，按住 Ctrl 键不放，再选中 H2:J14 单元格区域，然后按照上述同样方法进行操作，设置条件为“单元格值”“大于或等于”“95”；单击“格式”按钮，打开“设置单元格格式”对话框，在“填充”选项卡选择另一种填充颜色；单击“确定”按钮返回上一对话框，单击“确定”按钮退出对话框。

2. 步骤 1：设置数据格式。选中“学号”列，右击，在弹出的下拉列表中选择“设置单元格格式”，切换至“数字”选项卡，在“分类”框中选择“文本”，单击“确定”按钮。选中所有成绩列(D2:L14 单元格区域)，再次打开“设置单元格格式”对话框，切换至“数字”选项卡，在“分类”框选择“数值”，设置小数位数为“2”，单击“确定”按钮。

步骤 2：加大行高列宽、改变字体字号、设置对齐方式。选中 A1:L14 单元格区域，单击“开始”选项卡“单元格”组中的“格式”下拉按钮，在弹出的下拉列表中选择“行高”命令，弹出“行高”对话框，设置行高大于默认值，然后单击“确定”按钮；用类似的方法设置列宽大于默认值；按题目要求设置字体、字号和对齐方式，要求不同于默认值。如设置字号大于默认值，对齐方式为居中。

步骤 3：添加边框和底纹。选中 A1:L14 单元格区域，在该区域上打开“设置单元格格式”对话框，切换至“填充”选项卡，在“预置”选项中选择“外边框”和“内部”选项；再切换到“填充”选项卡，在“背景色”组中选择一种颜色，设置完毕后单击“确定”按钮。

3. 步骤 1：在 K2 单元格中输入“=SUM(D2:J2)”，按 Enter 键后，该单元格值变为“629.50”，双击 K2 单元格右下角的填充柄，完成总分的填充。

步骤 2：在 L2 单元格中输入“=AVERAGE(D2:J2)”，按 Enter 键后，该单元格值变为“89.93”，双击 L2 单元格右下角的填充柄，完成平均分的填充。

4. 步骤 1：选中“期末成绩”工作表名称，按鼠标右键，在弹出的快捷菜单中选择“移动或复制”选项。

步骤 2：在接着弹出的“移动或复制工作表”对话框的“下列选定工作表之前”列表框中选择“Sheet2”，选中“建立副本”复选框，单击“确定”按钮。

步骤 3：双击副本工作表名，使其进入可编辑状态，输入“成绩单分类汇总”。

5. 步骤 1：数据排序。首先按班级排序，选中 C2:C14 单元格区域，单击“数据”选项卡“排序和筛选”组中的“升序”按钮，弹出“排序提醒”对话框，选中“扩展选定区域”单选按钮，单击“排序”按钮完成排序设置。

步骤 2：分类汇总。选中 A1:L14 单元格区域，单击“数据”选项卡“分级显示”组中的“分类汇总”按钮。

步骤 3：在接着弹出的“分类汇总”对话框中单击“分类字段”组中的下拉按钮，选择“班级”选项；单击“汇总方式”组中的下拉按钮，选择“平均值”选项；在“选定汇总项”组选中“高等代数”“数学分析”“大学英语”“大学物理”“VB 程序设计”“C 语言程序设计”“Matlab”复选框；最后选中“每组数据分页”复选框，单击“确定”按钮。

6. 步骤 1：选中工作表 A1:L18 单元格区域，在“数据”选项卡“分级显示”组中单击“隐藏明细数据”按钮，此时，表格中只显示汇总后的数据条目。

步骤 2：选中 C1:J17 单元格区域，单击“插入”选项卡“图表”组中“柱形图”下拉按钮，在下拉列表中选择“簇状柱形图”样式，在工作表中生成一个图表。

步骤 3：适当调整图表的大小和位置。

【操作题 5】

在素材文件夹中有一个“实验 7 操作题 5Excel 素材.xlsx”工作簿文件，图 7.72 显示了其中的两个工作表，文件夹中还有一个“实验 7 操作题 5 数据源.txt”文件，如图 7.73 所示。

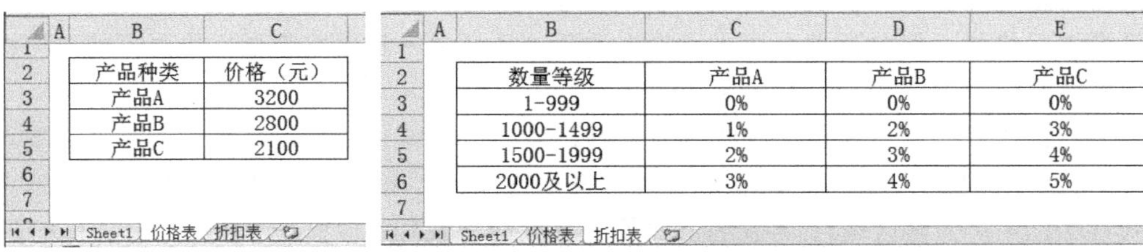

产品种类	价格（元）
产品A	3200
产品B	2800
产品C	2100

数量等级	产品A	产品B	产品C
1-999	0%	0%	0%
1000-1499	1%	2%	3%
1500-1999	2%	3%	4%
2000及以上	3%	4%	5%

图 7.72 “价格表”工作表和“折扣表”工作表

日期	类型	数量
2012/1/1	产品A	1481
2012/1/1	产品B	882
2012/1/1	产品C	1575
2012/1/2	产品B	900
2012/1/2	产品C	1532
2012/1/3	产品A	1561
2012/1/3	产品C	1551
2012/1/4	产品A	1282
2012/1/4	产品B	812
2012/1/4	产品C	1518
2012/1/5	产品B	880
2012/1/6	产品A	1516
2012/1/6	产品C	1564

图 7.73 “实验 7 操作题 5 数据源.txt”文本文件中的部分数据

运用已有的原始数据完成下述工作。

1. 将“实验 7 操作题 5Excel 素材.xlsx”文件另存为“实验 7 操作题 5Excel.xlsx”文件，之后所有的操作均基于此文档进行。

2. 在 Sheet1 工作表中，从 B3 单元格开始，导入“实验 7 操作题 5 数据源.txt”中的数据，并将工作表名称修改为“销售记录”。

3. 在“销售记录”工作表的 A3 单元格中输入“序号”，从 A4 单元格开始，为每笔销售记录插入 001、002、003……格式的序号；将 B 列（“日期”列）数据的数字格式修改为只包含月和日的格式(3/14)；在 E3 和 F3 单元格中分别输入“价格”和“金额”；对标题行区域(A3:F3 单元格区域)设置单元格的上框线和下框线，对数据区域的最后一行 A891:F891 单元格区域设置单元格的下框线；其他单元格无边框线，不显示工作表的网格线。

4. 在“销售记录”工作表的A1单元格中输入“2012年销售数据”，使其显示在A1:F1单元格区域的正中间(注意：不要合并上述单元格区域)；将“标题”单元格样式的字体修改为“微软雅黑”，并应用于A1单元格中的文字内容；隐藏第2行。

5. 在“销售记录”工作表的E4:E891单元格区域中应用函数，输入C列对应的产品价格，价格信息在“价格表”工作表中查询；然后将填入的产品价格设为货币格式，并保留零位小数。

6. 在“销售记录”工作表的F4:F891单元格区域中，计算每笔订单记录的金额，并应用货币格式，保留零位小数，计算规则为：金额=价格×数量×(1-折扣百分比)，折扣百分比由订单中的订货数量和产品类型决定，可以在“折扣表”工作表中查询，例如某个订单中产品A的订货量为1510，则折扣百分比为2%(提示，为便于计算，可对“折扣表”工作表中表格的结构进行调整)。

7. 将“销售记录”工作表A3:F891单元格区域中所有记录设置为居中对齐，并将发生在周六或周日的销售记录单元格的填充颜色设为黄色。

8. 新建“销售量汇总”工作表，在该表中自A3单元格开始创建数据透视表，按照月份和季度对“销售记录”工作表中三种产品的销售数量进行汇总，在数据透视表右侧创建数据透视图，图表类型为“带数据标记的折线图”，并为“产品B”系列添加线性趋势线，显示“公式”和“R2值”(数据透视表和数据透视图的样式可参考素材文件夹中的“实验7操作题5数据透视表和数据透视图.jpg”示例文件)；将“销售量汇总”工作表移动到“销售记录”工作表的右侧。

9. 在“销售量汇总”工作表右侧创建一个名称为“大额订单”的新工作表；在这个工作表中使用高级筛选功能，筛选出“销售记录”工作表中产品A数量在1550以上、产品B数量在1900以上及产品C数量在1500以上的记录(将条件区域放置在1~4行，筛选结果放置在从A6单元格开始的区域)。

【解题步骤】

1. 步骤：打开素材文件夹下的“实验7操作题5Excel素材.xlsx”文件。单击“文件”选项卡中的“另存为”命令，在打开的“另存为”中将文件名设置为“实验7操作题5Excel.xlsx”，将其保存于素材文件夹中。

2. 步骤1：选中Sheet1工作表中的B3单元格，单击“数据”选项卡“获取外部数据”工作组中的“自文本”按钮，弹出“导入文本文件”对话框，选择素材文件夹中的“实验7操作题5数据源.txt”文件，单击“导入”按钮。

步骤2：在弹出的“文本导入向导-第1步，共3步”对话框中，采用默认设置，单击“下一步”按钮，弹出“文本导入向导-第2步，共3步”对话框，采用默认设置，单击“下一步”按钮。

步骤3：进入“文本导入向导第3步，共3步”对话框，在“数据预览”选项卡选中“日期”列，在“列数据格式”选项组中，设置“日期”列格式为“YMD”；按照同样的方法设置“类型”列数据格式为“文本”，设置“数量”列数据格式为“常规”，单击“完成”按钮。

步骤4：在弹出的“导入数据”对话框中采用默认设置，单击“确定”按钮。

步骤5：双击“Sheet1”，输入工作表名称“销售记录”。

3. 步骤1：选中“销售记录”工作表的A3单元格，输入“序号”。

步骤2：选中A4单元格，在其中输入“'001”，拖动A4单元格右下角的填充柄到A891单元格。

步骤3：选中B3:B891单元格区域，在其上打开“设置单元格格式”对话框中选择“数字”

选项卡，在“分类”列表框中选择“日期”，在右侧的“类型”框中选择“3/14”，单击“确定”按钮。

步骤 4：选中 E3 单元格，输入“价格”，选中 F3 单元格，输入“金额”。

步骤 5：选中标题所在的 A3:F3 单元格区域，单击“开始”选项卡“字体”组中的“框线”按钮，在下拉列表框中选择“上下框线”按钮。

步骤 6：选中数据区域的最后一行 A891:F891，单击“开始”选项卡“字体”组中的“框线”按钮，在下拉列表框中选择“下框线”按钮。

步骤 7：取消“视图”选项卡“显示”组中“网格线”复选框的选中状态。

4. 步骤 1：选中“销售记录”工作表的 A1 单元格，输入“2012 年销售数据”。

步骤 2：选中“销售记录”工作表的 A1:F1 单元格区域，在其上打开“设置单元格格式”对话框，选择“对齐”选项卡，在“水平对齐”列表框中选择“跨列居中”，单击“确定”按钮。

步骤 3：选中“销售记录”工作表的 A1:F1 单元格区域，打开“开始”选项卡“字体”组中的“字体”下拉列表，选择“微软雅黑”。

步骤 4：选中第 2 行，右击，在弹出的快捷菜单中选择“隐藏”命令。

5. 步骤 1：选中“销售记录”工作表的 E4 单元格，在单元格中输入公式“=VLOOKUP(C4, 价格表!$B$2:CS5, 2, 0)”，按 Enter 键确认。

步骤 2：拖动 E4 单元格的填充柄到 E891 单元格。

步骤 3：选中 E4:E891 单元格区域，在其上打开“设置单元格格式”对话框，选择“数字”选项卡，在“分类”列表框中选择“货币”，并将右侧的小数位数设置为“0”，单击“确定”按钮。

6. 步骤 1：选择“折扣表”工作表中的 B2:E6 单元格区域，按 Ctrl+C 组合键复制该区域。

步骤 2：选中 B8 单元格，右击，在弹出的快捷菜单中让鼠标指针指向“选择性粘贴”命令，在右侧出现的级联菜单中单击“粘贴”组中的“转置”按钮，对原表格行列进行转置。

步骤 3：选中“销售记录”工作表的 F4 单元格，在单元格中输入公式“=D4*E4*(1-VLOOKUP(C4, 折扣表!$B$9:$F$11, IF(D4<1000, 2, IF(D4<1500, 3, IF(D4<2000, 4, 5)))))”，按 Enter 键确认。

步骤 4：拖动 F4 单元格的填充柄到 F891 单元格。

步骤 5：选中“销售记录”工作表的 F4:F891 单元格区域，在其上打开“设置单元格格式”对话框，选择“数字”选项卡，在“分类”列表框中选择“货币”，并将右侧的小数位数设置为“0”，单击“确定”按钮。

7. 步骤 1：选择“销售记录”工作表的 A3:F891 单元格区域。

步骤 2：单击“开始”选项卡“对齐方式”组中的“居中”按钮。

步骤 3：选中 A4:F891 单元格区域，单击“开始”选项卡“样式”组中的“条件格式”按钮，在下拉列表中单击“新建规则”命令，弹出“新建格式规则”对话框，在“选择规则类型”列表框中选择“使用公式确定要设置格式的单元格”，在下方的“为符合此公式的值设置格式”文本框中输入公式“=OR(WEEKDAY($B4, 2)=6，WEEKDAY($B4, 2)=7)”。

步骤 4：单击“格式”按钮，在弹出的“设置单元格格式”对话框中，切换到“填充”选项卡，选择填充颜色为“黄色”，单击“确定”按钮。

8. 步骤 1：单击“折扣表”工作表右面的“插入工作表”按钮，添加一个新工作表，双击工作表名称，把它改为“销售量汇总”。

步骤 2：在“销售量汇总”工作表选中 A3 单元格。

步骤 3：单击“插入”选项卡“表格”组中的“数据透视表”按钮，打开下拉列表，单击“数据透视表”命令，弹出“创建数据透视表”对话框，在“表/区域”文本框中设置“销售记录!$A$3:$F$891”数据区域，其余采用默认设置，单击“确定”按钮。

步骤 4：在工作表右侧出现“数据透视表字段列表”对话框，将“日期”拖到“行标签”处，将“类型”拖到“列标签”处，将“数量”拖到“数值”区域中。

步骤 5：选中“日期”列任一单元格，右击，在弹出的快捷菜单中选择“创建组”命令，弹出“分组”对话框，在“步长”选项组中选择“月”和“季度”，单击“确定”按钮。

步骤 6：选中“数据透视表”的任一单元格，单击“插入”选项卡“图表”组中的“折线图”，在下拉列表中选择“带数据标记的折线图”。

步骤 7：选中“设计”选项卡“图表布局”组中的“布局 4”样式。

步骤 8：选中图表绘图区中“产品 B”的销售量曲线，单击“布局”选项卡“分析”组中的“趋势线”按钮，打开下拉列表，选择“其他趋势线选项”。

步骤 9：在弹出的“设置趋势线格式”对话框右侧的显示框选中“显示公式”和“显示 R 平方值”复选框，单击“关闭”按钮。

步骤 10：选择折线图右侧的“坐标轴”，右击，弹出“设置坐标轴格式”对话框，在“坐标轴选项”组中设置“坐标轴选项”下方的“最小值”为“固定”“2000”，最大值为“固定”“50000”，“主要刻度单位”为“固定”“10000”，单击“关闭”按钮。

步骤 11：参照素材文件夹中的“实验 7 操作题 5 数据透视表和数据透视图. jpg”示例文件，适当调整公式的位置以及图表的大小，移动图表到数据透视表的右侧位置。

步骤 12：选中“销售量汇总”工作表，按住鼠标左键不放，把它拖到“销售记录”工作表右侧位置。

9. 步骤 1：单击“销售量汇总”工作表右面的“插入新工作表”按钮，新建“大额订单”工作表。

步骤 2：在“大额订单”工作表的 A1 单元格输入“类型”，在 B1 单元格输入“数量”，在 A2 单元格输入“产品 A”，在 B2 单元格输入“>1550”，在 A3 单元格输入“产品 B”，在 B3 单元格输入“>1900”，在 A4 单元格输入“产品 C”，在 B4 单元格输入“>1500”。

步骤 3：单击“数据”选项卡“排序和筛选”组中的“高级”按钮，弹出“高级筛选”对话框，选中“将筛选结果复制到其他位置”，单击“列表区域”后的“折叠对话框”按钮，选择“列表区域”为“销售记录!$A$3:$F$891”，单击“条件区域”后的“折叠对话框”按钮，选择“条件区域”为“$A$1:$B$4”，单击“复制到”后的“折叠对话框”按钮，选择 A6 单元格，按 Enter 键展开“高级筛选”对话框，最后单击“确定”按钮。

【操作题 6】

在素材文件夹中有一个“实验 7 操作题 6Excel 素材.xlsx”工作簿文件，图 7.74 和图 7.75 显示了其中的两个工作表，文件夹中还有一个“实验 7 操作题 6 行政区划代码对照表.xlsx”文件，如图 7.76 所示。

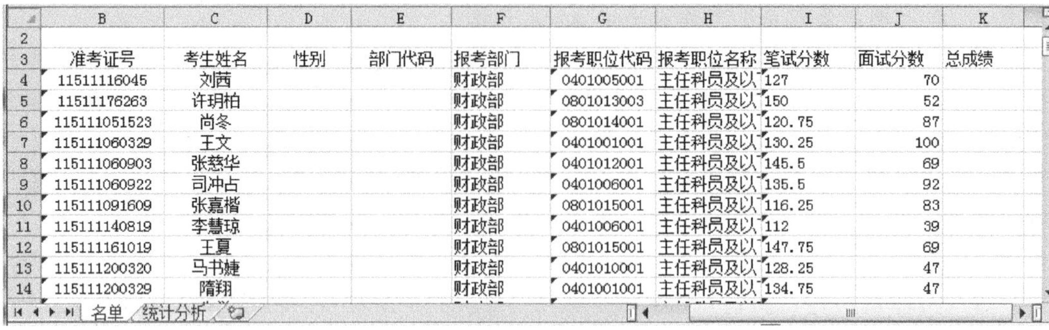

	B	C	D	E	F	G	H	I	J	K
2										
3	准考证号	考生姓名	性别	部门代码	报考部门	报考职位代码	报考职位名称	笔试分数	面试分数	总成绩
4	11511116045	刘茜			财政部	0401005001	主任科员及以	127	70	
5	11511176263	许玥柏			财政部	0801013003	主任科员及以	150	52	
6	115111051523	尚冬			财政部	0801014001	主任科员及以	120.75	87	
7	115111060329	王文			财政部	0401001001	主任科员及以	130.25	100	
8	115111060903	张慈华			财政部	0401012001	主任科员及以	145.5	69	
9	115111060922	司冲占			财政部	0401006001	主任科员及以	135.5	92	
10	115111091609	张嘉楷			财政部	0801015001	主任科员及以	116.25	83	
11	115111140819	李慧琼			财政部	0401006001	主任科员及以	112	39	
12	115111161019	王夏			财政部	0801015001	主任科员及以	147.75	69	
13	115111200320	马书婕			财政部	0401010001	主任科员及以	128.25	47	
14	115111200329	隋翔			财政部	0401001001	主任科员及以	134.75	47	

名单 统计分析

图 7.74 “名单”工作表部分数据

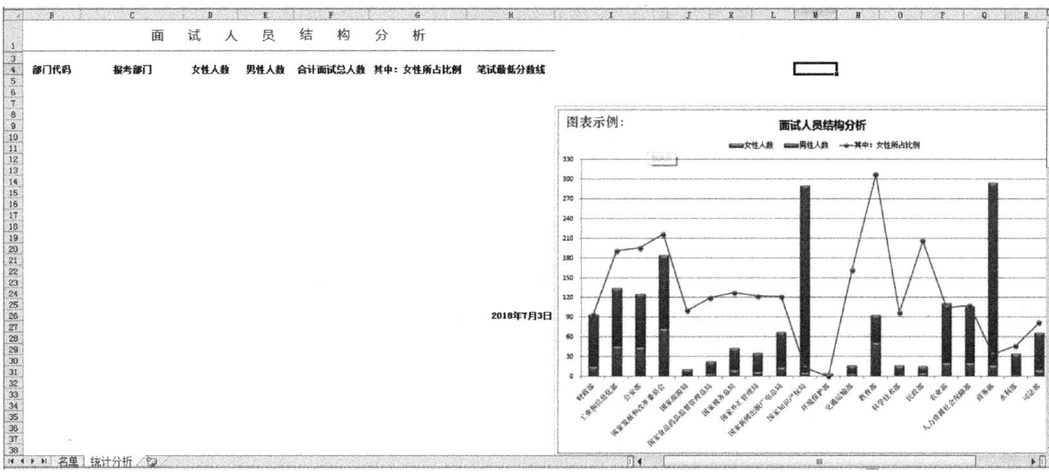

图 7.75 “统计分析”工作表

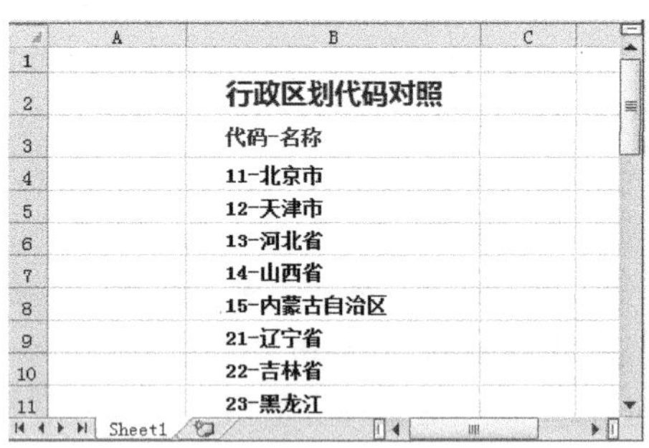

	A	B	C
1			
2		行政区划代码对照	
3		代码-名称	
4		11-北京市	
5		12-天津市	
6		13-河北省	
7		14-山西省	
8		15-内蒙古自治区	
9		21-辽宁省	
10		22-吉林省	
11		23-黑龙江	

Sheet1

图 7.76 行政区划代码对照表中的部分数据

按下列要求完成整理、统计和分析数据的工作。

1. 将素材文件夹中的“实验 7 操作题 6Excel 素材.xlsx”文件另存为“实验 7 操作题 Excel.xlsx”文件，之后所有操作在此文件中进行。操作过程中，不可随意改变工作表中数据的顺序。

2. 将素材文件夹中的“实验 7 操作题 6 行政区划码对照表.xlsx”工作簿的 Sheet1 工作表复制到“名单”工作表左侧，重命名为“行政区划代码”，把工作表标签颜色设为标准紫色，把素材文件夹中的图片“实验 7 操作题 6map.jpg”设置为该工作表的背景，不显示网格线。

3. 按下列要求完善“名单”工作表中的数据。

① 在“序号”列输入格式为 00001、00002、00003…的顺序号。

② 在“性别”列的空白单元格中输入“男”。

③ 在“性别”和“部门代码”之间插入一个空列，列标题为“地区”。准考证号中自左向右的第 5、6 位为地区代码，依据行政区划代码对照表中的对应关系，在“地区”列中输入地区名称。

④ 准考证号的前 3 位为部门代码，在“部门代码”列中填入相应的部门代码。

⑤ 准考证号的第 4 位表示考试类别，按下列计分规则计算每个人的总成绩。

准考证号第 4 位	考试类别	计分方法
1	A 类	笔试面试各占 50%
2	B 类	笔试占 60%，面试占 40%

4. 按下列要求对“名单”工作表的格式进行设置。

① 修改“标题 1”单元格样式，将其设置为“微软雅黑”、14 磅、不加粗、跨列居中，其他保持默认效果。为第 1 行中的标题文字应用更改后的“标题 1”单元格样式，令其在所有数据上方居中显示。

② 将笔试分数、面试分数、总成绩这 3 列数据设置为形如“123.320 分”、且能够正确参与运算的数值类数字格式。

③ 正确的准考证号为 12 位文本，面试分数为 0~100 之间的整数，检测这两列数据的有效性，当出现输入错误时给出提示信息“超出范围请重新输入!”，以标准红色文本标出存在错误的数据。

④ 为整个数据区域套用一个表格格式，取消筛选并转换为普通区域。

⑤ 适当加大行高，并自动调整至合适的大小。

⑥ 锁定工作表的第 1~3 行，使之始终可见。

⑦ 分别以数据区域的首行单元格的值作为各列的名称。

5. 以“名单”工作表的原始数据为依据，在“统计分析”工作表中按下列要求对各部门数据进行统计。

① 首先获取部门代码及报考部门，并按部门代码的升序进行排列。

② 把各项统计数据填入相应单元格，其中统计男女人数时应使用函数并应用已定义的名称，最低笔试分数线按部门统计。

③ 对“统计分析”工作表设置条件格式，令其只有在单元格非空时才自动以某一浅色填充偶数行、且自动添加上下边框。

④ 将 G 列数字显示为百分数，要求四舍五入精确到小数点后 3 位。

6. 以“统计分析”工作表的数据为数据源，生成如表中数据右侧示例所示的图表，要求如下。

① 图表标题与数据上方第 1 行中的标题内容一致并可同步变化。

② 适当改变图表样式、图表中数据系列的格式、调整图例的位置。

③ 坐标轴设置应与示例相同。

④ 将图表以独立方式嵌入到“分析图表”新工作表中，令其不可移动。

【解题步骤】

1. 步骤：打开“实验 7 操作题 6Excel 素材.xlsx”，单击“文件”选项卡中的“另存为”命令，弹出“另存为”对话框，将文件名改为“实验 7 操作题 Excel.xlsx”，单击“保存”按钮。

2. 步骤 1：打开“实验 7 操作题 6 行政区划码对照表.xlsx”文件，选中 Sheet1 工作表名，按鼠标右键打开快捷菜单，选择“移动或复制”命令，弹出“移动或复制工作表”对话框，在“工作簿”框对应的下拉列表中选择“实验 7 操作题 6 行政区划码对照表.xlsx”，在“下列选定工作表之前”框中选择“名单”，并选中下方的“建立副本”复选框。

步骤 2：关闭“实验 7 操作题 6 行政区划码对照表.xlsx”文件，返回“实验 7 操作题 Excel.xlsx”工作簿，双击新插入的 Sheet1 工作表，将其名称改为“行政区划代码”。

步骤 3：在新插入工作表名称上右击，在弹出的快捷菜单中选择“工作表标签颜色”，在级联菜单中选择“标准色/紫色”。

步骤 4：单击“页面布局”选项卡“页面设置”组中的“背景”按钮，弹出“工作表背景”对话框，选中素材文件夹中的“实验 7 操作题 6map.jpg”文件，单击“插入”按钮。取消“页面布局”选项卡“工作表选项”组中“网格线/查看”复选框的选中状态。

3. 步骤 1：在“名单”工作表选中 A4 单元格，输入“00001”，双击该单元格右下角的填充柄，完成数据填充。

步骤 2：选中 D4:D1777 单元格区域，单击“开始”选项卡“编辑”组中的“查找和替换”按钮，打开下拉列表，选择“替换”命令，弹出“查找和替换”对话框，在“替换”选项卡的“替换为”文本框中输入“男”，单击“全部替换”按钮，完成替换。

步骤 3：选中 E 列，右击，在弹出的快捷菜单中选择“插入”命令，在“性别”和“部门代码”列之间插入一个空列，选中 E3 单元格，输入“地区”。

步骤 4：在 E4 单元格中输入公式“=LOOKUP(MID(B4, 5, 2), LEFT(行政区划代码!B$4:B$38, 2), MID(行政区划代码!B$4:B$38, 4, LEN(行政区划代码!B$4:B$38)-3))”，使用填充柄填充到 E1777 单元格。

步骤 5：在 F4 单元格输入公式“=LEFT(B4, 3)”，使用填充柄填充到 F1777 单元格。

步骤 6：在 L4 单元格输入公式“=IF(MID(B4, 4, 1)="1", J4*0.5+K4*0.5, J4*0.6+ K4*0.4)”，使用填充柄填充到 L1777 单元格。

4. 步骤 1：单击“开始”选项卡“样式”组中的“单元格样式”按钮，打开下拉列表，把鼠标指针指向“标题 1 样式”，右击，在弹出的快捷菜单中选择“修改”命令，弹出“样式”对话框，单击“格式”按钮，弹出“设置单元格格式”对话框，切换到“字体”选项卡，设置字体为“微软雅黑”，字号为“14”，字形为“常规”；切换到“对齐”选项卡，设置“水平对齐”为“跨列居中”，设置完成后单击“确定”按钮。

步骤 2：选中 A1:L1 单元格区域，单击“开始”选项卡“样式”组中的“单元格样式”按钮，在下拉列表中单击“标题 1”样式。

步骤 3：选中 A1 单元格，单击“审阅”选项卡“批注”组中的“显示/隐藏批注”按钮，隐藏批注。

步骤 4：选中 J4:J1777 单元格区域，单击 J4 单元格左侧的下拉按钮，打开下拉列表，单击“转换为数字”选项，将 J 列数据转换为数字类型。

找骤 5：同时选中 J、K、L 三列数据区域，右击，在弹出的快捷菜单中选择“设置单元格格式”，弹出“设置单元格格式”对话框，在“数字”选项卡选中“自定义”选项选择“0.00”，在文本框中将其修改为“0.000 分”。

步骤 6：选中 B4:B1777 单元格区域，单击“数据”选项卡“数据工具”组中的“数据有效性”按钮，在下拉列表中选择“数据有效性”命令，弹出“数据有效性”对话框，在“设置”选项卡按图 7.77 的左图所示进行设置；切换到“出错警告”选项卡，按图 7.77 的右图所示进行设置，完成后单击“确定”按钮。

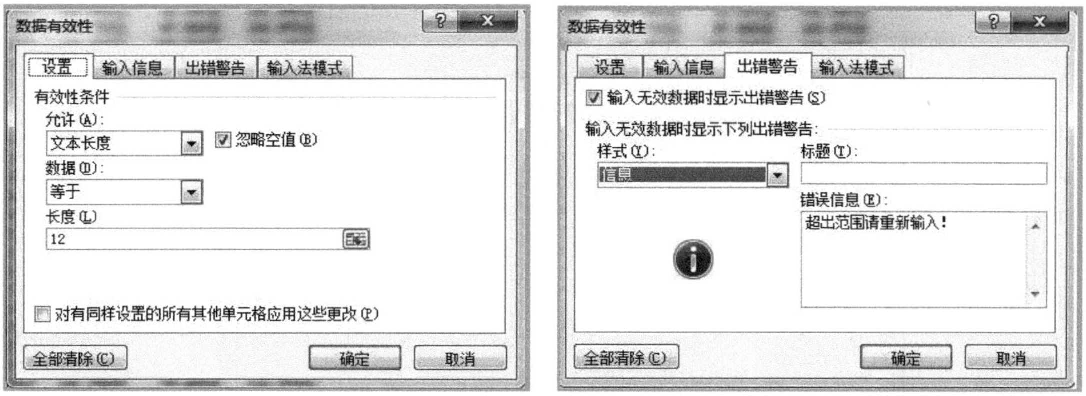

图 7.77 设置数据有效性

步骤 7：单击“开始”选项卡“样式”组中的“条件格式”按钮，在下拉列表中选择“新建规则”命令，弹出“新建格式规则”对话框，在“选择规则类型”列表框中选择“使用公式确定要设置格式的单元格”，在下方的文本框中输入“=(LEN(B4)<>12)”，单击下方的“格式”按钮，弹出“设置单元格格式”对话框，切换到“字体”选项卡，将“颜色”设置为标准色中的红色，单击“确定”按钮，返回“新建格式规则”对话框，单击“确定”按钮。继续单击“样式”组中的“条件格式”按钮，在下拉列表中选择“管理规则”命令，弹出“条件格式规则管理器”对话框，在“应用于”文本框中设置数据区域“=$B$4:$B$1777”，单击“确定”按钮。

步骤 8：选中 K4:K1777 单元格区域，单击“数据”选项卡“数据工具”组中的“数据有效性”按钮，在下拉列表中选择“数据有效性”命令，弹出“数据有效性”对话框，在“设置”选项卡如图 7.78 的左图所示进行设置，切换到“出错警告”选项卡，如图 7.78 的右图所示进行设置，完成后单击“确定”按钮。

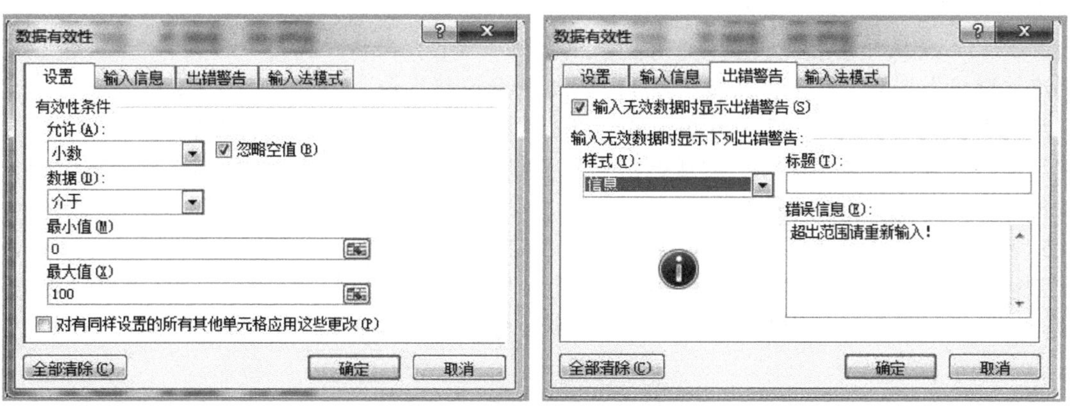

图 7.78 设置数据有效性

步骤 9：单击“开始”选项卡“样式”组中的“条件格式”按钮，在下拉列表中选择“新建规则”命令，弹出“新建格式规则”对话框，在“选择规则类型”列表框中选择“只为包含以下内容的单元格设置格式”，如图 7.79 所示，设置单元格格式规则。

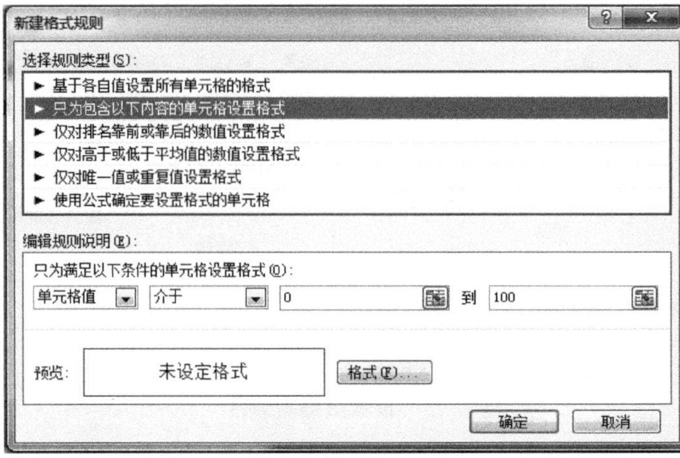

图 7.79　设置规则

步骤 10：单击“新建格式规则”对话框下方的“格式”按钮，弹出“设置单元格格式”对话框，切换到“字体”选项卡，将颜色设置为标准色中的红色，单击“确定”按钮，返回“新建格式规则”对话框，单击“确定”按钮。继续单击“样式”组中的“条件格式”按钮，在下拉列表中选择“管理规则”命令，弹出“条件格式规则管理器”对话框，在“应用于”文本框中设置数据区域“=$K$4:$K$1777”，单击“确定”按钮。

步骤 11：选中整个工作表的数据区域(从第 3 行开始)，单击“开始”选项卡“样式”组中的“套用表格格式”按钮，在下拉列表中选择一种表格样式。单击“表格工具/设计”选项卡“工具”组中的“转换为区域”按钮。

步骤 12：选中数据区域所有行，单击“开始”选项卡“单元格”组中的“格式”按钮,在下拉列表中选择“行高”命令，适当加大行高值，继续选中数据区域的所有列，单击“开始”选项卡“单元格”组中的“格式”按钮，在下拉列表中选择“自动调整列宽”命令。

步骤 13：将鼠标指针指向第 4 行行标，单击选中该行，单击“视图”选项卡“窗口”组中的“冻结窗格”按钮，在下拉列表中选择“冻结拆分窗格”命令。

步骤 14：选中 A4:A1777 单元格区域，单击“公式”选项卡“定义的名称”组中的“定义名称”按钮，弹出“新建名称”对话框，在“名称”框中输入“序号”。按同样的方式操作，将其他首行内容定义为各列的名称。

5. 步骤 1：在“名单”工作表中复制 F4:G1777 单元格区域，打开“统计分析”工作表，选中 B5 单元格，右击，在弹出的快捷菜单中选择“选择性粘贴/粘贴数值”，然后单击“数据”选项卡“数据工具”组中的“删除重复项”按钮，弹出“删除重复项”对话框，单击“确定”按钮。

步骤 2：单击“开始”选项卡“编辑”组中的“排序和筛选”按钮，在下拉列表中选择“自定义排序”命令，弹出“排序”对话框，将“主要关键字”设置为“部门代码”，将“排序依据”设置为“数值”，将“次序”设置为“升序”，单击“确定”按钮，弹出“排序提醒”对话框，选择“分别将数字和以文本方式存储的数字排序”，单击“确定”按钮。

步骤 3：在 D5 单元格中输入公式“=COUNTIFS(部门代码, B5, 性别, "女")”，使用填充柄填充到 D24 单元格。

步骤 4：在 E5 单元格中输入公式“=COUNTIFS(部门代码, B5, 性别, "男")”，使用填充柄填充到 E24 单元格

步骤 5：在 F5 单元格中输入公式“=D5+E5”，使用填充柄填充到 F24 单元格。

6. 步骤 1：在“统计分析”工作表选中“报考部门”“女性人数”“男性人数”“其中：女性所占比例”四列数据，单击“插入”选项卡“图表”组中的“柱形图”按钮，在下拉列表中选择“二维柱形图/堆积柱形图”，在工作表中插入“堆积柱形图”图表。

步骤 2：选中插入的图表，单击“图表工具/布局”选项卡“标签”组中的“图表标题”按钮，在下拉列表中选择“图表上方”，在图表上方出现包含“图表标题”四个字的标题文本框，选中该文本框，在上方的编辑栏中输入“=统计分析!$B$1”，按 Enter 键确认。

步骤 3：选中图表对象，单击“图表工具/设计”选项卡“图表样式”组中的“其他”按钮，在下拉列表中选择“样式 26”，切换到“图表工具/格式”选项卡，在“当前所选内容”组中单击上方的组合框，打开下拉列表，选择“系列：其中女性所占比例”，然后切换到“图表工具/设计”选项卡，在“类型”组中单击“更改图表类型”按钮，打开“更改图表类型”对话框，选择“折线图/带数据标记的折线图”，单击“确定”按钮。

步骤 4：选择图表中的“其中：女性所占比例”，右击，在弹出的快捷菜单中选择“设置数据系列格式”，弹出“设置数据系列格式”对话框，在“系列选项”中选择“次坐标轴”，单击左侧的“数据标记选项”，将右侧的“数据标记类型”选择为“内置”，“类型”选择为圆点，将“大小”设置为“5”，单击左侧的“数据表及填充”，将右侧的“数据标记填充”设置为“纯色填充”，将“填充颜色”设置为标准色中的紫色；单击左侧的“线条颜色”，将右侧的“线条”设置为“实线”，将“颜色”设置为标准色中的绿色；单击左侧的“线型”，将右侧的“宽度”设置为“2 磅”，关闭“设置数据系列格式”对话框。单击“图表工具/布局”选项卡“标签”组中的“图例”按钮，在下拉列表中选择“在顶部选择图例”。

步骤 5：选中图表左侧的纵坐标轴，右击，在弹出的快捷菜单中选择“设置坐标轴格式”，弹出“设置坐标轴格式”对话框，在右侧的坐标轴选项中，设置“最小值”为“固定”，输入“0”；设置“最大值”为“固定”，输入“350”；设置“主要刻度单位”为“固定”，输入“30”，完成设置后单击“关闭”按钮。

步骤 6：选中图表右侧的纵坐标轴，右击，在弹出的快捷菜单中选择“设置坐标轴格式”，弹出“设置置坐标轴格式”对话框，设置“最小值”为“固定”，输入“0”；设置“最大值”为“固定”，输入“0.6”；设置“主要刻度单位”为“固定”，输入“0.1”，完成设置后单击“关闭”按钮。

步骤 7：选中图表对象，单击“图表工具/设计”选项卡“位置”组中的“移动图表”按钮，弹出“移动图表”对话框，选择“新工作表”，在其后的文本框中输入工作表名称“分析图表”，单击“确定”按钮。

步骤 8：单击快速访问工具栏中的“保存”按钮，然后关闭工作簿文件。

第8章 演示文稿

上机实习 8.1　演示文稿的编辑与格式化

实习目的

1. 熟练掌握演示文稿的建立、编辑、保存和打开。
2. 熟练掌握演示文稿内容的输入、编辑和格式化。
3. 掌握图片对象的编辑与格式化。
4. 掌握表格对象及 SmartArt 图形的使用。

实习内容及步骤

【例 8.1】利用 PowerPoint 制作“个人简历”演示文稿的前两张幻灯片，要求如下：

① 制作演示文稿第 1 页(封面)的内容，如图 8.1 所示，要求：标题为“我的简历”，格式为华文新魏、60 号字、加粗、分散对齐；副标题为本人姓名(假设为张军)，格式为居中对齐、楷体、50 号字、常规。

② 添加演示文稿第 2 页，设置幻灯片版式为“两栏内容”，输入如图 8.2 所示的内容。标题格式为华文新魏、60 号字、居中对齐。两栏文本的格式为隶书、40 号字、左对齐。

③ 将演示文稿以“个人简历”为名存盘后关闭 PowerPoint。

操作步骤如下：

① 启动 PowerPoint，在程序自动创建的空白幻灯片中，按照图 8.1 所示输入幻灯片的标题文字。

② 单击“开始”选项卡“字体”组中相应的命令按钮，设置“我的简历”和“张军”的文字格式。

③ 在“开始”选项卡的“幻灯片”组中，单击“新建幻灯片”按钮下方的，在打开的幻灯片版式下拉列表中单击“两栏内容”版式，插入一张新幻灯片，输入图 8.2 所示的文本。

④ 按步骤②的方法，设置第 2 张幻灯片的文本格式。

⑤ 单击快速启动工具栏中的“保存”按钮，以“个人简历”为文件名保存演示文稿。

图 8.1 个人简历的第 1 张幻灯片

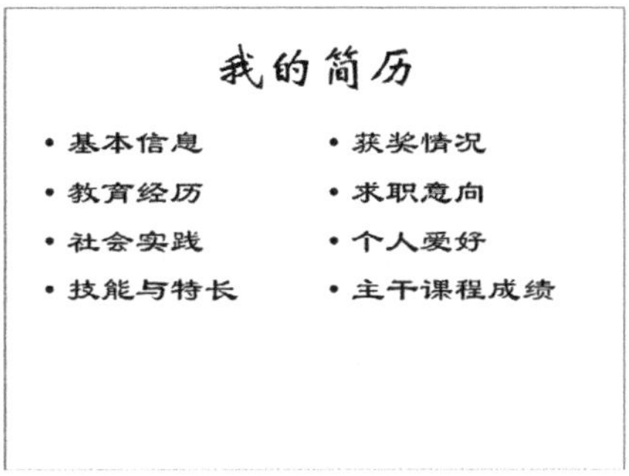

图 8.2 个人简历的第 2 张幻灯片

【例 8.2】 打开例 8.1 中的“个人简历”演示文稿进行编辑，要求如下：

① 为第 1 张幻灯片的大标题添加“星与旗帜”中的“上凸带形”边框，边框颜色为橄榄色。

② 将第 2 张幻灯片内容的项目符号由“圆点”改为“箭头”。修改后的演示文稿如图 8.3 所示。

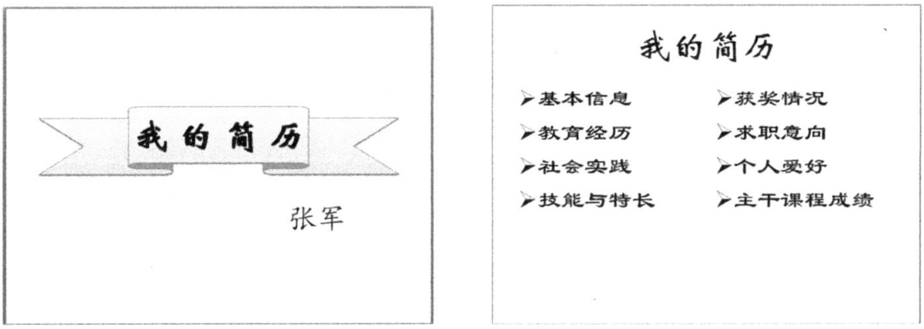

图 8.3 修改后的“个人简历”演示文稿

操作步骤如下：

① 双击“个人简历”演示文稿文件图标，启动 PowerPoint 并打开“个人简历”演示文稿。

② 单击第 1 张幻灯片的标题占位符，功能区出现“绘图工具/格式”选项卡，单击“形状样式”组中形状样式列表框中的，打开形状样式下拉列表，如图 8.4 所示，选择“细微效果—橄榄色，强调颜色 3”，把标题占位符的颜色改为橄榄色。

③ 在“绘图工具/格式”选项卡中，单击“插入形状”组中的 编辑形状 → 更改形状(N)，在“星与旗帜”列表中单击“上凸带形”按钮，如图 8.5 所示，把标题占位符的形状改为上凸带形。

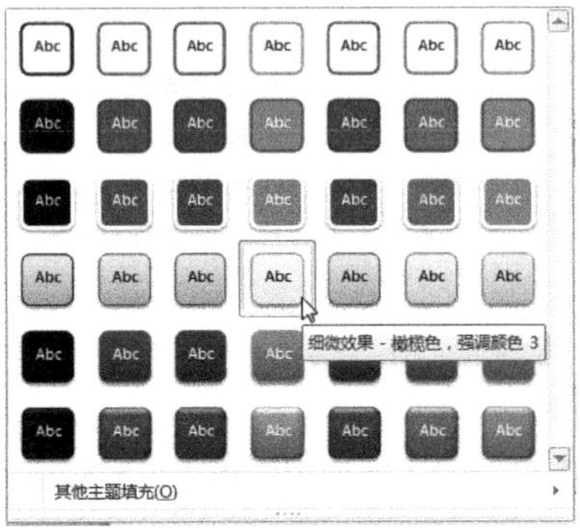

图 8.4　形状样式下拉列表

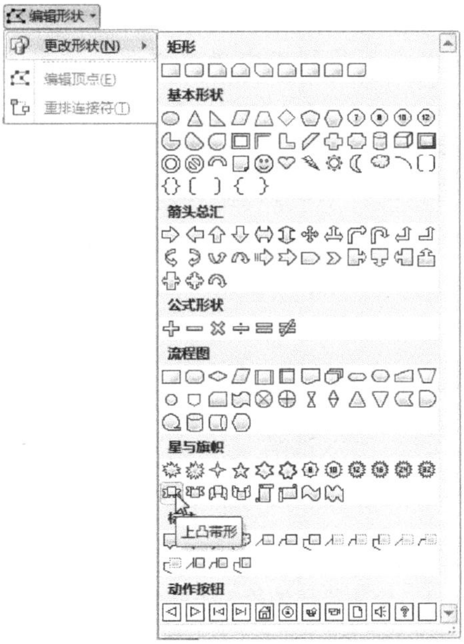

图 8.5　“编辑形状”子菜单

④ 单击幻灯片缩略图/大纲窗格的“幻灯片”选项卡中第 2 张幻灯片的标志，使第 2 张幻灯片成为当前幻灯片。在幻灯片窗格中单击幻灯片左边的占位符，然后按住 Shift 键，再单击幻灯片右边的占位符，同时选定该幻灯片中左右两边的占位符。

⑤ 单击“开始”选项卡“段落”组中“项目符号”按钮右侧的，在打开的下拉列表中选择“箭头项目符号”。

【例 8.3】 对例 8.2 中的“个人简历”演示文稿进行编辑，要求为第 1 张幻灯片插入剪贴画，并调整标题的位置，如图 8.6 所示。

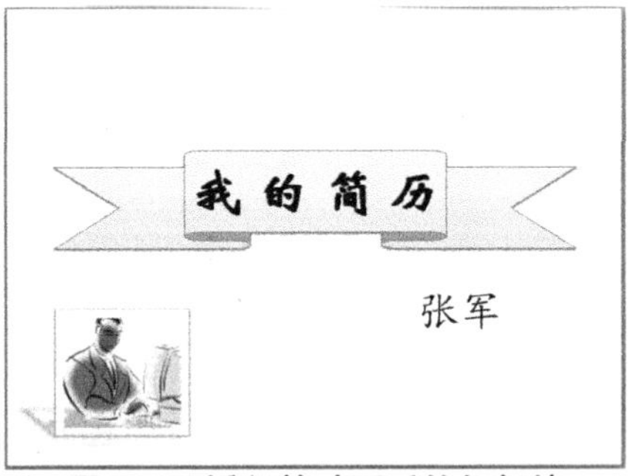

图 8.6　插入剪贴画后的幻灯片

操作步骤如下：

① 在幻灯片窗格中显示第 1 张幻灯片。

② 单击“插入”选项卡→“图像”组→“剪贴画”按钮，打开“剪贴画”任务窗格。

③ 在“搜索文字”文本框中输入检索关键词“人物”，单击 搜索 ，“剪贴画”任务窗格中就会显示与“人物”主题有关的剪贴画，如图 8.7 所示，在要插入的剪贴画缩略图上单击，将剪贴画插入到幻灯片中。

④ 将鼠标指针指向剪贴画四周的任一个控制点，按住左键拖动，调整剪贴画大小；按住鼠标左键拖动剪贴画到合适的位置。

⑤ 单击剪贴画，在“图片工具/格式”选项卡中，单击“图片样式”组中图片样式列表框中的，打开图片样式下拉列表，如图 8.8 所示，单击“透视阴影，白色”效果，剪贴画的样式就改变了。

图 8.7 “剪贴画”任务窗格

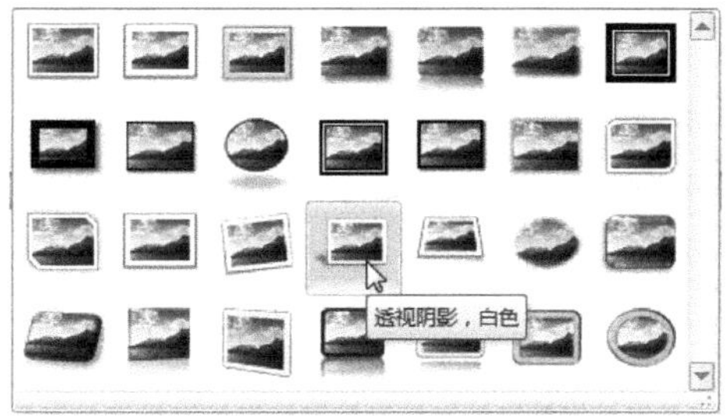

图 8.8 图片样式下拉列表

⑥ 将“我的简历”标题往上移，缩小“张军”副标题占位符，并将其移到合适的位置。

【例 8.4】对例 8.3 中的“个人简历”演示文稿进行编辑，要求如下：

① 添加带有“主干课程成绩”表格的新幻灯片。

② 在“主干课程成绩”幻灯片中，再插入一个表示专业课占所有课程比例的饼图，如图 8.9 所示。

③ 添加带有“我的爱好”SmartArt 图形的幻灯片，如图 8.10 所示。

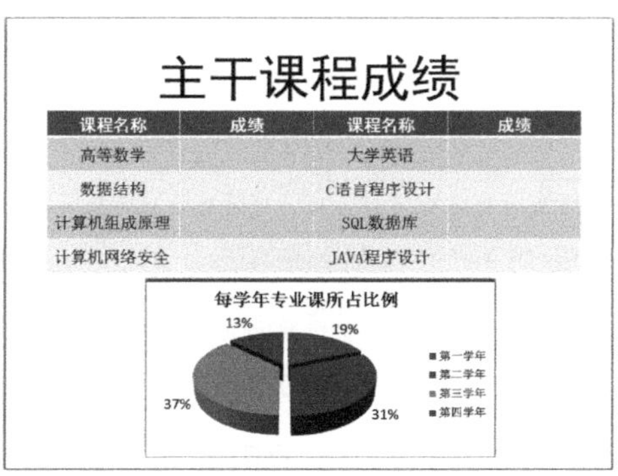

图 8.9 “主干课程成绩”幻灯片

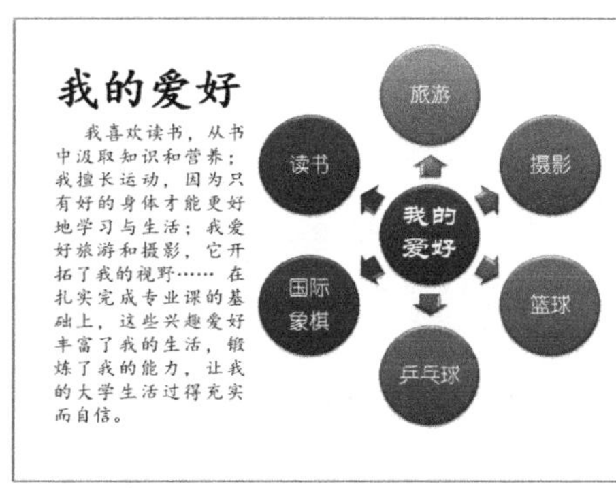

图 8.10 “我的爱好”幻灯片

操作步骤如下：

① 在幻灯片窗格中显示第 2 张幻灯片，在“开始”选项卡的“幻灯片”组中，单击“新建幻灯片”按钮下方的▾，在打开的幻灯片版式下拉列表中单击“仅标题”版式，在第 2 张幻灯片后插入一张“只有标题”版式的幻灯片。

② 在新幻灯片的标题占位符中输入“主干课程成绩”，并设置字体为黑体、60 号。单击“插入”选项卡“表格”组中的“表格”按钮，弹出一个表格网格，将鼠标指针指向左上角的网格，按住鼠标左键向右下角拖动鼠标到需要的行数和列数，这里是 4×5 表格，如图 8.11 所示，松开鼠标左键即可在幻灯片中插入一个 5 行 4 列的表格。

③ 如图 8.12 所示，输入表格中的文字，将表格标题行中的文字设为黑体、20 号字、

居中对齐，表格中的其余文字设置为 20 号字、居中对齐，依照在 Word 中调整表格的方法调整表格的行高与列宽。

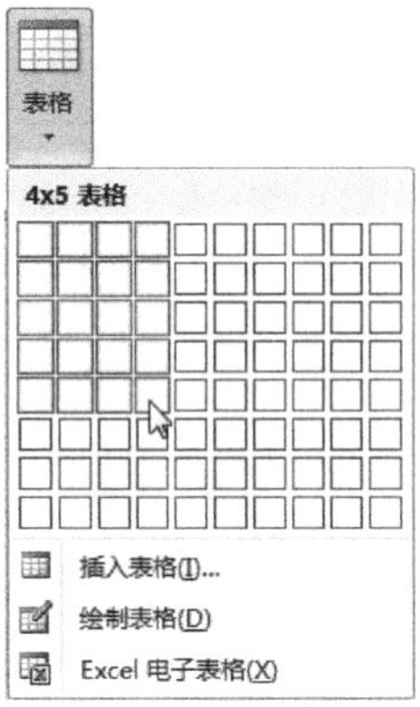

图 8.11　选择表格行列数

图 8.12　“主干课程成绩”幻灯片

④ 单击“插入”选项卡“插图”组中的“图表”按钮，弹出“插入图表”对话框，如图 8.13 所示，选择图表类型为“分离型三维饼图”，所选的图表将插入到幻灯片中，同时系统会自动打开与图表数据相关联的 Excel 工作表，并提供了默认的数据，按图 8.14 对数据表内容进行编辑。

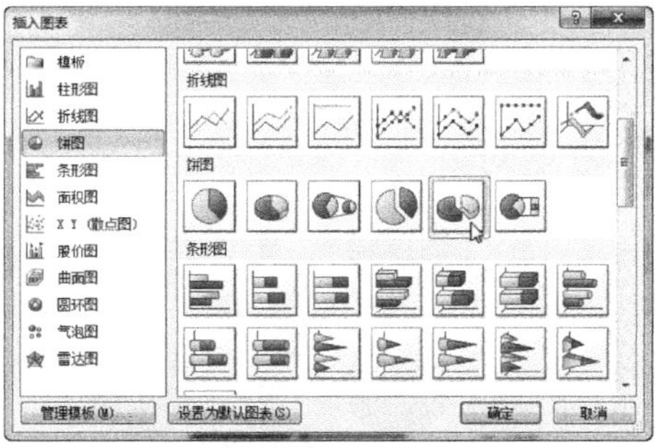

图 8.13　“插入图表”对话框

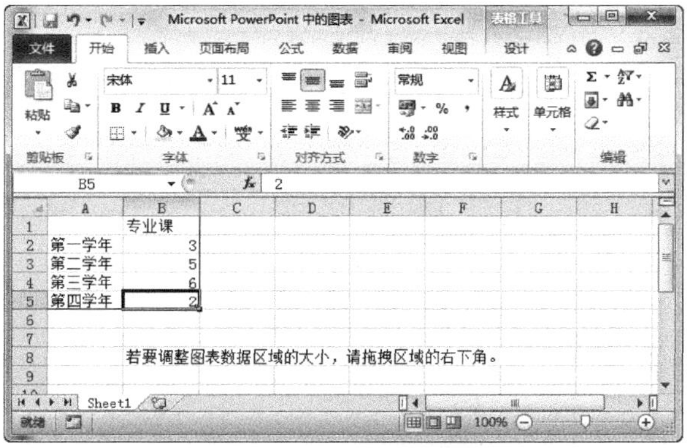

图 8.14　个人简历中的数据表

⑤ 按照配套教材第 8 章所学的方法，将图表设置成如图 8.9 所示的图表类型。

⑥ 在第 3 张幻灯片后插入一张“内容与标题”版式的幻灯片。

⑦ 在新幻灯片的标题栏中输入“我的爱好”，并将其设置为楷体、54 号、加粗，输入幻灯片正文内容，设置为楷体、22 号字。

⑧ 在幻灯片右侧占位符中单击“插入 SmartArt 图形”按钮，弹出“选择 SmartArt 图形”对话框，选择“循环”类型中的“分离射线”SmartArt 图形布局，按图 8.10 的要求构造 SmartArt 图形并输入文字。

⑨ 单击快速启动工具栏中的“保存”按钮，保存演示文稿。

上机实习 8.2 插入多媒体对象与设置超链接

实习目的

1. 掌握在幻灯片中插入声音等多媒体对象的方法。
2. 掌握超级链接和动作按钮的设置。

实习内容及步骤

【例 8.5】 在上机实习 8.1 中创建的“个人简历”演示文稿的第 1 张幻灯片中加入声音，要求在播放幻灯片时自动并循环播放。

操作步骤如下：

① 打开“个人简历”演示文稿，使第 1 张幻灯片成为当前幻灯片。

② 单击“插入”选项卡“媒体”组中“音频”按钮下方的▾，在弹出的下拉列表中单击 文件中的音频(F)...，打开“插入音频”对话框。

③ 在“插入音频”对话框中选择要插入的声音文件，单击 插入(S) ▾，幻灯片中会增加一个声音图标。

④ 调整幻灯片中声音图标的位置和大小。如果希望在播放幻灯片时不显示声音图标，可以将声音图标拖到整个幻灯片可见范围之外。

⑤ 单击“动画”选项卡“计时”组中 开始: 单击时 右侧的▾，在打开的下拉列表中单击 与上一动画同时，就可以在放映幻灯片时自动播放声音文件。

⑥ 在“音频工具/播放”选项卡中，单击“音频选项”组中 开始: 单击时(C) 右侧的▾，在打开的下拉列表中单击 跨幻灯片播放 。选中 ☑ 循环播放，直到停止 复选框。如果选中 ☑ 放映时隐藏，幻灯片放映时就不会显示声音图标。

⑦ 放映幻灯片，检查声音的播放效果。

【例 8.6】 对例 8.5 中的“个人简历”演示文稿进行编辑，要求如下：

① 在第 2 张幻灯片后新建一张个人“基本信息”幻灯片，使用默认版式，并输入文字。

② 在“基本信息”幻灯片中，为电子邮件地址添加一个超级链接，在播放幻灯片时，单击此链接则给自己发送电子邮件，主题为“很高兴认识你！”。新建的幻灯片如图 8.15 所示。

③ 为第 2 张幻灯片中的“基本信息”“个人爱好”和“主干课程成绩”标题设置超级链接，使得在放映幻灯片时，单击某标题可跳转到相应的幻灯片。

④ 在“我的爱好”幻灯片右下角添加一个动作按钮，单击此按钮结束放映演示文稿。

操作步骤如下：

① 在第 2 张幻灯片后插入一张“标题和内容”版式的幻灯片，按图 8.15 所示在幻灯

片中输入文字内容，并设置字体和字号，直到自己满意为止。

② 选定电子邮件地址，单击“插入”选项卡“链接”组中的“超链接”按钮，打开“插入超链接”对话框；在对话框左边“链接到”栏中选择“电子邮件地址”，然后在“电子邮件地址”文本框中输入自己的电子邮件地址，在“主题”文本框中输入电子邮件的主题，如图 8.16 所示，单击 确定 按钮。

图 8. 15 “基本信息”幻灯片

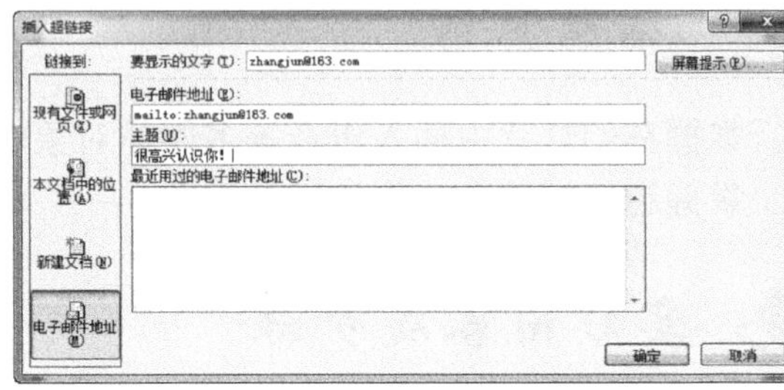

图 8. 16 插入电子邮件超链接

【说明】如果在幻灯片中输入电子邮件地址时系统自动将它转换成超级链接也没有关系，因为系统自动转换成的超级链接不会加上邮件主题，还需要进行上面所说的操作。

③ 使第 2 张幻灯片成为当前幻灯片，在幻灯片中选定“基本信息”4 个字，单击“插入”选项卡“链接”组中的“超链接”按钮，打开“插入超链接”对话框；在对话框左边的“链接到”栏中选择“本文档中的位置”，然后在对话框中间的“请选择文档中的位置”列表中选中第 3 张幻灯片（“基本信息”幻灯片），单击 确定 按钮关闭对话框。用同样的方法为“个人爱好”和“主干课程成绩”分别设置到第 5 张、第 4 张幻灯片的超级链接。

④ 使第 5 张幻灯片成为当前幻灯片，打开“插入”选项卡，单击“插图”组中的“形状”按钮，在“我的爱好”幻灯片中绘制“结束”动作按钮，在“动作设置”对话框中的“超链接到”下拉列表中选择“结束放映”，单击 确定 按钮。

⑤ 保存并放映演示文稿，检查超链接是否正确。

上机实习 8.3 美化演示文稿版面

实习目的

1. 掌握改变演示文稿背景的方法。
2. 掌握幻灯片母版的使用方法。

实习内容及步骤

【例 8. 7】对“个人简历”演示文稿中的第 2~5 张幻灯片应用“气流”主题样式。

操作步骤如下：

① 打开“个人简历”演示文稿，切换到幻灯片浏览视图状态。单击第 2 张幻灯片，

然后按住 Shift 键再单击第 5 张幻灯片，就选定了第 2~5 张幻灯片。

② 打开“设计”选项卡，在“主题”组的列表框中通过单击▲或▼按钮向上或向下滚动查找需要的主题样式，鼠标右键单击“气流”主题样式的示意图，在弹出的下拉列表中单击 应用于选定幻灯片(S)，第 2~5 张幻灯片就套用了“气流”主题样式。适当调整幻灯片标题的位置。

③ 保存演示文稿。

【例 8. 8】对例 8.7 中的“个人简历”演示文稿进行编辑，要求如下：

① 将第 1 张幻灯片的背景效果设置为“麦浪滚滚”渐变效果。

② 在第 1 张幻灯片的左上角插入一句自己喜欢的成语的艺术字。效果如图 8.17 所示。

操作步骤如下：

① 在第 1 张幻灯片的任意空白处右击，在弹出的快捷菜单中单击 设置背景格式(B)... 命令，弹出“设置背景格式”对话框。

② 在对话框左侧窗格中选择“填充”，选中 渐变填充(G) 单选项，单击“预设颜色”右边的按钮，在弹出的下拉列表中选择“麦浪滚滚”渐变效果，如图 8.18 所示。

③ 单击 关闭 ，则设置的背景效果应用到当前幻灯片中；

④ 单击“插入”选项卡“文本”组中的“艺术字”按钮，弹出艺术字样式下拉列表，选择艺术字的形状。在出现的艺术字编辑框中输入“砥节励行，把握成功”，设置字体为楷体，字号为 24。

⑤ 依照在 Word 中调整艺术字的方法，调整艺术字的大小和位置，修饰艺术字。

图 8. 17　修改背景颜色后的幻灯片

图 8. 18　“填充效果”对话框

【例 8. 9】设计一个母版，用这个母版制作一个“背单词”演示文稿。

操作步骤如下：

① 启动 PowerPoint，在标题幻灯片中输入标题“快乐背单词”。

② 单击“视图”选项卡“母版视图”组中的“幻灯片母版”按钮，打开幻灯片母版视图。在幻灯片母版视图左侧窗格中显示不同类型的幻灯片母版缩略图，可以根据需要进行修改。我们这里修改的是“空白”版式幻灯片母版。

③ 在右侧幻灯片窗格中，为“空白”版式幻灯片母版设置一个背景。

④ 单击“幻灯片母版”选项卡“母版版式”组中的“插入占位符”按钮下方的▾，在打开的下拉列表中可以选择插入到母版中的占位符，如图 8.19 所示，这里选择 文本(X)，鼠标指针变成十形状，按住左键在幻灯片中拖出一个适当大小的框，松开左键，就在母版中插入了一个“文本”占位符，如图 8.20 所示。

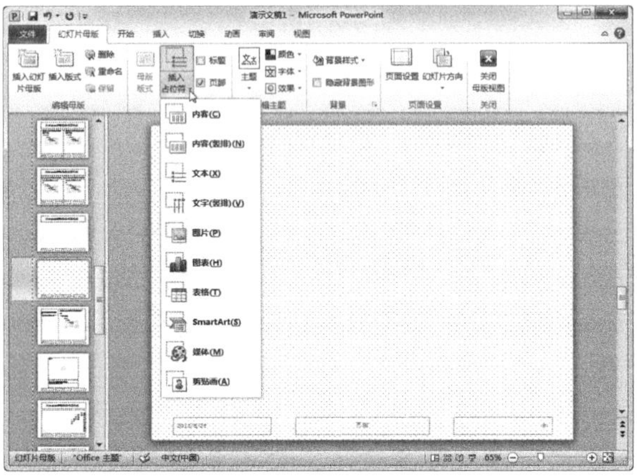

图 8.19　幻灯片母版视图

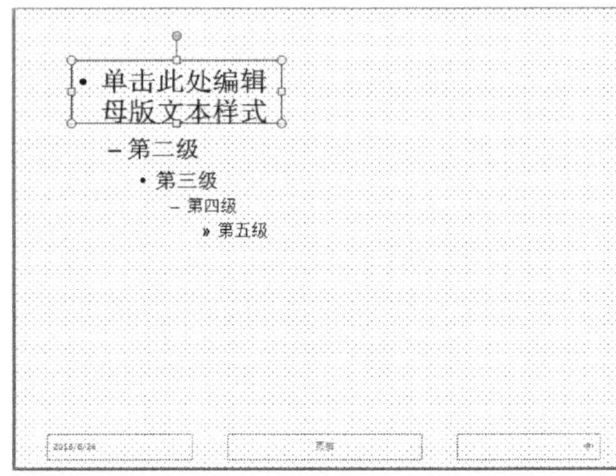

图 8.20　在母版中插入占位符

⑤ 修改占位符的格式，选中占位符中的“单击此处编辑母版文本样式”，将其格式设置为黑体、36 号字、红色，删除“第二级”“第三级”“第四级”“第五级”文字。用同样的方法再插入三个文本占位符和两个图片占位符。删除幻灯片页脚区中的占位符，添加 4 个动作按钮，如图 8.21 所示。

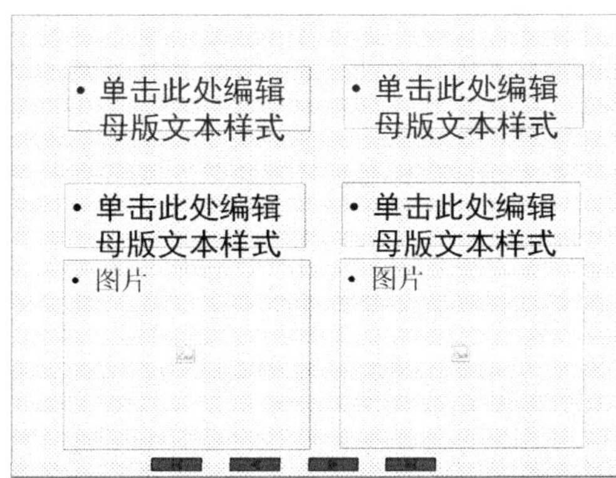

图 8.21　修改母版中占位符的格式

⑥ 单击“幻灯片母版”选项卡中的“关闭母版视图”按钮，结束母版修改。

⑦ 在标题幻灯片后插入空白版式的幻灯片，可以发现，每张新幻灯片中都预设好在母版中设置的占位符，在其中输入相应的内容，其格式不需要重新设置，自动应用在母版中设置的格式。在幻灯片中输入内容，为单词配音，内容是单词的朗诵和注释，如图 8.22 所示。

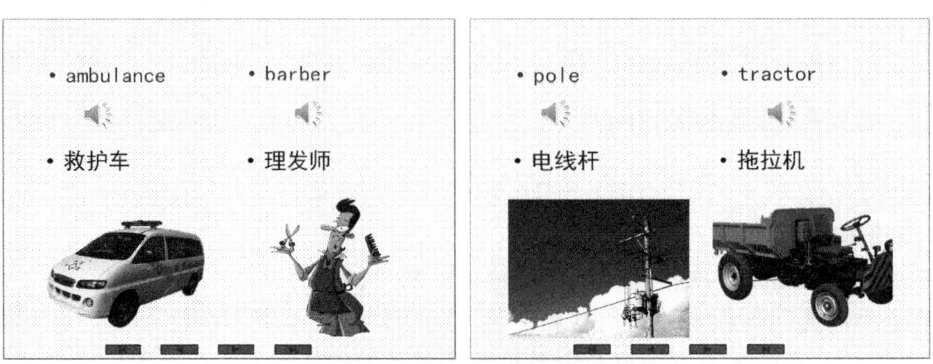

图 8.22　利用母版制作的幻灯片

⑧ 以“背单词”为名保存演示文稿。

上机实习 8.4 演示文稿动画效果的设置与放映

实习目的

1. 掌握幻灯片中动画的设置。
2. 掌握幻灯片切换方式的设置。
3. 了解放映演示文稿的几种技巧。

实习内容及步骤

【例 8.10】设置“个人简历”演示文稿中“基本信息”幻灯片播放时的动画效果，标题动画效果为从左侧擦除并伴随有打字机声，正文的动画效果为淡出、伴随打字机声、在上一动画结束后出现。

操作步骤如下：

① 打开“个人简历”演示文稿，使第 3 张幻灯片为当前幻灯片。选中标题文字。

② 打开“动画”选项卡，在“动画”组的动画效果列表框中为标题设置“擦除”动画效果，单击“效果选项”按钮，在打开的下拉列表中设置动画效果出现的方向为 自左侧(L)。

③ 单击“高级动画”组中的 动画窗格 命令，窗口右侧显示“动画窗格”。单击“动画窗格”中 1 标题 1: 基... 右侧的 按钮，在弹出下拉列表中单击 效果选项(E)...，打开动画效果选项对话框，在“效果”选项卡的“声音”下拉列表中选择“打字机”，在“动画文本”下拉列表中选择“按字母”，如图 8.23 所示。

图 8.23 动画效果选项对话框

④ 用同样的方法设置幻灯片正文的动画效果为“淡出”、在上一动画出现后出现、伴随打字机声。

⑤ 保存并放映演示文稿，预览设置效果。

【例 8.11】设置“个人简历”演示文稿放映时的幻灯片切换效果，要求如下。

第 1 张：切换方式为“水平百叶窗”，声音为“风铃”。

第 2 张：切换方式为“涟漪”。

第 3 张：切换方式为“立方体”。

第 4 张：切换方式为“翻转”。

第 5 张：切换方式为“传送带”，声音为“推动”。

操作步骤如下：

① 使第 1 张幻灯片为当前幻灯片。

② 打开“切换”选项卡，在“切换到此幻灯片”组的切换效果列表框中选择切换方式为“百叶窗”，单击“效果选项”按钮，在下拉列表中选择“水平”；单击 声音: [无声音] 框右端的▾，在弹出的下拉列表中选择“风铃”声。

③ 分别选中其余各幻灯片，按上述方法逐个设置。

④ 播放演示文稿，观看幻灯片切换效果。

【说明】按F5键，全屏放映幻灯片。在放映幻灯片时，按F1键，打开“幻灯片放映帮助”提示框，显示控制播放的按键列表，如图 8.24 所示，可按提示键控制幻灯片的播放。

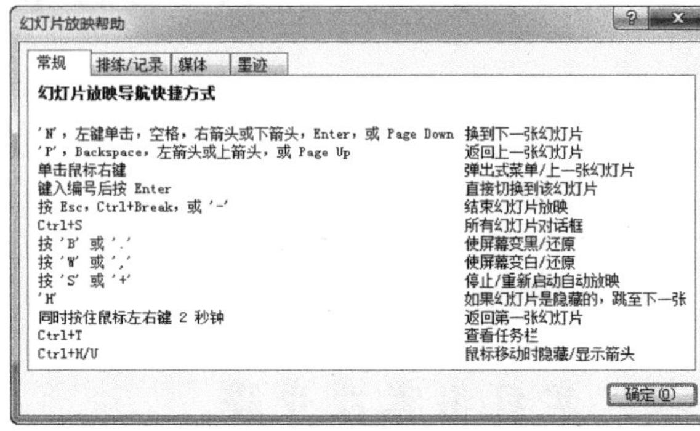

图 8.24 “幻灯片放映帮助”提示框

【例 8.12】设置“个人简历”演示文稿放映时每张幻灯片的放映时间。

操作步骤如下：

① 使第 1 张幻灯片为当前幻灯片，单击“幻灯片放映”选项卡“设置”组中的“排练计时”按钮，开始放映演示文稿的第 1 张幻灯片，并在窗口左上角出现录制工具栏，如图 8.25 所示，其中的时间就是幻灯片在屏幕上的停留时间，当第 1 张幻灯片的内容全部放映完毕后，单击➡按钮，放映第 2 张幻灯片，用同样的方法设置其余幻灯片的放映时间，排练时间的设置应以每张幻灯片在屏幕上显示出全部内容为准。

图 8.25 录制工具栏

② 全部幻灯片的放映时间设置完后，会弹出是否保存排练时间提示框，单击 是(Y) ，返回幻灯片浏览视图状态，在每张幻灯片的左下角会显示幻灯片的放映时间。

【例 8.13】在“个人简历”演示文稿中，创建一个演示方案，要求放映时只播放第 1~3 张幻灯片。

操作步骤如下：

① 打开演示文稿。单击“幻灯片放映”选项卡“开始放映幻灯片”组中的“自定义幻灯片放映”按钮，在下拉列表中单击 自定义放映(W)...，打开“自定义放映”对话框，如图 8.26 所示。

② 在“自定义放映”对话框中单击 新建(N)... ，打开“定义自定义放映”对话框，如图 8.27 所示。

图 8.26 “自定义放映”对话框

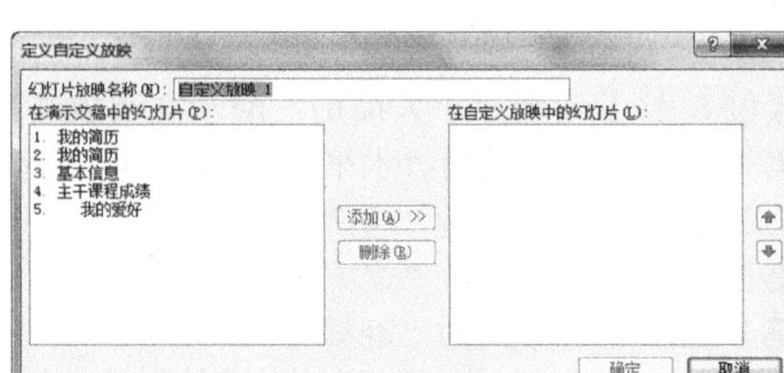

图 8.27 “定义自定义放映”对话框

③ 在“幻灯片放映名称”文本框中输入自定义放映幻灯片的名称“放映方案 1”，在“在演示文稿中的幻灯片”列表框中，单击“1.我的简历”，再单击 添加(A) >> 将第 1 张幻灯片添加到“在自定义放映中的幻灯片”列表框中。用同样的方法再把第 2 张、第 3 张幻灯片添加到“在自定义放映中的幻灯片”列表框中。

④ 单击 确定 ，返回“自定义放映”对话框，可以看到我们刚才设置的“放映方案 1”已经显示在对话框中了，如图 8.28 所示。单击 放映(S) ，可以立即播放所设置的自定义放映，你会发现在放映时只播放前三张幻灯片，放映结束，单击 关闭(C) ，关闭对话框。

图 8.28 “自定义放映”对话框

⑤ 单击“幻灯片放映”选项卡“开始放映幻灯片”组中的“自定义幻灯片放映”按钮，在下拉列表中列出了所设置的自定义放映“放映方案 1”，单击“放映方案 1”，就可以播放所设置的自定义放映幻灯片。

习 题 精 选

一、单项选择题

1. 在 PowerPoint 的各种视图中，可编辑修改幻灯片内容的视图是(　　)。

　A. 幻灯片放映视图　　　　B. 幻灯片浏览视图

　C. 普通视图　　　　　　　D. 所有视图都可以

2. 在 PowerPoint 中，可以为文本、图形等对象设置动画效果，以突出重点或增加演示文稿的趣味性。设置动画效果可以在(　　)选项卡中进行。

　A. 开始　　　　　　　　　B. 幻灯片放映

　C. 动画　　　　　　　　　D. 视图

3. 在 PowerPoint 中，下列关于在幻灯片中插入 SmartArt 图形的说法中，错误的是(　　)。

　A. 只能利用自动版式建立含 SmartArt 图形的幻灯片

　B. 可以通过“插入”选项卡→“插图”组→“SmartArt”命令插入 SmartArt 图形

　C. 可以向 SmartArt 图形中输入文本

　D. 可以编辑 SmartArt 图形

4. 幻灯片中占位符的作用是(　　)。

　A. 表示图形大小　　　　　B. 限制插入对象的数量

　C. 表示容纳的文本　　　　D. 为文本、图形等对象预留位置

5. PowerPoint 可以用彩色、灰度或纯黑白效果打印演示文稿的幻灯片、大纲、备注和(　　)。

A. 观众讲义　　　　B. 所有图片

C. 所有表格　　　　D. 所有动画设置情况

6. 在 PowerPoint 中，下列说法中错误的是(　　)。

A. 可以打开存放在本机硬盘上的演示文稿

B. 不能把演示文稿中的所有文件和字体全部打包到光盘上

C. 可以打开网络上的演示文稿

D. 可以打开存放在共享的网络驱动器上的演示文稿

7. PowerPoint 的主题样式包括(　　)。

A. 预定义的幻灯片样式和主题颜色　　　　B. 预定义的幻灯片背景颜色

C. 预定义的幻灯片版式　　　　D. 预定义的幻灯片主题颜色

8. 下列关于在幻灯片中输入文本和插入图片的操作中，说法正确的是(　　)。

A. 两种操作均不能在占位符外进行

B. 输入文本可在占位符外进行，但插入图片必须在占位符内进行

C. 插入图片可在占位符外进行，但输入文本必须在占位符内进行

D. 两种操作均可在占位符外进行

9. 在 PowerPoint 中，下列有关幻灯片背景的说法中，错误的是(　　)。

A. 可以为幻灯片设置不同的颜色、图案或者纹理的背景

B. 可以使用图片作为幻灯片背景

C. 可以为单张幻灯片进行背景设置

D. 不可以同时对多张幻灯片设置背景

10. 下列关于设置幻灯片切换效果的说法中，正确的是(　　)。

A. 一个演示文稿中的所有幻灯片必须设置相同的幻灯片切换效果

B. 一个演示文稿中的幻灯片可以全部、部分设置或不设置幻灯片切换效果

C. 一个演示文稿中的部分幻灯片必须设置幻灯片切换效果，否则不能放映

D. 一个演示文稿中的所有幻灯片必须全部设置幻灯片切换效果，否则不能放映

11. 使用大纲选项卡显示文字的格式时，不能显示的是(　　)。

A. 文字字体　　　　B. 文字大小

C. 文字颜色　　　　D. 文字特殊格式

12. 如果想将幻灯片的方向更改为纵向，可通过(　　)命令进行。

A.“开始”选项卡“幻灯片”组中的“新建幻灯片”命令

B.“文件”选项卡中的“打印”命令

C.“设计”选项卡“页面设置”组中的“幻灯片方向”命令

D.“插入”选项卡“文本”组中的“页眉和页脚”命令

13. 放映幻灯片时，按(　　)键可切换到最后一张幻灯片。

A. End　　　　B. Home　　　　C. PageDown　　　　D. Enter

14. 在编辑幻灯片中的文字内容时，可以使用(　　)选项卡“段落”组中的“降低列表级别”和“提高列表级别”按钮产生不同级别的标题和正文，使幻灯片内容结构清晰、层次分明。

A. 文件　　B. 开始　　C. 视图　　D. 设计

15. 要把一张幻灯片上的对象复制到另一张幻灯片上，方法是(　　)。
   A. 在幻灯片浏览视图下，显示这两张幻灯片，选定源幻灯片上的对象，并拖动到目标幻灯片上
   B. 在幻灯片浏览视图下，显示这两张幻灯片，选定源幻灯片上的对象，按 Ctrl 键并拖动到目标幻灯片上
   C. 在普通视图的幻灯片窗格中，选定源幻灯片上的对象，按 Ctrl+C 键，再选择目标幻灯片，按 Ctrl+V 键
   D. 选定源幻灯片上的对象，按 Ctrl+X 键，再选择目标幻灯片，按 Ctrl+V 键

16. 为某文本设置超级链接的方法是(　　)。
   A. 选定该文本，使用“动画”选项卡中“动画”列表框中的效果
   B. 选定该文本，使用“插入”选项卡“插图”组中“形状”下拉列表中的“动作按钮”
   C. 选定该文本，使用“插入”选项卡“链接”组中的“超链接”项
   D. 选定该文本，使用“设计”选项卡“主题”组中的效果

17. 设置幻灯片中某对象的动画效果后，不能浏览该对象动画效果的操作是(　　)。
   A. 单击幻灯片浏览视图中幻灯片左下角的动画标志
   B. 单击“动画窗格”中的“播放”按钮
   C. 单击普通视图幻灯片选项卡中幻灯片序号下方的播放动画标志
   D. 单击幻灯片窗格中的播放动画标志

18. 在 PowerPoint 的“设置放映方式”对话框中，不可以进行的操作是(　　)。
   A. 设置演示文稿的放映方式　　B. 设置幻灯片的换片方式
   C. 设置幻灯片的放映范围　　D. 设置播放时的背景音乐

19. 下列关于幻灯片母版的说法中不正确的是(　　)。
   A. 通过对母版的设置可以控制幻灯片中不同部分的表现形式
   B. 修改母版不会影响演示文稿中的任何一张幻灯片
   C. 通过母版可以预定义幻灯片的背景颜色和字体大小
   D. 标题母版设置了使用标题版式幻灯片的默认格式

20. 要为幻灯片中的文字设置以“回旋”方式播放，可以在(　　)选项卡中设置。
   A. 动画　　B. 设计　　C. 切换　　D. 幻灯片放映

21. 在 PowerPoint 中，已为演示文稿选定了“暗香扑面”主题样式，再插入一张新幻灯片时，新幻灯片的模板将(　　)。
   A. 采用默认的主题样式　　B. 采用已选定主题样式
   C. 随机选择任意主题样式　　D. 用户指定的另外一种主题样式

22. 在 PowerPoint 中，若为幻灯片中的对象设置“退出”动画效果，应使用(　　)命令。
   A. 动画　　B. 幻灯片版式　　C. 自定义放映　　D. 幻灯片放映

23. 在 PowerPoint 中，下列说法中错误的是(　　)。
   A. 可以利用自动版式建立带剪贴画的幻灯片，用来插入剪贴画
   B. 可以向已存在的幻灯片中插入剪贴画

C. 可以修改剪贴画

D. 不可以为图片重新上色

24. 在 PowerPoint 中，下列有关幻灯片母版中页眉页脚的说法中错误的是(　　)。

A. 页眉或页脚是添加在演示文稿中的注释性内容

B. 典型的页眉页脚内容是日期、时间以及幻灯片编号

C. 在打印幻灯片时，页眉页脚的内容也可打印出来

D. 不能设置页眉和页脚的文本格式

25. 在 PowerPoint 中，下列说法中错误的是(　　)。

A. 要向幻灯片中插入表格，需切换到普通视图

B. 可以使用“表格工具/设计”选项卡设置表格边框线和填充颜色

C. 可以向表格中输入文本

D. 只能插入规则表格，不能在单元格中插入斜线

26. 在 PowerPoint 中，下列关于在幻灯片中插入图表的说法中错误的是(　　)。

A. 可以直接通过复制和粘贴的方式将图表插入到幻灯片中

B. 需先创建一个演示文稿或打开一个已有的演示文稿，再插入图表

C. 只能通过插入包含图表的新幻灯片来插入图表

D. 双击图表占位符可以插入图表

27. 在 PowerPoint 中，下列有关人工设置放映时间的说法中错误的是(　　)。

A. 只有单击时换页　　　　B. 可以设置在单击时换页

C. 可以设置每隔一段时间自动换页　　　　D. B、C 两种方法都可以

28. 在 PowerPoint 中，下列有关排练计时的说法中错误的是(　　)。

A. 可以首先放映演示文稿，进行相应的演示操作，同时记录幻灯片之间切换的时间间隔

B. 要使用排练计时，请选择“幻灯片放映”选项卡“设置”组中的“排练计时”命令

C. 选择排练计时命令后，系统以窗口方式播放

D. 如果对当前幻灯片的播放时间不满意，可以单击“重复”按钮

29. 在 PowerPoint 中，下列有关运行和控制放映方式的说法中错误的是(　　)。

A. 用户可以根据需要，使用 3 种不同的方式运行幻灯片放映

B. 要选择放映方式，请单击“幻灯片放映”选项卡中的“设置幻灯片放映”命令

C. 三种放映方式为：演讲者放映(窗口)、观众自行浏览(窗口)、在展台浏览(全屏幕)

D. 对于演讲者放映方式，演讲者具有完整的控制权

30. 利用 PowerPoint 制作宣传产品的演示文稿，希望在演示时能满足不同对象的需要，最优操作方法是(　　)。

A. 制作包含适合所有人群全部内容的演示文稿，每次放映时按需要进行删减

B. 制作包含适合所有人群全部内容的演示文稿，放映前隐藏不需要的幻灯片

C. 制作包含适合所有人群全部内容的演示文稿，然后利用自定义幻灯片放映功能创建不同的演示方案

D. 针对不同的人群，分别制作不同的演示文稿

31. 如果需要在一个演示文稿每页幻灯片左下角相同位置插入学校的校徽图片，最优的操作方法是(　　)。

A. 打开幻灯片母版视图，将校徽图片插入在母版中

B. 打开幻灯片普通视图，将校徽图片插入在幻灯片中

C. 打开幻灯片放映视图，将校徽图片插入在幻灯片中

D. 打开幻灯片浏览视图，将校徽图片插入在幻灯片中

32. 在一次校园活动中拍摄了很多数码照片，现在要把这些照片整理到一个 PowerPoint 演示文稿中，最优的快速制作方法是(　　)。

A. 创建一个 PowerPoint 相册文件

B. 创建一个 PowerPoint 演示文稿，然后批量插入图片

C. 创建一个 PowerPoint 演示文稿，然后在每页幻灯片中插入图片

D. 选中所有照片，然后在它们上面右击，直接发送到 PowerPoint 演示文稿中

33. 用 Word 编写了一个教案，根据该教案创建 PowerPoint 课件的最优操作方法是(　　)。

A. 参考 Word 教案，直接在 PowerPoint 演示文稿中输入相关内容

B. 在 Word 中直接将教案大纲发送到 PowerPoint 中

C. 从 Word 文档中复制相关内容到幻灯片中

D. 通过插入对象方式将 Word 档内容插入到幻灯片中

34. 可以在 PowerPoint 内置主题中设置的内容是(　　)。

A. 字体、颜色和表格　　B. 效果、背景和图片

C. 字体、颜色和效果　　D. 效果、图片和表格

35. 在 PowerPoint 演示文稿中不能使用的对象是(　　)。

A. 图片　　B. 超链接　　C. 视频　　D. 书签

36. 在演示文稿中需要制作公司的组织结构图，最优的操作方法是(　　)。

A. 通过插入 SmartArt 图形制作组织结构图

B. 直接在幻灯片适当位置用绘图工具绘制组织结构图

C. 通过插入图片或对象的方式，插入在其他程序中制作好的组织结构图

D. 先在幻灯片中分级输入组织结构图的文字内容，然后将文字转换为 SmartArt 组织结构图

37. 用 Powerpoint 制作课件，希望将学校的徽标图片放在除标题幻灯片之外所有幻灯片的右下角，并为其指定一个动画效果，最优的操作方法是(　　)。

A. 先在一张幻灯片上插入徽标图片，并设置动画，然后将该徽标图片复制到其他幻灯片上

B. 分别在每一张幻灯片上插入徽标图片，并分别设置动画

C. 先制作一张幻灯片并插入徽标图片，为其设置动画，然后多次复制该张幻灯片

D. 在幻灯片母版中插入徽标图片，并为其设置动画

38. 幻灯片浏览视图主要用于(　　)。

A. 对所有幻灯片进行整理编排或次序调整

B. 对幻灯片的内容进行编辑修改及格式调整

C. 对幻灯片的内容进行动画设计

D. 观看幻灯片的播放效果

39. 在幻灯片中旋转图片的最快捷的方法是(　　)。

A. 拖动图片四个角的任一控制点

B. 设置图片格式

C. 拖动图片上方绿色控制点

D. 设置图片效果

40. 演示文稿包含了20张幻灯片，要放映奇数页幻灯片，最优的操作方法是(　　)。

A. 删除演示文稿的偶数张幻灯片后再放映

B. 将演示文稿的偶数张幻灯片设置为隐藏后再放映

C. 将演示文稿的所有奇数张幻灯片添加到自定义放映方案中，然后再放映

D. 设置演示文稿的偶数张幻灯片的换片持续时间为0.01秒，自动换片时间为0秒，然后再放映

41. 将一个演示文稿保存为放映文件，最优的操作方法是(　　)。

A. 在“文件”选项卡中选择“保存并发送”，将演示文稿打包成可自动放映的CD

B. 将演示文稿另存为.PPSX文件格式

C. 将演示文稿另存为.POTX文件格式

D. 将演示文稿另存为.PPTX文件格式

42. 用PowerPoint制作了带动画效果的教案，希望在课堂上可以按自己讲课的节奏自动播放，最优的操作方法是(　　)。

A. 为每张幻灯片设置特定的切换持续时间，并将演示文稿设置为自动播放

B. 在练习过程中，利用“排练计时”功能记录适合的幻灯片切换时间，然后播放

C. 根据讲课节奏，设置幻灯片中每一个对象的动画时间，以及每张幻灯片的自动换片时间

D. 将教案另存为视频文件

43. 若需要在演示文稿每张幻灯片中添加包含单位名称的水印效果，最优的操作方法是(　　)。

A. 制作一个带单位名称的水印背景图片，然后将其设置为幻灯片背景

B. 添加包含单位名称的文本框，并置于每张幻灯片的底层

C. 在幻灯片母版的特定位置放置包含单位名称的文本框

D. 利用PowerPpoint的插入“水印”功能实现

44. 制作了一份演示文稿后发现第3张幻灯片的内容太多，需要将它分成两张显示，最优的操作方法是(　　)。

A. 选中第3张幻灯片，使用复制粘贴功能，生成一张新幻灯片，然后删除原幻灯片后一部分内容，删除新幻灯片前一部分内容

B. 选中第3张幻灯片，单击“开始”选项卡“幻灯片”组中的“新建幻灯片”按钮，产生一张新幻灯片，接着将第3张幻灯片中的部分内容复制粘贴到新幻灯片中

C. 切换到大纲视图，将光标置于需要分页的段落末尾处，按回车键产生一个空段落，再切换到幻灯片设计视图，原幻灯片即分为两张幻灯片

D. 切换到大纲视图，将光标置于需要分页段落的末尾处，按回车键产生一个空段落，再单击“开始”选项卡“段落”组中的“降低列表级别”按钮，然后切换到幻灯片设计视图，原幻灯片即分为两张幻灯片

45. 用 PowerPoint 制作了一个课件，其中“1-2 节.pptx”文件中保存了 1-2 节的内容，“3-7 节.pptx”文件中保存了 3-7 节的内容，现在需要把这两个文件合并为一个文件，最优的操作方法是(　　)。

A. 分别打开两个文件，先复制“3-7 节.pptx”文件中所有的幻灯片，然后粘贴到“1-2 节.pptx”文件中

B. 打开“1-2 节.pptx”文件，单击“文件”选项卡的“打开”命令，找到“3-7 节.pptx”文件，单击“打开”按钮，即可将“3-7 节.pptx”中的幻灯片放到“1-2 节.pptx”文件中

C. 打开“1-2 节.pptx”文件，单击“开始”选项卡“幻灯片”组中的“新建幻灯片”按钮，在下拉列表中选择“重用幻灯片”，单击“浏览”按钮，找到“3-7 节.pptx”文件，最后单击右侧的执行按钮

D. 分别打开两个文件并切换至“大纲视图”，在大纲视图下复制“3-7 节.pptx”文件中的所有内容，然后到“1-2 节.pptx”文件中进行粘贴

46. 宣传场地的计算机未安装 PowerPoint 软件，确保能在其上播放演示文稿的最优的操作方法是(　　)。

A. 必须在宣传场地的计算机上安装好 PowerPoint 软件

B. 需要把演示文稿和 PowerPoint 软件都复制到宣传场地的计算机上去

C. 使用 PowerPoint 的“打包”工具并包含全部 PowerPoint 程序

D. 将演示文稿转换成直接放映格式(.ppsx)的文件

47. 如果想更改正在编辑的演示文稿中所有幻灯片标题的字体，最优的操作方法是(　　)。

A. 打开“开始”选项卡，逐一更改字体

B. 全选所有幻灯片再统一更改字体

C. 在幻灯片模板里面更改字体

D. 在幻灯片母板里面更改字体

48. 一份演示文稿作品编排得很好，可是制作时使用的颜色太杂乱，使用的字体、字号也很多，给人以非常凌乱的视觉感受，最优的修改方法是(　　)。

A. 统一使用字体，字体颜色尽量少

B. 每张幻灯片采用预先制作的同一张图片做背景

C. 制作幻灯片模板并应用

D. 推翻原方案，重新进行设计

49. 在演示文稿中插入了一个 SmartArt 图形，希望把它的动画效果设置为逐个形状播放，最优的操作方法是(　　)。

A. 为该 SmartArt 图形选择一个动画类型，然后再进行适当的动画效果设置

B. 只能将该 SmartArt 图形作为一个整体设置动画效果，不能分开指定

C. 先对该 SmartArt 图形取消组合，然后再为每个形状依次设置动画

D. 先将该 SmartArt 图形转换为形状，然后取消组合，再为每个形状依次设置动画

50. 在制作介绍公司产品的演示文稿时，希望每类产品用不同的演示主题展示，最优的操作方法是(　　)。

A. 为每类产品分别制作演示文稿，每个演示文稿应用不同的主题

B. 为每类产品分别制作演示文稿，每份演示文稿应用不同的主题，然后将这些演示文稿合并为一个

C. 在演示文稿中选中每类产品所包含的所有幻灯片，分别为其应用不同的主题

D. 通过 PowerPoint 中“主题分布”功能，直接应用不同的主题

51. 在演示文稿中设置 SmartArt 图形动画，要求一个分支形状展示完后再展示下一分支形状，最优的操作方法是(　　)。

A. 将 SmartArt 动画效果设置为“整批发送”

B. 将 SmartArt 动画效果设置为“依次按级别”

C. 将 SmartArt 动画效果设置为“逐个按分支”

D. 将 SmartArt 动画效果设置为“逐个按级别”

52. 在演示文稿中通过分节组织幻灯片，如果要求一节内所有的幻灯片切换方式一致，最优的操作方法是(　　)。

A. 分别选中该节的每一张幻灯片，逐个设置其切换方式

B. 选中该节的一张幻灯片，然后按住 Ctrl 键，逐个选中该节的其他幻灯片，再设置切换方式

C. 选中该节的第一张幻灯片，然后按住 Shift 键，单击该节的最后一张幻灯片,再设置切换方式

D. 单击节标题，再设置切换方式

53. 在 PowerPoint 窗口中同时显示多张幻灯片，并在各幻灯片下方显示编号的视图是(　　)。

A. 普通视图　　　　B. 幻灯片浏览视图

C. 备注页视图　　　　D. 阅读视图

54. 对幻灯片中图片对象的操作，下述描述中错误的是(　　)。

A. 可以在 PowerPoint 中直接删除图片对象的背景

B. 可以在 PowerPoint 中直接将彩色图片转换为黑白图片

C. 可以在 PowerPoint 中直接将图片转换成铅笔素描效果

D. 可以在 PowerPoint 中将图片另存为 PSD 文件格式

55. 将 Excel 工作表中的数据粘贴到演示文稿中，当工作表中的数据内容发生改变时，为了让演示文稿中的数据同步发生改变，最优的操作方法是(　　)。

A. 使用复制—粘贴—使用目标主题

B. 使用复制—粘贴—保留原格式

C. 使用复制—选择性粘贴—粘贴—Microsoft 工作表对象

D. 使用复制—选择性粘贴—粘贴链接—Microsoft 工作表对象

56. 如果要把演示文稿中幻灯片的起始编号设置为从 101 开始，最优的操作方法是(　　)。

A. 使用“插入”选项卡“文本”组中的“幻灯片编号”按钮进行设置

B. 使用“设计”选项卡“页面设置”组中的“页面设置”按钮进行设置

C. 使用“幻灯片放映”选项卡“设置”组中的“设置幻灯片放映”按钮进行设置

D. 使用“插入”选项卡“文本”组中的“页眉和页脚”按钮进行设置

57. 把 Word 文档内容转换成演示文稿进行播放，最优的操作方法是(　　)。

A. 新建一个演示文稿文件，然后打开 Word 文档，将文档中的内容逐一复制粘贴到一张张幻灯片中

B. 打开 Word 文档，切换到大纲视图，然后新建一个演示文稿文件，单击“开始”选项卡“幻灯片”组中的“新建幻灯片”按钮，打开下拉列表，单击“幻灯片(从大纲)”，将 Word 文档的内容转换成演示文稿文档中的每一页幻灯片

C. 打开 Word 文档，切换到大纲视图，选中作为每张幻灯片标题的内容，将其大纲级别设置为 1 级，选中作为每张幻灯片内容的文本，将其设置为 2 级；单击 PowerPoint 窗口中“开始”选项卡“幻灯片”组中的“新建幻灯片”按钮，打开下拉列表，单击“幻灯片(从大纲)”，将 Word 文档中的内容转换成一张张幻灯片

D. 在不打开 Word 文档的情况下，新建一个演示文稿文件，单击“插入”选项卡“文本”组中的“对象”按钮，在弹出的对话框中选择“由文件创建”，单击“浏览”按钮，选择需要插入的 Word 文件，最后单击“确定”按钮，将 Word 文档内容转换成演示文稿中的一张张幻灯片

58. 某张幻灯片中有两个图片，其中的图片 1 覆盖了图片 2，若要设置为图片 2 覆盖图片 1，最优的操作方法是(　　)。

A. 选中图片 1，右击，选择置于顶层

B. 选中图片 2，右击，选择置于底层

C. 选中图片 1，右击，选择置于顶层—上移一层

D. 选中图片 2，右击，选择置于顶层—上移一层

59. 在演示文稿中通过分节组织幻灯片，如果要选中某一节内的所有幻灯片，最优的操作方法是(　　)。

A. 按 Ctrl+A 组合键

B. 选中该节的一张幻灯片，然后按住 Ctrl 键，逐个选中该节的其它幻灯片

C. 选中该节的第一张幻灯片，然后按住 Shift 键，单击该节的最后一张幻灯片

D. 单击节标题

60. 将演示文稿内容制作成一份 Word 文档讲义，最优的操作方法是(　　)。

A. 将演示文稿另存为“大纲 RTF 文件”格式，然后在 Word 中打开

B. 利用 PowerPoint 的“创建讲义”功能，直接创建 Word 文档

C. 将演示文稿中的幻灯片以粘贴对象的方式一张张复制到 Word 文档中

D. 切换到演示文稿的“大纲”视图，将大纲内容直接复制到 Word 文档中

61. 有一份介绍公司产品的演示文稿，因幻灯片内容较多，不易于对各类产品的演示内容进行管理，实现快速分类和管理幻灯片的最优操作方法是(　　)。

A. 把演示文稿拆分成多个文档，按每类产品生成一份独立的演示文稿

B. 为不同类产品的幻灯片分别指定不同的设计主题，以便浏览

C. 利用自定义幻灯片放映功能，将每类产品定义为独立的放映单元

D. 利用节功能，将不同类的产品线幻灯片分别定义为独立的一节

62. 可以通过多种方法创建一张新幻灯片，下列操作方法中错误的是(　　)。

A. 在普通视图的幻灯片缩略图窗格中，定位光标后按 Enter 键

B. 在普通视图的幻灯片缩略图窗格中右击，在快捷菜单中选择“新建幻灯片”

C. 在普通视图的幻灯片缩略图窗格中定位光标，单击“开始”选项卡中的“新建幻灯片”按钮

D. 在普通视图的幻灯片缩略图窗格中定位光标，单击“插入”选项卡中的“幻灯片”按钮

63. 如果希望每次打开 Powerpoint 演示文稿时，窗口都处于幻灯片浏览视图，最优的操作方法是(　　)。

A. 使用“视图”选项卡中的“自定义视图”按钮进行指定

B. 每次打开演示文稿后，通过“视图”选项卡切换到浏览视图

C. 每次保存并关闭演示文稿前，通过“视图”选项卡切换到幻灯片浏览视图

D. 在后台视图中，通过高级选项，设置用幻灯片浏览视图打开全部文档

64. 制作新演示文稿时，借鉴以前制作的某个演示文稿中的部分幻灯片的最优的操作方法是(　　)。

A. 将原演示文稿中有用的幻灯片一一复制到新演示文稿中

B. 放弃正在编辑的新演示文稿，直接在原演示文稿中进行增删修改，并另行保存

C. 通过“重用幻灯片”功能将原文稿中有用的幻灯片引用到新文稿中

D. 单击“插入”选项卡的“对象”按钮，插入原文稿中的幻灯片

65. 在演示文稿中利用“大纲”窗格组织、排列幻灯片中的文字时，输入幻灯片标题后进入下一级文本输入状态的最快捷方法是(　　)。

A. 按 Ctrl+Enter 组合键

B. 按 Shift+Enter 组合键

C. 按 Enter 键后，从右键菜单中选择“降级”

D. 按 Enter 键后，再按 Tab 键

66. 在 Powerpoint 的普通视图中编辑幻灯片时，将文本框中的文本级别由第二级调整为第三级的最优操作方法是(　　)。

A. 在文本最右边添加空格形成缩进效果

B. 当光标位于文本最右边时按 Tab 键

C. 在段落格式中设置文本之前缩进距离

D. 将光标置于文本中，单击“开始”选项卡上的“提高列表级别”按钮

67. 制作演示文稿时，将所有幻灯片中标题的中文字体和英文字体分别统一设置为微软雅黑、Arial，正文的中文字体和英文字体分别统一设置为仿宋、Arial，最优的操作方法是(　　)。

A. 在幻灯片母版中通过“字体”对话框分别设置占位符中的标题和正文字体

B. 在一张幻灯片中设置标题、正文字体，然后通过格式刷应用到其他幻灯片的相应部分

C. 通过“替换字体”功能快速设置字体

D. 通过自定义主题字体进行设置

68. 制作一份演示文稿时，希望用某一个图片铺满每张幻灯片，最优的操作方法是(　　)。

A. 在幻灯片母版中插入该图片，并调整大小及排列方式

B. 将该图片文件作为对象插入全部幻灯片中

C. 将该图片作为背景插入并应用到全部幻灯片中

D. 在一张幻灯片中插入该图片，调整大小及排列方式，然后复制到其他幻灯片

69. 制作演示文稿时，希望在每张幻灯片中添加包含“样例”文字的水印效果，最优的操作方法是(　　)。

A. 通过“插入”选项卡的“插入水印”功能输入文字并设定版式

B. 在幻灯片母版中插入包含“样例”二字的文本框，并调整其格式及排列方式

C. 将“样例”二字制作成图片，再将该图片作为背景插入并应用到全部幻灯片中

D. 在一张幻灯片中插入包含“样例”二字的文本框，然后复制到其他幻灯片

70. 在演示文稿的某一张幻灯片后增加一张新幻灯片，最优的操作方法是(　　)。

A. 执行“文件”后台视图的“新建”命令

B. 执行“插入”选项卡中的“插入幻灯片”命令

C. 执行“视图”选项卡中的“新建窗口”命令

D. 在普通视图左侧的幻灯片缩略图中按 Enter 键

71. 在演示文稿普通视图的幻灯片缩略图窗格中，需要在第 3 张幻灯片后面复制该幻灯片，最快捷的操作方法是(　　)。

A. 按下 Ctrl 键，用鼠标拖动第 3 张幻灯片到第 3、4 幻灯片之间后放开鼠标

B. 按下 Ctrl 键，再用鼠标拖动第 3 张幻灯片到第 3、4 幻灯片之间

C. 用右键单击第 3 张幻灯片，并选择“复制幻灯片”命令

D. 选择第 3 张幻灯片并通过复制、粘贴功能实现要求

72. 下面关于表格的叙述中，错误的是(　　)。

A. 在幻灯片浏览视图模式下，不可以向幻灯片中插入表格

B. 只要将光标定位到幻灯片中的表格上，窗口中立即出现“表格工具”选项卡

C. 可以为表格设置图片背景

D. 不能在表格单元格中插入斜线

73. 在演示文稿中制作了一个包含四层结构层次的 SmartArt 图形，现在需要将其中一个三级图形改为二级，最优的操作方法是(　　)。

A. 选中这个图形，单击“SmartArt 工具/设计”选项卡“创建图形”组中的“上移”

B. 选中这个图形，单击“SmartArt 工具/设计”选项卡“创建图形”组中的“升级”

C. 把光标定位在“文本窗格”中对应的文本上，然后按 Tab 键

D. 选中这个图形，单击“SmartArt 工具/设计”选项卡“排列”组中的“上移一层”

74. 在演示文稿中，要将一组已输入的文本转换为相应的 SmartArt 图形，最优的操作方法是(　　)。

A. 先插入指定的 SmartArt 图形，然后通过“剪切/粘贴”功能将每行文本逐一移动到每个图形中

B. 先插入指定的 SmartArt 图形，选择全部文本并通过“剪切/粘贴”功能将其一次性移动到“文本窗格”中
C. 选中文本，单击“插入”选项卡“插图”组中的“SmartArt 按钮”
D. 选中文本，通过右键快捷菜单中的“转换为 SmartArt 图形”进行转换

75. 在幻灯片母版中设置了一个图片，放映时希望暂不显示该图片，最优的操作方法是(　　)。
A. 在幻灯片母版中插入一个白色填充的图形框遮盖该图片
B. 在幻灯片母版中通过“格式”选项卡的“删除背景”功能删除该图片，放映过后再加上
C. 选中全部幻灯片，设置隐藏背景图形功能后再放映
D. 在幻灯片母版中调整该图片的颜色、亮度、对比度等参数直到其变为白色

76. 为演示文稿设置幻灯片编号，要求该编号位于所有幻灯片右上角的同一位置、且格式一致，最优的操作方法是(　　)。
A. 在浏览视图选中所有幻灯片后，通过“插入”选项卡中的“页眉和页脚”功能插入编号并统一选中后调整其位置与格式
B. 在普通视图选中所有幻灯片后，通过“插入”选项卡中的“幻灯片编号”功能插入编号并统一选中后调整其位置与格式
C. 在普通视图中，先在一张幻灯片通过“插入”选项卡中的“幻灯片编号”功能插入编号并调整其位置与格式，然后将该编号占位符复制到其他幻灯片中
D. 在幻灯片母版视图中，通过“插入”选项卡中“幻灯片编号”功能插入编号并调整占位符的位置与格式

77. 一个演示文稿中插入了大量图片，为了减小文档体积，要压缩文稿中图片的大小，最优的操作方法是(　　)。
A. 直接利用压缩软件压缩演示文稿的大小
B. 先在图形图像处理软件中调整每个图片的大小，再重新替换到演示文稿中
C. 通过调整缩放比例、剪裁图片等操作减小每张图片的大小
D. 直接通过 PowerPoint 提供的“压缩图片”功能压缩演示文稿中图片的大小

78. 在一个主要由图片构成的演示文稿中，组织和管理大量图片的最有效方法是(　　)。
A. 直接在幻灯片中依次插入图片并进行适当排列和修饰
B. 通过插入相册功能制作包含大量图片的演示文稿
C. 通过分节功能组织和管理包含大量图片的幻灯片
D. 先在幻灯片母版中排列好图片占位符，然后在幻灯片中逐个插入图片

二、判断题

1. 幻灯片缩略图/大纲窗格中的大纲选项卡只显示幻灯片中的文字内容，不显示幻灯片中的图片对象和色彩。(　)

2. 可以在“页眉和页脚”对话框中改变页眉和页脚的位置。(　)

3. PowerPoint 提供了在放映幻灯片时播放声音和影片的功能，通过在演示文稿中插入声音和影片文件，可以使演示文稿更有感染力和说服力。(　)

4. 在 PowerPoint 中可以使用标尺调整文本左右缩进。(　)

5. 要使某种版式的每张幻灯片中都出现某个对象，可以向母版中该版式插入该对象。(　)

6. 幻灯片中插入的背景不能进行修改。(　)

7. 在幻灯片窗格中，利用“开始”选项卡“剪贴板”组中的“复制”和“粘贴”命令能实现整张幻灯片的复制。(　)

8. 超链接是实现从一个演示文稿或文件快速跳转到其他演示文稿或文件的捷径。(　)

9. 动作设置可以在多张幻灯片中实现快速跳转，也可以实现与网络的超链接，但不可能启动某一程序或宏。(　)

10. 在备注窗格中输入的内容无法打印出来。(　)

11. 在放映幻灯片时，不能显示在备注窗格中添加的内容。(　)

12. 在 PowerPoint 中插入的视频文件和声音文件在幻灯片放映时总是自动播放。(　)

13. 在编辑幻灯片时，若在占位符外插入图片、图表、表格等对象，必须添加文本框。(　)

14. 在幻灯片中可以插入图形、图片、声音等，但不能插入视频。(　)

15. 可以为幻灯片上的文本、图形、图像对象设置一种或多种动画效果。(　)

16. 演示文稿中的幻灯片可以全部放映但不能以部分放映。(　)

17. 使用 PowerPoint 2010 可以同时打开多个演示文稿。(　)

18. 使用 PowerPoint 2010 可以打印幻灯片的大纲和单张幻灯片，但不能在一页纸上打印多张幻灯片。(　)

19. 在同一个演示文稿中对不同的幻灯片能使用不同的主题样式。(　)

20. 旋转艺术字的方法：选定艺术字，则艺术字的周围出现 1 个绿色的小圆，拖动小圆，可以自由旋转艺术字。(　)

21. 若要在绘制的形状中添加文字，可以用鼠标右键单击要添加文字的图形，在快捷菜单中单击“编辑文本”命令。(　)

22. 可以采用复制粘贴的方法将 Word 中的文本粘贴到 PowerPoint 的幻灯片中。(　)

23. 幻灯片版式中预定义了幻灯片的文本格式、内容布局、背景色彩。(　)

24. 在演示文稿中，只能为某张幻灯片设置一种切换效果。(　)

25. 通过设置幻灯片的放映方式，可以在放映演示文稿时不播放所设置的动画效果以及插入的动画文件。(　)

三、填空题

1. 在 PowerPoint 的幻灯片缩略图/大纲窗格和______视图模式下，可以改变幻灯片的顺序。

2. 单击______选项卡的________按钮，可以在幻灯片非占位符的空白处增加文本。

3. 设置幻灯片页眉和页脚时，在“页眉和页脚”对话框中单击“应用”按钮可以将设置应用于______幻灯片，单击“全部应用”按钮可以将设置应用于______幻灯片。

4. 在放映演示文稿时，采用窗口方式放映演示文稿的是___________方式；以全屏幕方式放映演示文稿的是______________________方式。

5. 在 PowerPoint 的______视图下，可以采用拖动幻灯片到目标位置的方法移动幻灯片。

6. 要设置一张幻灯片“溶解”到下一张幻灯片，应在_________选项卡中设置。

7. 在 PowerPoint 中保存演示文稿时，可以将演示文稿保存为能自动播放的“PowerPoint 放映”文件，其扩展名是______。

8. 按 Shift+F5 键播放幻灯片时，起始幻灯片是___________；按 F5 键播放幻灯片时，起始幻灯片是__________。

9. 使用__________功能可以为演示文稿估计一个放映时间，以用于自动放映。

10. ________用于设置演示文稿中每张幻灯片的预设格式，包括每张幻灯片的标题以及正文文字的位置和大小、项目符号的样式、背景图案等。

11. 在幻灯片浏览视图中，单击幻灯片左下角的☆标志可以预览幻灯片的__________效果。在普通视图的幻灯片缩略图/大纲窗格的幻灯片选项卡中，单击幻灯片序号下方的☆标志可以预览幻灯片的__________效果。

12. 演示文稿在放映时一般按照幻灯片原来的顺序依次放映，如果要改变这种顺序，可以借助________功能来实现幻灯片之间的跳转。

13. 单击“视图”选项卡“演示文稿视图”组中的________命令，进入备注页视图，可以看到画面变成上下两部分，上半部分显示幻灯片的缩略图，下半部分显示记录演讲者讲演时所需的一些提示内容。

14. 使用“动画”选项卡“高级动画”组中的________按钮，可以将某个对象的动画效果复制到其他对象上。

四、操作题

【操作题 1】

用 PowerPoint 编制一个课件，课件的相关资料存放在“素材”文件夹中的“实验 8 操作题 1《小企业会计准则》培训素材.docx”文档中，按下列要求完成课件的制作。

1. 在 PowerPoint 中创建一个名为“实验 8 操作题 1 小企业会计准则培训.pptx”的演示文稿，该演示文稿要包含“实验 8 操作题 1《小企业会计准则》培训素材.docx”Word 文档中的所有内容，每 1 张幻灯片对应 Word 文档中的 1 页，其中 Word 文档中应用了“标题 1”“标题 2”“标题 3”样式的文本内容分别对应演示文稿中的每页幻灯片的标题文字、第一级文本内容、第二级文本内容。

2. 将第 1 张幻灯片的版式设为“标题幻灯片”，在该幻灯片的右下角插入任意一幅剪贴画，依次为标题、副标题和新插入的图片设置不同的动画效果，并且指定动画出现顺序为图片、标题、副标题。

3. 取消第 2 张幻灯片中文本内容前的项目符号，并让最后两行落款和日期右对齐。把第 3 张幻灯片中用绿色标出的文本内容转换为“垂直框列表”类的 SmartArt 图形，并分别把每个列表框连接到对应的幻灯片。把第 9 张幻灯片的版式设为“两栏内容”，并在右侧的内容框中插入对应素材文档第 9 页中的图形。把第 14 张幻灯片最后一段文字向右缩进两个级别，并链接到“素材”文件夹中的“实验 8 操作题 1 小企业准则适用行业范围.docx”文件。

4. 把第 15 张幻灯片自“(二)定性标准”开始拆分为标题同为“二、统一中小企业划分范畴”的两张幻灯片，并参考原素材文档中第 15 页内容，把前 1 张幻灯片中的红色文字转换为一个表格。

5. 把素材文档第 16 页中的图片插入到对应幻灯片中并适当调整图片大小。把最后一张幻灯片的版式设置为“标题和内容”，把“实验 8 操作题 1pic1.gif”图片插入到内容框中并适当调整其大小。把倒数第二张幻灯片的版式设置为“内容与标题”，参考素材文档第 18 页中的样例，在幻灯片右侧的内容框中插入 SmartArt 不定向循环图，并为其设置一个逐项出现的动画效果。

6. 把演示文稿按下列要求分为 5 节，并为每节应用不同的设计主题和幻灯片切换方式。

节名	包含的幻灯片
小企业准则简介	1-3
准则的颁布意义	4-8
准则的制定过程	9
准则的主要内容	10-18
准则的贯彻实施	19-20

【解题步骤】

1. 步骤 1：启动 PowerPoint，单击“文件”选项卡的“打开”按钮，弹出“打开”对话框，将文件类型选择为“所有文件”，找到素材文件夹中“实验 8 操作题 1《小企业会计准则》培训素材.docx”文件，单击“打开”按钮，即可将该 Word 文件导入到演示文稿中。

步骤 2：单击“保存”按钮，弹出“另存为”对话框，选择保存地址为素材文件夹，输入文件名“实验 8 操作题 1 小企业会计准则培训.pptx”，单击“保存”按钮。

2. 步骤 1：选择第 1 张幻灯片，单击“开始”选项卡“幻灯片”组中的“版式”下拉按钮，打开下拉列表，选择“标题幻灯片”选项。

步骤 2：单击“插入”选项卡“图像”组中的“剪贴画”按钮，打开“剪贴画”窗格，在“搜索文字”下的文本框中输入“人物”，单击右侧的“搜索”按钮，选择一幅剪贴画，适当调整其位置和大小。

步骤 3：在“动画”选项卡的“动画”组中，依次为标题、副标题和图片设置不同的动画效果。

步骤 4：单击“高级动画”组中的“动画窗格”按钮，打开“动画窗格”，在窗格中选择“Picture”，将其拖动至窗格的顶层，标题为第 2 层，副标题为第 3 层。

3. 步骤 1：选中第 2 张幻灯片中的文本内容，单击“开始”选项卡“段落”组中“项目符号”右侧的下三角按钮，打开下拉列表，选择“无”选项；选择最后的两行文字和日期，单击“段落”组中的“文本右对齐”按钮。

步骤 2：选中第 3 张幻灯片中的文本内容，右击，在弹出的快捷菜单中选择“转换为 SmartArt”级联菜单中的“其他 SmartArt 图形”选项，在弹出的对话框中选择“列表”选项，然后在右侧的列表框中选择“垂直框列表”选项，单击“确定”按钮。

步骤 3：选中“小企业会计准则的颁布意义”列表框，右击，在弹出的快捷菜单中选择“超链接”选项，打开“插入超链接”对话框，在对话框中单击“本文档中的位置”按钮，在右侧的列表框中选择“4. 小企业会计准则的颁布意义”幻灯片，单击“确定”按钮。用同样的方法将余下的列表框链接到对应的幻灯片上。

步骤 4：选择第 9 张幻灯片，单击“开始”选项卡“幻灯片”组中的“版式”下拉按钮，打开下拉列表，选择“两栏内容”选项；将文稿第 9 页中的图形复制粘贴到幻灯片中，适当调整图片的位置。

步骤 5：选中第 14 张幻灯片中最后的一段文字，两次单击“段落”组中的“提高列表级别”按钮，然后右击，在弹出的快捷菜单中选择“超链接”选项，打开“插入超链接”对话框，在对话框中单击“现有文件或网页”按钮，在右侧的列表框中选择素材文件夹中的“实验 8 操作题 1 小企业准则适用行业范围.docx”，单击“确定”按钮。

4. 步骤1：选择第15张幻灯片，切换至“大纲”视图，将光标移至“100人及以下”的右侧后按Enter键，然后单击“段落”组中的“降低列表级别”按钮以拆分第15张幻灯片，最后将原有幻灯片的标题复制到拆分后的幻灯片中。

步骤2：删除第15张幻灯片中的红色文字，选择素材文稿中第15页标红的表格和文字，将其粘贴到第15张幻灯片中，选中粘贴的对象，在“表格工具”选项卡的“设计”组中为表格设置样式，再适当调整表格中的文字的格式。

5. 步骤1：选中素材文件第16页中的图片，复制粘贴它到第17张幻灯片中，适当调整图片的大小和位置。

步骤2：选择最后一张幻灯片，单击“开始”选项卡“幻灯片”组中的“版式”下拉按钮，打开下拉列表，选择“标题和内容”选项，然后单击右侧内容框内的“插入来自文件的图片”按钮，打开“插入图片”对话框，在对话框里选择素材文件夹中的“实验8操作题1pic1:gIf”图片文件，单击“插入”按钮插入图片，然后适当调整图片的大小和位置。

步骤3：选择倒数第2张幻灯片，单击“开始”选项卡“幻灯片”组中的“版式”下拉按钮，打开下拉列表，选择“内容与标题”选项；单击右侧内容框内的“插入SmartArt图形”按钮，打开对话框，选择“循环”选项，在右侧的列表框中选择“不定向循环”选项，单击“确定”按钮。

步骤4：选择最左侧的形状，单击“设计”选项卡“创建图形”组中的“添加形状”按钮，打开下拉列表，选择“在前面添加形状”选项，然后参考素材文件在形状中输入文字。

步骤5：选中插入的SmartArt图形，在“动画”选项卡“动画”组中设置一种进入效果，单击“效果选项”下拉按钮，打开下拉列表，选择“逐个”选项。

6. 步骤1：将光标置入第1张幻灯片的上部，右击，打开快捷菜单，选择“新增节”选项，再选中“无标题节”文字，右击，在弹出的快捷菜单中选择“重命名节”选项，在弹出的对话框中将“节名称”设置为“小企业准则简介”，单击“重命名”按钮。

步骤2：将光标置入第3张与第4张幻灯片之间，使用前面的介绍的方法新建节，并将节的名称设置为“准则的颁布意义”；使用同样的方法对余下的幻灯片分节。

步骤3：选中“小企业准则简介”节中所有的幻灯片，在“设计”选项卡“主题”组中选择一种主题；用同样的方法为不同的节设置不同的主题，并适当调整幻灯片内容的位置及大小。

步骤4：选中“小企业准则简介”节所有的幻灯片，在“切换”选项卡“切换到此幻灯片”组中选择一种切换方式。用同样的方法为不同的节设置不同的切换方式。

步骤5：保存演示文稿。

【操作题2】

对“实验8操作题2入职培训.pptx”演示文稿进行美化，具体要求如下。

1. 把第1张幻灯片设为“垂直排列标题与文本”版式，把第2张幻灯片设为“标题和竖排文字”版式，把第4张幻灯片设为“比较”版式。

2. 为整个演示文稿指定一个恰当的设计主题。

3. 通过幻灯片母版为每张幻灯片增加利用艺术字制作的水印效果，水印文字中包含“员工守则”字样并旋转一定的角度。

4. 为第3张幻灯片左侧的“必遵制度”文字设置超链接，使它链接到“实验8操作题2必遵制度.docx”文件。

5. 根据第5张幻灯片左侧的文字内容创建一个组织结构图，结果类似“实验8操作题2组织结构图样例.docx”中所示，并为该组织结构图添加“轮子”动画效果。

6. 为演示文稿设置不少于3种的幻灯片切换方式。

7. 以“实验8操作题2入职培训1.pptx”为文件名，保存制作完成的演示文稿。

【解题步骤】

1. 步骤1：选中第一张幻灯片，单击“开始”选项卡“幻灯片”组中的“版式”按钮，打开下拉列表，选择“垂直排列标题与文本”。

步骤2：采用同样的方法将第2张幻灯片设为“标题和竖排文字”版式。

步骤3：采用同样的方法将第4张幻灯片设为“比较”版式。

2. 步骤：在“设计”选项卡“主题”组中选择一种合适的主题样式，以界面美观合理为宜。

3. 步骤1：单击“视图”选项卡的“母版视图”组中的“幻灯片母版”按钮，把窗口切换到母版视图下。

步骤2：选择第1张模板，单击“插入”选项卡“文本”组中的“艺术字”按钮，打开下拉列表，选择一种样式，然后输入“员工守则”四个字。

步骤3：选中新建的艺术字，使用拖动的方法旋转它的角度。

步骤4：单击“幻灯片母版”选项卡“关闭”组中的“关闭母版视图”命令，现在，所有幻灯片中都设置好了“员工守则”艺术字水印。

4. 选中第3张幻灯片左侧的“必遵制度”文字，单击“插入”选项卡“链接”组中的“超链接”按钮，打开“插入超链接”对话框；选择“现有文件或网页”选项，在右侧的“查找范围”中找到“实验8操作题2必遵制度.docx”文件，单击“确定”按钮。

5. 步骤1：选中第5张幻灯片，单击内容区，单击“插入”选项卡“插图”组中的“SmartArt”按钮，打开“选择SmartArt图形”对话框，选择一种较为接近素材中“实验8操作题2组织结构图样例.docx”的样例文件，此处选择“层次结构”组中的“组织结构图”，单击“确定”按钮。

步骤2：在插入的的组织结构图中，选择第1个图形，输入“总经理”；再依次选择其他图形，输入“助理”“部门一”“部门二”“部门三”，或在SmartArt图形左侧的“在此处键入文字”中分别输入对应的文字。

步骤3：选择“部门三”图形，在“SmartArt工具/设计”选项卡“创建图形”组中单击“添加形状”右侧的下拉按钮，在展开的列表中单击“在下方添加形状”，在“部门三”图形下方添加一个新的图形，用同样方法再添加两个下级图形。

步骤4：分别在新建的三个图形中输入“分部门一”“分部门二”“分部门三”。

步骤5：选择SmartArt图形，在“动画”选项卡“动画”组中单击“轮子”动画样式，添加动画效果。

6. 步骤：根据题意在“切换”选项卡“切换到此幻灯片”组中选择切换效果，注意题目要求，要包含3种以上(不含3种)幻灯片切换方式。

7. 步骤：单击“文件”选项卡中的“另存为”命令，以“实验8操作题2入职培训

1.pptx”为文件名，保存操作结果。

【操作题 3】

按下述要求制作一个介绍诺贝尔奖的演示文稿。

1. 把素材文件夹中的“实验 8 操作题 3 素材.pptx”文件另存为“实验 8 操作题 3 素材 1.pptx”文件，后续操作均在此文件中进行。

2. 为演示文稿应用“茅草”主题和“基本”主题字体。

3. 把第 2 张幻灯片中标题下的文本转换为“梯形列表”布局的 SmartArt 图形，分别把 3 个形状超链接到第 3、7、11 张幻灯片。

4. 把第 3、7、11 张幻灯片设置为“节标题”版式。

5. 参考“实验 8 操作题 3 幻灯片 5.png”样例文件，在第 5 张幻灯片中完成下列操作：

① 把幻灯片设置为“比较”版式。

② 把左上方占位符中的文本改为“奖牌”，右上方占位符中的文本改为“奖金”，并使这两处文本左对齐。

③ 在左下方占位符中插入“实验 8 操作题 3 奖牌.jpg”图片，删除图片的白色背景，添加图片边框，把边框颜色设置得和幻灯片边框颜色相同。

④ 根据幻灯片外部的数据源，在右下方占位符中插入带平滑线和数据标记的散点图，并设置不显示图表图例、网格线、坐标轴和图表标题；将数据标记设置为圆形，大小设置为 7，把填充颜色设置为“白色文字 1”，在图表区内为每个数据标记添加包含年份和奖金数额的文本框注释；添加图表区边框，把边框颜色设置得和幻灯片边框颜色相同。

6. 把第 6 张幻灯片中标题下的文本转换为“交替流”布局的 SmartArt 图形(完成效果参考“实验 8 操作题 3 评选流程.png”样例文件)，为 SmartArt 图形应用“淡出”进入动画效果，并设置效果选项为“逐个”。

7. 把第 8~10 张幻灯片设置为“两栏内容”版式，在右侧占位符中分别插入“实验 8 操作题 3 萨特.jpg”“实验 8 操作题 3 希格斯.jpg”和“实验 8 操作题 3 伦琴.jpg”图片，适当调整图片和文字的大小，并为这 3 张图片分别应用不同的图片样式。

8. 把第 12~14 张幻灯片设置为“内容与标题”版式，把幻灯片中原先的标题和文字内容分别放置到标题占位符和文本占位符中，在右侧的内容占位符中分别插入“实验 8 操作题 3 早期风格.jpg”“实验 8 操作题 3 现代风格.jpg”和“实验 8 操作题 3 文学奖证书.jpg”图片，适当调整图片大小，并为这 3 张图片应用“矩形投影”图片样式。

9. 在第 15 张幻灯片中让左右两个文本框上下居中对齐，对右侧文本框中的文本应用“淡出”进入动画效果，并设置动画文本按字词显示，字词之间延迟百分比的值为 20，将右侧文本框中的文字转换为繁体。

10. 按下列要求对演示文稿分节，并为每一节添加不同的幻灯片切换效果。

幻灯片	第 1~2 张	第 3~6 张	第 7~10 张	第 11~14 张	第 15 张
节名称	开始	第 1 部分	第 2 部分	第 3 部分	结束

11. 分别在“第 1 部分”“第 2 部分”和“第 3 部分”三节最后一张幻灯片中设置“后退或前一项”动作按钮，按钮高 1 厘米、宽 14 厘米，距幻灯片左上角水平距离为 23.3 厘米、垂直距离为 17.33 厘米，并设置单击该按钮时可返回第 2 张幻灯片。

12. 为演示文稿添加幻灯片编号，并设置在标题幻灯片中不显示，编号位于每张幻灯片底部正中。

【解题步骤】

1. 打开素材文件夹中的“实验 8 操作题 3 素材.pptx”文件，单击“文件”选项卡中的“另存为”按钮，弹出“另存为”对话框，以“实验 8 操作题 3 素材 1.pptx”为文件名，把它保存在素材文件夹中。

2. 步骤：单击“设计”选项卡“主题”组中的“其他”按钮，展开所有主题样式，单击选中“内置/茅草”主题样式；单击“主题”组右侧的“字体”按钮，打开下拉列表，选择“基本”。

3. 步骤 1：选中第 2 张幻灯片下方的文本框，单击“开始”选项卡“段落”组中的“转换为 SmartArt 图形”按钮，打开下拉列表，选择“其他 SmartArt 图形”，弹出“选择 SmartArt 图形”对话框，选择左侧的“列表”，在右侧列表框中选择“梯形列表”样式，单击“确定”按钮。

步骤 2：单击选中第 1 个形状对象，右击，打开快捷菜单，选择“超链接”，打开“插入超链接”对话框，选择左侧的“本文档中的位置”，在右侧选中“3.关于诺贝尔奖”，单击“确定”按钮，关闭对话框。

步骤 3：按同样的方法为其他两个形状对象设置超链接，分别链接到第 7 和第 11 张幻灯片。

4. 步骤 1：选中第 3 张幻灯片，按住键盘上的 Ctrl 键，再单击选中第 7 和第 11 张幻灯片。

步骤 2：单击“开始”选项卡“幻灯片”组中的“版式”按钮，打开下拉列表，选择“节标题”版式。

5. 步骤 1：选中第 5 张幻灯片，单击“开始”选项卡“幻灯片”组中的“版式”按钮，打开下拉列表，选择“比较”版式。

步骤 2：参考素材文件夹中的“实验 8 操作题 3 幻灯片 5.png”文件，在第 5 张幻灯片左上方的占位符文本框中输入“奖牌”，在右下方的占位符文本框中输入“奖金”，把光标置于“奖牌”框内，单击“开始”选项卡“段落”组中的“左对齐”按钮，设置文本左对齐；按同样方法设置“奖金”为左对齐。

步骤 3：单击左下方占位符中的“插入来自文件的图片”按钮，打开“插入图片”对话框，浏览并选中素材文件夹中的“实验 8 操作题 3 奖牌.jpg”文件，单击“插入”按钮。

步骤 4：单击“图片工具/格式”选项卡“调整”组中的“删除背景”按钮，在图片上出现一个矩形形状，拖动矩形边框四周的边线，使其围住整个圆形，然后单击“背景消除”选项卡“关闭”组中的“保留更改”按钮，最后选中该占位符对象，单击“图片工具/格式”选项卡“图片样式”组中的“图片边框”按钮，打开下拉列表，选择“主题颜色/黄色，强调文字颜色 2”。

说明：题目要求把图片边框的颜色设置得和幻灯片边框颜色相同，因此首先要找出幻灯片边框的颜色。方法是单击“视图”选项卡“母版视图”组中的“幻灯片母版”按钮，切换到幻灯片母版视图，单击第 1 张较大的幻灯片中的黄色矩形边框，并单击“绘图工具/格式”选项卡“形状样式”组中的“形状轮廓”按钮，打开下拉列表，这时可以查看到边框的颜色为“黄色，强调文字颜色 2”。

步骤 5：在右侧的占位符中单击“插入图表”按钮，打开“插入图表”对话框，选择左侧的“XY(散点图)”，在右侧列表框中选择“带平滑线和数据标记的散点图”，单击“确定”按钮，弹出一个工作簿对象，向左拖动幻灯片下方的水平滚动条，在幻灯片可见区域外部可以看到一个包含数据的文本框，选中数据并进行复制，再选中 Excel 工作簿中的 A1 单元格并右击，在弹出的快捷菜单中选择“粘贴选项/匹配目标格式”命令。

步骤 6：选中工作表的 A2:A4 单元格区域，右击，在弹出的快捷菜单中选择“设置单元格格式”，打开“设置单元格格式”对话框，单击“数字”选项卡“分类”列表框中的“自定义”，在右侧的“类型”文本框中输入“0000"年"”，单击“确定”按钮。

步骤 7：选中工作表的 B2:B4 单元格区域，在其上打开“设置单元格格式”对话框，单击“数字”选项卡“分类”列表框中的“自定义”，在右侧的“类型”文本框中输入“0"万瑞典克朗"”，单击“确定”按钮。

步骤 8：关闭工作簿。选中第 5 张幻灯片中的图表，单击“图表工具/布局”选项卡“标签”组中的“图例”按钮，打开下拉列表，选择“无”；单击右侧“坐标轴”组中的“网格线”按钮，打开下拉列表，选择“主要横网格线/无”，再选择“主要纵网格线/无”；单击“当前所选内容”组中的“图表元素”下拉按钮，打开下拉列表，选择“水平值(轴)”，单击下方的“设置所选内容格式”，打开“设置坐标轴格式”对话框，在右侧的“坐标轴选项”中，将“最小值”设置为“固定”，在右侧的文本框中输入“1901”；将“最大值”设置为“固定”，在右侧的文本框中输入“2000”；将下方的“主要刻度线类型”和“坐标轴标签”均设置为“无”，单击“关闭”按钮。单击“当前所选内容”组中的“图表元素”下拉按钮，打开下拉列表，选择“垂直值(轴)”，单击下方的“设置所选内容”，打开“设置坐标轴格式”对话框，将下方的“主要刻度线类型”“次要刻度线类型”和“坐标轴标签”均设置为“无”，单击“关闭”按钮。

步骤 9：单击“图表工具/布局”选项卡“标签”组中的“图表标题”按钮，打开下拉列表，选择“无”，取消图表标题。

步骤 10：单击“图表工具/布局”选项卡“当前所选内容”组中的“图表元素”下拉按钮，打开下拉列表，选择“系列"金额(万瑞典克朗)"”，单击下方的“设置所选内容格式”，打开“设置数据系列格式”对话框，选中左侧“数据标记选项”，在右侧的“数据标记类型”中选择“内置”，把下方的“类型”选择为“圆形”。大小设置为“7"；单击左侧的“数据标记填充”，在右侧的“数据标记填充”中选择“纯色填充”，在下方的“填充颜色”中选择“主题颜色/白色，文字 1”，单击“关闭”按钮。

步骤 11：单击“图表工具/布局”选项卡“坐标轴”组中的“坐标轴”按钮，打开下拉列表，选择“主要横坐标轴/无”，再选择“主要纵坐标轴/无”。

步骤 12：单击“图表工具/布局”选项卡“标签”组中的“数据标签”按钮，打开下拉列表，选择“其他数据标签选项”，打开“设置数据标签格式”对话框，在“标签选项”的“标签包括”里选中“X 值”“Y 值”复选框，在“标签位置”中选择“靠左”，在“分隔符”选项组中选择“(分行符)”，单击“关闭”按钮

步骤 13：保持3个数据标签被选中的状态，在“开始”选项卡“字体”组中将“字号”修改为“8”，单击“段落”组右下角的对话框启动器按钮，打开“段落”对话框，将“对齐方式”设置为“左对齐”，单击“确定”按钮。

步骤 14：参考“实验 8 操作题 3 幻灯片 5.png”文件，适当调整 3 个数据标签的位置，使它们与参考样例一致，单击“图表工具/布局”选项卡“当前所选内容”组中的“图表元素”下拉按钮，打开下拉列表，选择“图表区”，单击“图表工具/格式”选项卡“形状样式”组中的“形状轮廓”按钮，打开下拉列表，选择“主题颜色/黄色，强调文字颜色 2”。

6. 步骤 1：选中第 6 张幻灯片，参考素材文件夹中的“实验 8 操作题 3 评选流程.png”图片，选中第 6 张幻灯片下方内容文本框中的“接受各项诺贝尔奖推荐的候选人”“各项诺贝尔

奖评委会对推荐的候选人进行筛选、审定，工作情况严加保密”“公布各项诺贝尔奖获得者名单”和“在斯德哥尔摩和奥斯陆分别举行诺贝尔奖颁发仪式，瑞典国王及王后出席并授奖”段落(选中不连续的区域要使用Ctrl键)，单击“开始”选项卡“段落”组中的“提高列表级别”按钮，完成设置。

步骤2：选中该文本框，单击“开始”选项卡“段落”组中的“转换为SmartArt图形”按钮，打开下拉列表，选择“其他SmartArt图形”，打开“选择SmartArt图形”对话框，选择左侧的“流程”，在右侧的列表框中选择“交替流”样式，单击“确定”按钮。

步骤3：选中该SmartArt对象，单击“动画”选项卡“动画”组中的“淡出”，进入动画效果，单击右侧的“效果选项”按钮，打开下拉列表，选择“逐个”。

7. 步骤1：选中第8-10张幻灯片，单击“开始”选项卡“幻灯片”组中的“版式”按钮，打开下拉列表，选择“两栏内容”版式。

步骤2：单击第8张幻灯片右侧占位符文本框中的“插入来自文件的图片”按钮，打开“插入图片”对话框，浏览并选中素材文件夹中的“实验8操作题3萨特.jpg”文件，单击“插入”按钮；用同样的方法，在第9张幻灯片中插入“实验8操作题3希格斯.jpg”图片；在第10张幻灯片中插入“实验8操作题3伦琴.jpg”图片。

步骤3：选中第8张幻灯片中的图片对象，适当调整大小与位置，单击“图片工具/格式”选项卡“图片样式”组中的一种图片样式(本例选择“金属框架”样式)；用同样的方法，适当调整第9张幻灯片中图片大小及位置，设置图片样式为“棱台形椭圆，黑色”；调整第10张幻灯片中图片的大小和位置，设置图片样式为“旋转，白色”。(本题中的图片样式可自行选择。)

8. 步骤1：选中第12-14张幻灯片，单击“开始”选项卡“幻灯片”组中的“版式”按钮，打开下拉列表，选择“内容与标题”版式。

步骤2：选中第12张幻灯片，把右侧的“是1962年生理学……好像是螺旋的东西。”剪切到左侧的文本占位符中，单击右侧占位符中的“插入来自文件的图片”按钮，打开“插入图片”对话框，浏览并选中素材文件夹中的“实验8操作题3早期风格.jpg”文件，单击“插入”按钮，插入图片，然后选中插入的图片，适当调整它的大小，单击“图片工具/格式”选项卡“图片样式”组中的“矩形投影”样式。

步骤3：选中第13张幻灯片，把右侧的“近年来……而那颗仿佛有质量的粒子正坠进深空。”剪切到左侧的文本占位符中，用上面所说的方法在右侧占位符中插入“实验8操作题3现代风格.jpg”图片，调整图片大小，把它设置为“矩形投影”样式。

步骤4：选中第14张幻灯片，把右侧的“文学奖的证书……中间是纽约。”剪切到左侧的文本占位符中，用上面所说的方法在右侧占位符中插入“实验8操作题3文学奖证书.jpg”图片，调整图片大小，把它设置为“矩形投影”样式。

9. 步骤1：选中第15张幻灯片中的“谢谢聆听”文本框，单击“绘图工具/格式”选项卡“排列”组中的“对齐”按钮，打开下拉列表，选择“上下居中”，按同样的方法为右侧的文本框设置“上下居中”对齐方式。

步骤2：选中右侧文本框对象，单击“动画”选项卡“动画”组中的“淡出”进入动画效果，再单击“动画”组右下角的对话框启动器按钮，打开“淡出”对话框，在“效果”选项卡中把“动画文本”设置为“按字/词”，在下方的“字/词之间延迟百分比”文本框中输入20，单击“确定”按钮，关闭对话框。

步骤3：单击选中右侧的文本框对象，单击“审阅”选项卡“中文简繁转换”组中的“简转繁”按钮。

10. 步骤 1：在左侧的“幻灯片”缩略图窗格的第 1 张幻灯片之前的位置上右击，打开快捷菜单，选择“新增节”命令，出现“无标题节”显示条，在该显示条上右击，打开快捷菜单，选择“重命名节”命令，打开“重命名节”对话框，在“节名称”中把节名改为“开始”，单击“重命名”按钮。

步骤 2：用同样的方法在第 3 张幻灯片之前设置“第 1 部分”节，在第 7 张幻灯片之前设置“第 2 部分”节，在第 11 张幻灯片之前设置“第 3 部分”节，在第 15 张幻灯片之前设置“结束”节。

步骤 3：单击选中“开始”节名称条，然后单击“切换”选项“切换到此幻灯片”组中的“淡出”，为该节的所有幻灯片设置“淡出”切换效果；用同样的方法为其他节设置不同的切换效果(注意，切换效果可以任意指定，但每个节应不同。)

11. 步骤 1：选中第 6 张幻灯片，单击“插入”选项卡“插图”组中的“形状”按钮，打开下拉列表，选择“动作按钮：后退或前一项”，在幻灯片中拖动鼠标画一个矩形按钮，此时会弹出“动作设置”对话框，在“单击”选项卡的“超链接到”下拉列表框中选择“幻灯片”，打开“超链接到幻灯片”对话框,在“幻灯片标题”列表框中选择“2.内容提要”，单击“确定”按钮返回“动作设置”对话框，再单击“确定”按钮，关闭“动作设置”对话框。

步骤 2：在上面画的按钮对象上右击，打开快捷菜单，选择“大小和位置”，弹出“设置形状格式”对话框，在对话框右侧把“高度”设置为“17.33 厘米”，单击“关闭”按钮。

步骤 3：单击“大小和位置”对话框左侧列表框中的“位置”，在右侧的“水平”文本框中输入“23.3 厘米”，在“垂直”文本框中输入“17.33 厘米”，单击“关闭”按钮。

步骤 4：在按钮对象上右击，打开快捷菜单，选择“复制”命令。

步骤 5：选中第 10 张幻灯片，在幻灯片上右击，打开快捷菜单，选择“粘贴选项/使用目标主题”；在第 14 张幻灯片进行同样的操作。

12. 步骤 1：单击“插入”选项卡“文本”组中的“幻灯片编号”按钮，打开“页眉和页脚”对话框，在“幻灯片”选项卡选中“幻灯片编号”和“标题幻灯片中不显示”复选框，单击“全部应用”按钮。

步骤 2：单击“视图”选项卡“母版视图”组中的“幻灯片母版”按钮，打开幻灯片母版视图，选中第 1 张“茅草 幻灯片母版”，选中下方的“页码占位符”文本框(含“<#>”文字内容)，单击“绘图工具/格式”选项卡“排列”组中的“对齐”按钮，打开下拉列表，选择“左右居中”按钮，然后将光标置于该文本框中，单击“开始”选项卡“段落”组中的“居中”按钮。最后,单击“幻灯片母版”选项卡“关闭”组中的“关闭母版视图”按钮。

步骤 3：单击快速访问工具栏中的“保存”按钮，退出 PowerPoint。

第9章 信息安全

上机实习 杀毒软件的使用

实习目的

1. 了解计算机病毒的本质、特点、传播的途径、发作时的现象和防范的方法。
2. 掌握反病毒软件的基本使用方法，能使用反病毒软件查、杀病毒。
3. 掌握安装、使用360杀毒软件和安全卫士软件进行实时监视和监控的操作。

实习内容及步骤

一、讨论与回答

讨论计算机病毒的本质、特点、传播的途径，叙述个人遇到的计算机病毒现象，造成了什么危害和怎样防范病毒。

二、使用360杀毒软件

360杀毒软件是一款免费且功能强大的杀毒软件。从360网站(http://www.360.cn)下载360杀毒软件的安装程序并安装。下面介绍杀毒软件的使用。

① 依次单击“开始”→“所有程序”→“360安全中心”→“360杀毒”→“360杀毒”，启动360杀毒软件。或双击任务栏右下角的“360杀毒软件”图标，启动360杀毒软件，如图9.1所示。

图 9.1 “360 杀毒”界面

② 单击“快速扫描”，杀毒软件将扫描计算机系统的关键位置与易感染的程序和文件，以速度优先的原则为计算机系统提供简单的保护。

③ 单击“全盘扫描”，杀毒软件将扫描计算机系统的每个文件，以安全优先为原则，为计算机提供最大的保护。由于现在硬盘越来越大，文件越来越多，全盘扫描可能会使用很多时间。

④ 单击“功能大全”，会进入“功能大全”界面，如图 9.2 所示，该界面中有更多实用功能让用户选择。例如，单机“自定义”扫描让用户选择需要扫描的区域，杀毒软件将对区域内的文件逐一扫描。在用户知道病毒存在的大致位置时，用这种方式既能提供最大程度地保护又能节约大量时间。

⑤ 扫描结束后按照扫描的结果进行相应的处理。

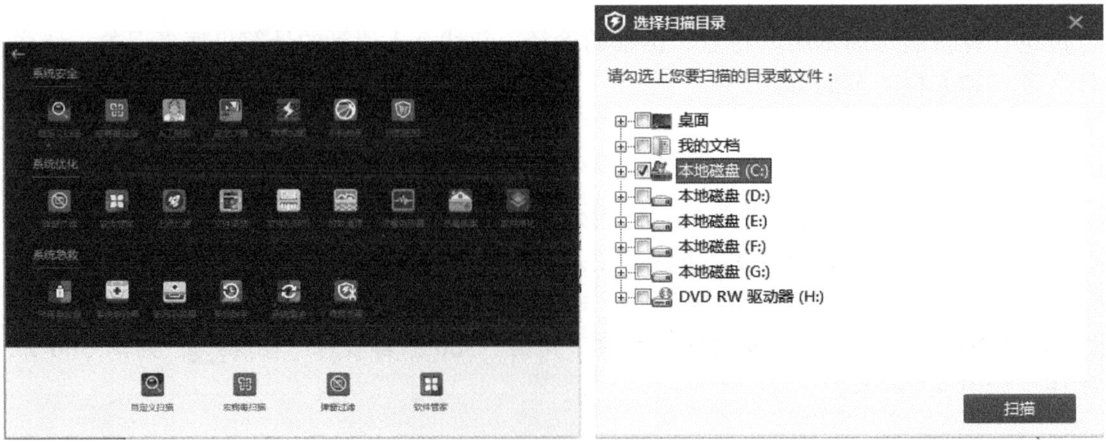

图 9.2 “选择扫描目录”对话框

三、使用 360 安全卫士软件

360 安全卫士是一款免费的带有防火墙功能的系统管理软件，能够有效地修复系统漏洞、查杀木马程序、抵御恶意软件的入侵。从 360 网站(http://www.360.cn)下载 360 安全卫士的安装程序并安装。下面介绍 360 安全卫士的使用。

① 依次单击“开始”→“所有程序”→“360 安全中心”→“360 安全卫士”→“360 安全卫士”，启动 360 安全卫士。或双击任务栏右下角的“360 安全卫士”图标，启动 360 安全卫士软件，如图 9.3 所示。

图 9.3　“360 安全卫士”界面

② 360 安全卫士软件有“电脑体检”“木马查杀”“电脑清理”“系统修复”“功能大全”“软件管家”等功能。单击“电脑体检”按钮，360 安全卫士将按照一定的规则，对计算机系统进行全面的检测，检测结果如图 9.4 所示，单击 一键修复 ，系统将自动修复检查出来的问题。

图 9.4　系统修复

③ 单击“木马查杀”按钮，360 安全卫士可按与 360 杀毒软件类似的方式，扫描系统，查杀木马文件，如图 9.5 所示。

图 9.5　木马查杀

④ 单击“系统修复”按钮，进入“系统修复”界面，单击 全面修复 ，360 安全卫士全盘扫描系统漏洞。扫描结束后，选择需要修复的漏洞（一般只选“高危漏洞”），单击 一键修复 按钮，360 安全卫士自动下载补丁程序并安装，如图 9.6 所示。

图 9.6　漏洞修复

⑤ 计算机在使用过程中会产生很多没用的 Cookie、已删除的文件、浏览痕迹、无用插件等垃圾，这些垃圾的存在占用了硬盘空间与系统资源，单击“电脑清理”按钮，可以对计算机中的垃圾进行彻底的清理，释放系统资源，如图 9.7 所示。

图 9.7　电脑清理

⑥ 在使用计算机的过程中会用到形形色色的软件，360 安全卫士的“软件管家”功能可以帮助我们快速找到并安装需要的软件，如图 9.8 所示。

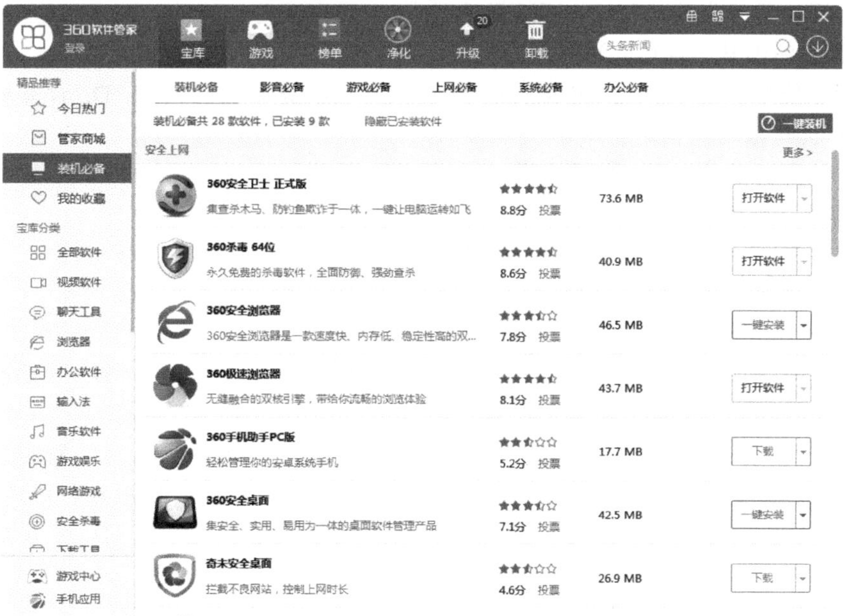

图 9.8　软件管家

习题精选

一、单项选择题

1. ( )是指以各种方式有选择地破坏信息，如修改、删除、伪造信息以及制造病毒等。

A. 被动攻击　B. 主动攻击　C. 人为攻击　D. 恶意攻击

2. ( )是在计算机中隐藏作案的计算机程序，在计算机仍能完成原有任务的前提下，执行非授权的犯罪行为。

A. 逻辑炸弹　B. 超级冲杀　C. 特洛伊木马　D. 数据欺骗

3. 信息安全与保密的核心和关键技术是( )。

A. 密码技术　B. 防火墙技术　C. 病毒技术　D. 虚拟专用网技术

4. 加密算法和解密算法是在一组仅有合法用户知道的秘密信息的控制下进行的，该密码信息称为( )。

A. 密码　B. 加密密钥　C. 解密密钥　D. 密钥

5. ( )是一种典型的屏蔽路由器或是一种特别的计算机，它通过检查数据包地址来决定是否允许数据包进入本地网。

A. 网络层防火墙　B. 应用层防火墙　C. 链路层防火墙　D. 以上都不是

6. 计算机病毒是一种( )。

A. 生物体　B. 传染性病菌　C. 生物病毒　D. 计算机程序

7. 计算机病毒的危害是破坏( )。

A. U 盘　B. 显示器　C. 打印机　D. 程序和数据

8. 计算机病毒的主要特性是( )、寄生性、破坏性和危害性。

A. 传播性、隐蔽性、潜伏性　B. 传播性、隐含性、移植性

C. 复制性、隐蔽性、潜伏性　D. 传播性、隐蔽性、保护性

9. 下列不属于网络信息安全技术特征的是( )。

A. 可用性　B. 可靠性　C. 保密性　D. 可行性

10. 下列不属于计算机犯罪特点的是( )。

A. 犯罪智能化　B. 犯罪手段隐蔽　C. 犯罪目的单一　D. 跨国性

11. 计算机病毒按其感染方式可分为( )、文件型、混合型、宏病毒和网络病毒五类。

A. 恶性　B. 潜伏型　C. 引导区型　D. 扩展名型

二、判断题

1. 计算机的安全性和可靠性是一对完全相同的概念。　( )
2. 屏蔽主机防火墙由包过滤路由器和堡垒主机组成。　( )
3. 应用层防火墙通常是运行代理器软件的主机。　( )
4. 计算机病毒是一些人蓄意编制的一种寄生性的计算机程序。　( )
5. 引导区型病毒是寄生病毒。　( )
6. 不管病毒有没有触发，都会对系统产生影响。　( )
7. 计算机病毒的破坏性主要表现为：占用系统资源，降低计算机运行效率；干扰或破坏系

统的运行，破坏、删除程序或数据文件。（ ）

8. 一种计算机病毒能传染所有的计算机系统或程序。（ ）

9. 从技术上对病毒的预防有硬件保护和软件预防两种方法。（ ）

10. 宏病毒感染程序，也感染 Word 文档文件和模板文件。（ ）

11. “蠕虫病毒”属于网络病毒的一种。（ ）

12. 计算机病毒可能破坏硬件。（ ）

13. 完整性是指网络信息未经授权不能加以改变的特性。（ ）

14. 病毒的预防可分为主动预防和被动预防。（ ）

三、填空题

1. ________用于泛指那些专门利用电脑搞破坏或恶作剧的人。

2. ________是在程序开发时插入的一小段程序，目的可能是测试这个模块，或者是为了便于将来的更改和升级程序。

3. 恶意攻击分为__________和__________两种。

4. 用于在单位内部网络和因特网之间实施安全策略的一个系统或一组系统是________。

5. 代理系统通常包括____________和____________两部分。

6. 双宿网关防火墙又称为_____________，它的最大特点是__________层的通信是被阻止的。

7. ________是指行为人以计算机作为工具或以计算机资产作为攻击对象实施的严重危害社会的行为。

8. 密码学中，发送方要发送的消息称为________。由明文到密文的变换过程称为________。非法接收者试图从密文分析出明文的过程称为________。

9. 按防火墙保护网络方法的不同，防火墙可分为__________、__________和__________三类。

10. 人为攻击分为___________和___________两种。

11. ___________是一组人为设计的程序，这些程序隐藏在计算机系统中，通过自我复制来传播，满足一定条件即被激活，从而给计算机系统造成一定损害甚至严重破坏。

12. 混合型病毒具有___________病毒和___________病毒两者的特点。

13. ___________是指网络信息系统能够在规定条件下和规定时间内完成规定功能的特性。

14. ____________是指网络信息不被泄露给非授权用户、实体或过程，或不能被其使用的特性。

15. 宏病毒一般是指用 Basic 编写的病毒程序寄存在___________文档上的宏代码。

16. ________是指非法篡改计算机输入、处理和输出过程中的数据，从而实现犯罪目的的手段。

17. 知识产权所具有的三个主要特征是_____________、_____________、_____________。

18. 对智力劳动成果所享有的占有、使用、处理和收益的权利称为_____________。